CAD/CAM/CAE
工程应用与实践丛书

UG NX
应用与实训教程

魏峥　烟承梅　严纪兰　编著

U0319290

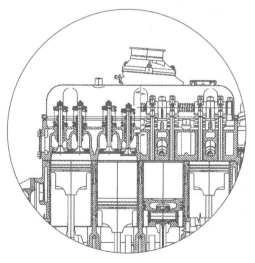

清華大学出版社

北京

内 容 简 介

本书是根据作者多年的 UG NX 和机械设计的教学经验以及 UG NX 的使用经验编写而成的,书中以 UG NX 软件为载体,依据机械设计知识为主线,采用案例教学方式,将机械设计知识与 UG NX 软件学习有机结合,力求达到快速入门和灵活运用的目的。

本书突出应用主线,由浅入深、循序渐进地介绍了在 UG NX 机械零件设计、装配设计、生成工程图知识,配备 8 套实训题供组织实训。本书的特色是在课堂教学的同时,配备了同时可以在课堂练习相似题目,可以当堂演练,学做合一。同时也配备课后上机练习,让学生巩固各种理论知识和操作技能。

本书遵循机械设计有关规定,力求内容既满足教学要求,又符合工程实际应用;摒弃了普通工具书中知识点与实例脱节的现象,将重要的知识点融入具体实例中,使读者能够循序渐进、即学即用,轻松掌握该软件的基本操作方法。

本书内容丰富、叙述严谨,通俗易懂、结构清晰,并配备大量实例,适合的读者对象为 UG NX 的初级和中级读者,可作为高等院校、职业院校和教育培训机构机械类专业的教材,也可作为广大工程技术人员的自学用书或参考书。

图书在版编目(CIP)数据

UG NX 应用与实训教程/魏峥等编著.--北京:清华大学出版社,2015
ISBN 978-7-302-40360-9

Ⅰ.①U…　Ⅱ.①魏…　Ⅲ.①计算机辅助设计－应用软件－教材　Ⅳ.①TP391.72

中国版本图书馆 CIP 数据核字(2015)第 114372 号

责任编辑:刘　星　薛　阳
封面设计:刘　键
责任校对:徐俊伟
责任印制:刘海龙

出版发行:清华大学出版社
　　　　网　　　址:http://www.tup.com.cn,http://www.wqbook.com
　　　　地　　　址:北京清华大学学研大厦 A 座　　　邮　　编:100084
　　　　社 总 机:010-62770175　　　　　　　　　邮　　购:010-62786544
　　　　投稿与读者服务:010-62776969,c-service@tup.tsinghua.edu.cn
　　　　质 量 反 馈:010-62772015,zhiliang@tup.tsinghua.edu.cn
　　　　课 件 下 载:http://www.tup.com.cn,010-62795954
印 刷 者:北京富博印刷有限公司
装 订 者:北京市密云县京文制本装订厂
经　　销:全国新华书店
开　　本:185mm×260mm　　　印　张:24　　　字　数:615 千字
版　　次:2015 年 8 月第 1 版　　　　　　　印　次:2015 年 8 月第 1 次印刷
印　　数:1～2000
定　　价:49.50 元

产品编号:062699-01

前　言

　　UG NX 是美国 Siemens 公司开发的计算机辅助绘图软件,功能强大、易学易用和技术创新的三大特点使得 UG NX 成为领先的、主流的三维 CAD 解决方案。机械设计是其重要的应用领域。

　　本书以创建机械零件为基础,讲述与机械零件设计密切相关的实例操作,详细介绍了使用 UG NX 建立机械零件的各种命令的操作和使用方法。

　　案例教学模式是目前普通教育的整体发展趋势,其教学内容和模式更有利于培养学生的各种能力,本书采用简述基本知识后,用"案例分析→步骤点评→随堂练习"的教学模式,更符合应用类软件的学习规律,且巩固了与机械相关的知识。

　　本书特点:

　　(1) 循序渐进、深入浅出:基本概念与使用常识样样俱全,适合初级、中级读者了解掌握软件的各种命令和技巧。

　　(2) 案例分析:根据教学进度和教学要求精选能够剖析与机械设计和软件操作相关的案例,分析案例操作中可能出现的问题,在步骤点评中加以强化分析和拓展。同时根据案例学习,使学生掌握学习、研究的方法,培养自主学习的能力。

　　(3) 步骤点评:教材中所提供的案例虽然典型,但是有一定的局限性,无法涵盖各种不同的地区,通过点评可以使案例教学更加丰满,内容更加丰富,而且更加深入,更加有说服力。

　　(4) 随堂练习:本书各章后面的习题不仅起到巩固所学知识和实战演练的作用,并且对深入学习 UG NX 有引导和启发作用。

　　本书为方便学习巩固,给出了大量实例的素材,可以让不同层次人员学习和使用。可以根据需要安排不同的练习内容,在第 10 章提供了 14 个实训题,讲述建模过程,可以让读者自己体会各种零件的设计和各种机械知识的掌握;在第 11 章提供了比较完整的 8 套装配体,以供安排综合实训。

　　本书由魏峥、烟承梅、严纪兰、李腾训、闫文杰 、袁新竹、许丙超、张鑫鑫编写。

　　由于作者水平有限,加上时间仓促,图书虽经再三审阅,但仍有可能存在不足和错误,恳请各位专家和朋友批评指正,有兴趣的读者可以发送邮件到 workemail6@163.com 与作者进一步交流。

编　者

2015 年 1 月

目　录

Contents

第1章

UG NX CAD 设计基础

CAD(Computer Aided Design)就是设计者利用以计算机为主的一整套系统在产品的全生命周期内帮助设计者进行产品的概念设计、方案设计、结构设计、工程分析、模拟仿真、工程绘图、文档整理等方面的工作。CAD既是一门包含多学科的交叉学科,涉及计算机学科、数学学科、信息学科、工程技术等;又是一项高新技术,它对企业产品质量的提高、产品设计及制造周期的缩短、提高企业对动态多变市场的响应能力及企业竞争能力都具有重要的作用。如今,CAD技术在各行各业都得到了广泛的推广应用。

UG NX CAD正是优秀CAD软件的典型代表之一。UG NX CAD作为Windows平台下的机械设计软件,完全融入了Windows软件使用方便和操作简单的特点,其强大的设计功能可以满足一般机械产品的设计需要。

1.1 设计入门

本节知识点:
(1) 用户界面。
(2) 零件设计基本操作。
(3) 文件操作。

1.1.1 在Windows平台启动NX

双击NX快捷方式图标,即可进入NX系统。NX是Windows系统下开发的应用程序,其用户界面以及许多操作和命令都与Windows应用程序非常相似,无论用户是否对Windows有经验,都会发现NX的界面和命令工具是非常容易学习掌握的,其用户界面如图1-1所示。

1.1.2 文件操作

文件操作主要包括建立新文件、打开文件、保存文件和关闭文件,这些操作可以通过【文件】下拉菜单或者【快速访问工具条】来完成。

1. 新建文件

选择【文件】|【新建】命令或单击【快速访问工具条】上的【新建】按钮，出现【新建】对

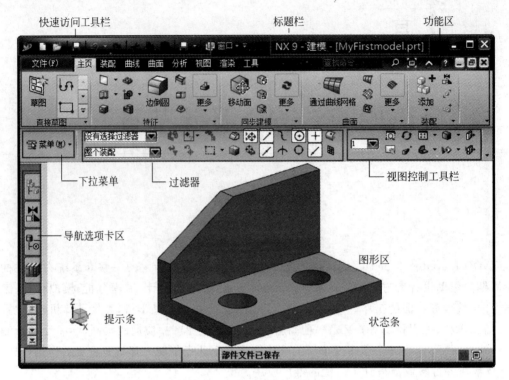

图 1-1　UG NX 用户界面

话框。

（1）单击所需模板的类型的选项卡（如【模型】或【图纸】）。【新建】对话框显示选定组的可用模板，在模板列表框中单击所需的模板。

（2）在【名称】文本框输入新的名称。

（3）在【文件夹】文本框输入指定目录，或单击按钮 以浏览选择目录。

（4）选择【单位】为【毫米】。

（5）单击【确定】按钮，如图 1-2 所示。

2．打开文件

（1）选择【文件】|【打开】命令或单击【快速访问工具条】上的【打开】按钮 ，出现【打开】对话框，如图 1-3 所示。

（2）【打开】对话框显示所选部件文件的预览图像。使用该对话框来查看部件文件，而不用先在 NX 会话中打开它们，以免打开错误的部件文件。双击要打开的文件，或从文件列表框中选择文件并单击 OK 按钮。

（3）如果知道文件名，在【文件名】文本框输入部件名称，然后单击 OK 按钮。如果 NX 不能找到该部件名称，则会显示一条出错消息。

3．保存文件

保存文件时，既可以保存当前文件，也可以另存文件，还可以保存显示文件或对文件实体数据进行压缩。

选择【文件】|【保存】命令或单击【快速访问工具条】上的【保存】按钮 ，直接对文件进行保存。

图 1-2　新建文件操作

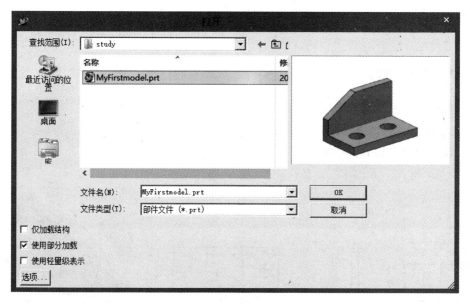

图 1-3　【打开】对话框

4. 关闭文件

（1）完成建模工作以后，需要将文件关闭，以保证所做工作不会被系统意外修改。选择【文件】|【关闭】命令可以相应地关闭文件，如图 1-4 所示。

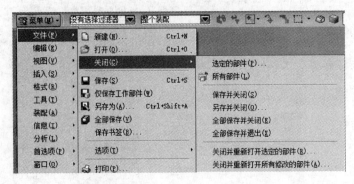

图 1-4　关闭文件菜单

（2）要关闭某个文件，应当选择【选定的部件】命令，会出现【关闭部件】对话框，如图 1-5 所示。

该对话框的各功能选项如下：

①【顶层装配部件】　文件列表中只列出顶级装配文件，而不列出装配中包含的组件。

②【会话中的所有部件】　文件列表中列出当前进程中的所有文件。

③【仅部件】　仅关闭所选择的文件。

④【部件和组件】　如果所选择的文件为装配文件，则关闭属于该装配文件的所有文件。

选择完以上各功能，再选择要关闭的文件，单击【确定】按钮。

图 1-5　【关闭部件】对话框

1.1.3　NX 建模体验

建立如图 1-6 所示垫块。

1. 关于本零件设计理念的考虑

建立模型时，首先由体素特征块和拉伸体求和建立毛坯，打孔完成粗加工，倒角完成精加工，如图 1-7 所示。

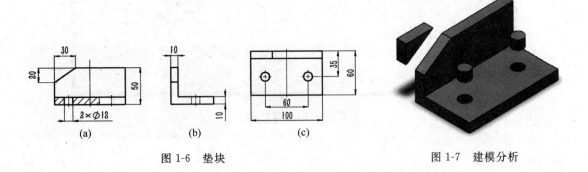

图 1-6　垫块　　　　　　　　　　　　　　　图 1-7　建模分析

2. 操作步骤

步骤一：新建零件

选择【文件】|【新建】命令，出现【新建】对话框。

(1) 选择【模型】选项卡，在【模板】列表框中选定【模型】模板。

(2) 在【新文件名】组的【名称】文本框内输入 MyFirstmodel，在【文件夹】文本框内输入 D:\NX-Model\1\study\。

如图 1-2 所示，单击【确定】按钮。

步骤二：创建毛坯

(1) 选择【插入】|【设计特征】|【长方体】命令，出现【块】对话框。

① 默认指定点为原点。

② 在【长度】文本框输入 60，在【宽度】文本框输入 100，在【高度】文本框输入 10。

如图 1-8 所示，单击【确定】按钮，在坐标系原点(0,0,0)创建长方体。

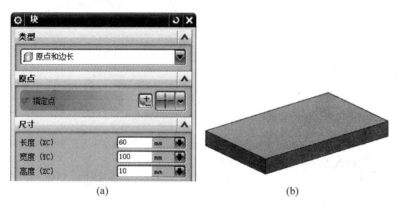

(a)　　　　　　　　　　　　　　(b)

图 1-8　创建长方体

(2) 单击【主页】选项卡中【特征】区域的【拉伸】按钮 ，出现【拉伸】对话框。

① 在【截面】组，激活【选择曲线】选项，选择长方体后边为拉伸的边。

② 在【限制】组中的【结束】列表中选择【值】选项，在【距离】文本框输入 40。

③ 在【偏置】组中的【偏置】列表中选择【两侧】选项，在【结束】文本框输入－10。

④ 在【布尔】组中的【布尔】列表中选择【求和】选项。

如图 1-9 所示，单击【确定】按钮。

步骤三：创建粗加工特征

(1) 单击【主页】选项卡中【特征】区域的【基准平面】按钮 ，出现【基准平面】对话框，在图形区选择两个面，如图 1-10 所示，单击【确定】按钮，创建两个面的二等分基准面。

(2) 单击【主页】选项卡中【特征】区域的【孔】按钮 ，出现【孔】对话框。

① 使用默认类型为【常规孔】。

② 在【方向】组中的【孔方向】列表中选择【垂直于面】选项。

③ 在【形状和尺寸】组中的【成形】列表中选择【简单】选项。

④ 在【尺寸】组中的【直径】文本框输入 12，从【深度限制】列表中选择【贯通体】选项，如图 1-11 所示。

⑤ 在【位置】组中，单击【草图】按钮，出现【创建草图】对话框，选择长方体上表面为孔的放置平面，如图 1-12 所示。

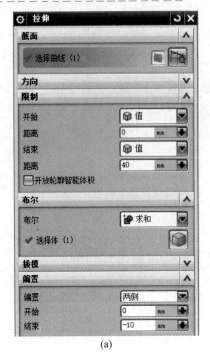

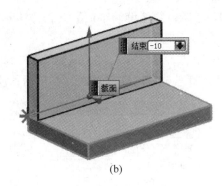

(a)   (b)

图 1-9 创建拉伸体

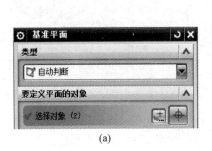

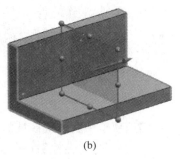

(a)   (b)

图 1-10 创建两个面的二等分基准面

图 1-11 【孔】对话框

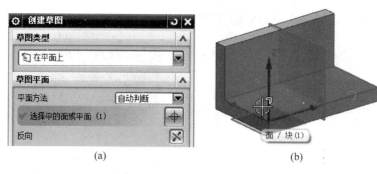

图 1-12　选择长方体上表面为孔的放置平面

⑥ 进入【草图】环境，出现【草图点】对话框，在长方体上表面输入点，如图 1-13 所示，单击【关闭】按钮。

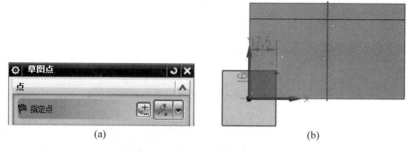

图 1-13　确定点

⑦ 单击【主页】选项卡中【约束】区域的【快速尺寸】按钮 ![],标注尺寸，如图 1-14 所示，单击【主页】选项卡中【草图】区域的【完成】按钮 ![],单击【孔】对话框中的【确定】按钮完成孔创建。

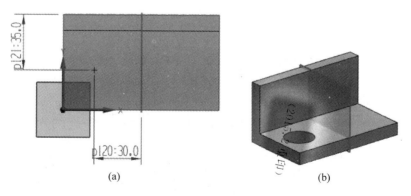

图 1-14　标注尺寸

（3）选择【插入】|【关联复制】|【镜像特征】命令，出现【镜像特征】对话框。

① 在【要镜像的特征】组，激活【选择特征】选项，在图形区选择【简单孔】。

② 在【镜像平面】组中，从【平面】列表中选择【现有平面】选项，在图形区选取镜像面。

如图 1-15 所示，单击【确定】按钮，建立镜像特征。

步骤四：创建精加工特征

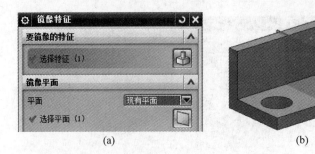

(a)   (b)

图 1-15 完成镜像特征

单击【主页】选项卡中【特征】区域的【倒斜角】按钮 ，出现【倒斜角】对话框。

（1）在【边】组中，激活【选择边】选项，选择拉伸体左边为倒角边。

（2）在【偏置】组中，从【横截面】列表中选择【非对称】选项，在【距离 1】文本框输入 30，在【距离 2】文本框输入 20。

如图 1-16 所示，单击【确定】按钮，完成倒斜角。

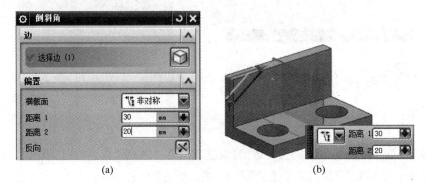

(a)   (b)

图 1-16 倒斜角

步骤五：完成模型

选择【文件】|【保存】命令，保存文件。

注意：用户应该经常保存所做的工作，以免产生异常时丢失数据。

3. 步骤点评

对于步骤二：关于 NX 对话框的使用。NX 对话框的使用技巧，对话框的各部分说明如下。

（1） 橙红色表示正在选择的操作。

（2） 表示必须选择的项。

（3） 表示已经选择的项。

（4） 草绿色表示下一个默认选项。

（5） 表示组的展开与折叠。

1.1.4 随堂练习

1. 观察主菜单栏

未打开文件之前，观察主菜单状况，如图 1-17(a)所示。建立或打开文件后，再次观察主菜单栏状况（增加了【编辑】、【插入】、【格式】、【分析】等），如图 1-17(b)所示。

2. 观察下拉式菜单

单击每一项下拉菜单条,如图 1-18 所示,选择所需选项进入相应的工作界面。

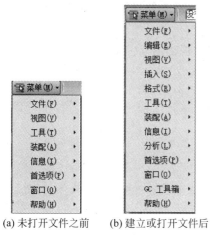

(a) 未打开文件之前　　(b) 建立或打开文件后

图 1-17　打开文件后的主菜单栏

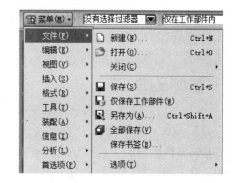

图 1-18　下拉式菜单

3. 调用浮动菜单

将鼠标放在工作区任何·个位置,单击鼠标右键,出现浮动菜单,如图 1-19 所示。

4. 调用推断式出现菜单

推断式出现菜单提供另一种访问选项的方法。当单击鼠标右键时,会根据选择在光标位置周围显示推断式出现菜单(最多八个图标),如图 1-20 所示。这些图标包括了经常使用的功能和选项,使用非常方便。

图 1-19　浮动菜单

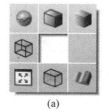

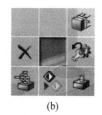

(a)　　　　　　(b)

图 1-20　推断式出现菜单

5. 观察资源条

资源条可利用很小的用户界面空间将许多页面组合在一个公用区中。NX 将所有导航器窗口、历史记录资源板、集成 Web 浏览器和部件模板都放在资源条中。在默认情况下,系统将资源条置于 NX 窗口的右侧。

6. 观察提示栏

提示栏显示在 NX 主窗口的底部或顶部,主要用来提示用户如何操作。执行每个命令步骤时,系统都会在提示栏显示关于用户必须执行的动作,或者提示用户下一个动作。

7. 观察状态栏

状态栏主要用来显示系统及图元的状态,给用户可视化的反馈信息。

8. 认识工作区

工作区处于屏幕中间,显示工作成果。

1.2 视图的运用

本节知识点:

(1) 运用视图控制工具栏的各项命令进行视图操作。

(2) 运用鼠标和快捷键进行视图操作。

(3) 层的运用。

1.2.1 视图控制

在设计中常常需要通过观察模型来粗略检查模型设计是否合理,NX 软件提供的视图功能能让设计者方便、快捷地观察模型。【视图控制】工具栏如图 1-21 所示。

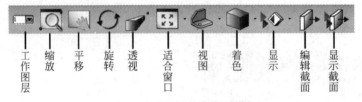

图 1-21 【视图控制】工具栏

1.2.2 层操作

"层"的相关操作位于【格式】菜单和【视图】选项卡【可见性】区域的【视图控制】工具栏上,如图 1-22 所示。

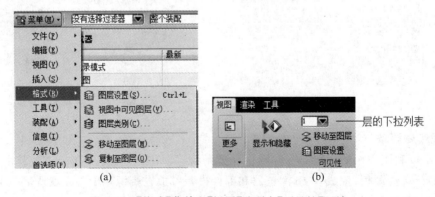

(a)   (b)

图 1-22 【格式】菜单和【视图】选项卡【可见性】区域

NX 提供层给用户使用,以控制对象的可见性和可选性。

"层"是系统定义的一种属性,就像颜色、线型和线宽一样,是所有对象都有的。

1. 层的分类

NX 已经将 256 层进行了分类,见表 1-1。

表 1-1　层的标准分类

层的分配	层类名	说明
1~10	SOLIDS	实体层
11~20	SHEETS	片体层
21~40	SKECHES	草图层
41~60	CURVES	曲线层
61~80	DATUMS	基准层
81~255	未指定	

2. 图层设置

选择【格式】|【图层设置】命令,出现【图层设置】对话框,用于设置层状态。

(1) 设置工作层

在【图层设置】对话框的【工作图层】文本框中输入层号(1~256),按 Enter 键,则该层变成工作层,原工作层变成可选层,单击【关闭】按钮,完成设置,如图 1-23 所示。

提示:

① 设置工作层的最简单方法是在【视图控制】工具栏【工作图层】列表框 3 中直接输入层号并按 Enter 键。

②【图层】列表框中显示的层,可以是【所有图层】、【含有对象的图层】、【所有可选图层】和【所有可见图层】,如图 1-24 所示。

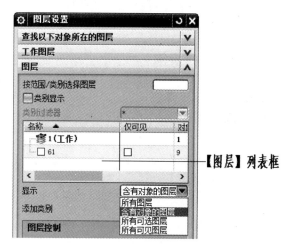

图 1-23　设置工作层　　　　　　　　图 1-24　层列表框显示设置

(2) 图层控制

在 NX 中,系统共有 256 层。其中第 1 层被作为默认工作层,256 层中的任何一层可以被设置为下面 4 种状态中的一种。

①【设为可选】　该层上的几何对象和视图是可选择的(必可见的)。

②【设为工作图层】 是对象被创建的层,该层上的几何对象和视图是可见的和可选的。

③【设为仅可见】 该层上的几何对象和视图是只可见的,但不可选择。

④【设为不可见】 该层上的几何对象和视图是不可见的(必不可选择的)。

在【图层设置】对话框的【图层控制】选项卡中设置图层的状态,每个层只有一种状态,如图 1-25 所示。

提示:

在【图层】列表框中选中 61 层,对于 61 层可进行如下操作。

① 当前 61 为【可选层】。

② 单击【设为工作图层】按钮 , 可将 61 层设为工作层。

③ 单击【设为仅可见】按钮 , 可将 61 层设为仅可见层。

④ 单击【设为不可见】按钮 , 可将 61 层设为不可见层。

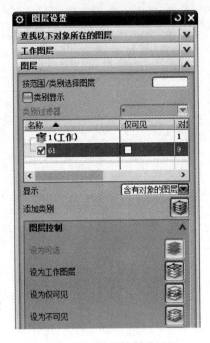

图 1-25 图层控制设置

3. 移动至层

选择【格式】|【移动至图层】命令,出现【类选择】对话框,选择要移动的对象,单击【确定】按钮,出现【图层移动】对话框,在【目标图层或类别】文本框中输入层名,如图 1-26 所示,单击【应用】按钮,则选择移动的对象移动至指定的层。

图 1-26 【图层移动】对话框

1.2.3 视图操作应用

按要求完成如下操作:

(1)缩放视图。

(2)视图定向。

(3)显示截面。

(4)模型显示样式。

(5)编辑对象显示。

(6)移动图层。

1. 操作步骤

步骤一:缩放视图

(1)使用鼠标

方法一:在图形窗口滚动鼠标中键滚轮。

方法二:按住 Ctrl 键,在图形窗口按住鼠标中键上下拖动。

(2)使用【缩放视图】对话框

选择【视图】|【操作】|【缩放】命令,出现【缩放视图】对话框,在【缩放】文本框输入新比例,或单击【缩小一半】等按钮,完成视图缩放,如图 1-27 所示。

(3) 使用缩放模式

方法一:单击【视图控制】工具栏上的【缩放】按钮💾。

方法二:从图形区域右键快捷菜单中选择【缩放】选项。

方法三:按快捷键 F6。

进入缩放模式,光标变成 ⊕ ,按住鼠标左键并拖动,如图 1-28 所示。

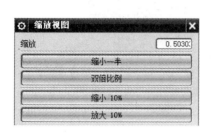

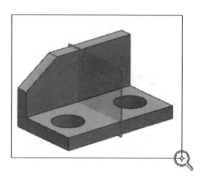

图 1-27　使用【缩放视图】对话框缩放模型　　　　图 1-28　使用缩放模式缩放模型

说明:单击【视图控制】工具栏上的【缩放】按钮💾,拖动鼠标与按住 Ctrl 键时效果一样。

注意:退出缩放模式,单击鼠标中键或按 Esc 键。

(4) 使视图适合窗口

方法一:单击【视图控制】工具栏上的【适合窗口】按钮⊡。

方法二:从图形区域右键快捷菜单中选择【适合窗口】命令。

方法三:按快捷键 Ctrl+F。

使用上述三种方法系统就会调整视图直至适合当前窗口的大小。

步骤二:视图定向——旋转视图

(1) 使用鼠标

方法一:在图形窗口按住鼠标中键并拖动,此时的旋转中心为视图中心。

方法二:在图形窗口按住鼠标中键直至出现➕,然后拖动鼠标。➕这一点为临时旋转中心。使用鼠标旋转图形如图 1-29 所示。

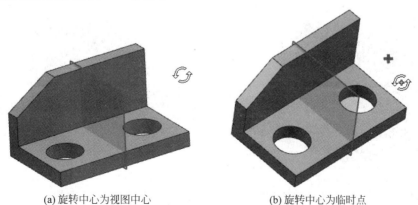

(a) 旋转中心为视图中心　　　　　　　(b) 旋转中心为临时点

图 1-29　使用鼠标中键旋转模型

（2）使用【旋转视图】对话框

选择【视图】|【操作】|【旋转】命令，出现【旋转视图】对话框，选择某一个【固定轴】选项，然后移动光标到图形窗口，按住鼠标左键并拖动，如图 1-30 所示。

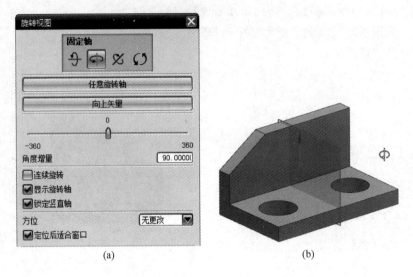

图 1-30　使用【旋转视图】对话框旋转模型

（3）使用旋转模式

方法一：单击【视图控制】工具栏上的【旋转】按钮 🔄 。

方法二：从图形区域右键快捷菜单中选择【旋转】选项。

方法三：按快捷键 F7。

进入旋转模式，光标变成 🔄 ，按住鼠标左键并拖动，如图 1-31 所示。

注意：退出旋转模式，单击鼠标中键或按 Esc 键。

步骤三：视图定向——平移视图

（1）使用鼠标

方法一：按住键盘上的 Shift 键，在图形窗口中按住鼠标中键拖动。

方法二：同时按住鼠标中键和右键拖动。

使用鼠标平移模型如图 1-32 所示。

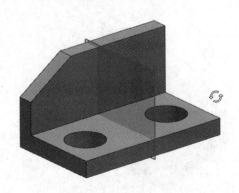

图 1-31　使用旋转模式旋转模型

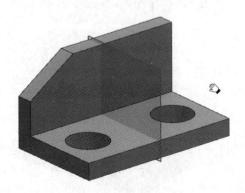

图 1-32　使用鼠标平移模型

（2）使用平移模式

方法一：单击【视图控制】工具栏上的【平移】按钮 ⬚。

方法二：从图形区域右键快捷菜单中选择【平移】选项。

进入平移模式，光标变成 ✋，按住鼠标左键并拖动。

注意：退出平移模式，单击鼠标中键或按 Esc 键。

步骤四：视图定向——标准视图

在【视图】工具条中，单击【正等侧视图】 ⬚· 按钮右边的下三角按钮，出现【视图显示】下拉菜单，如图 1-33 所示。

利用其中【俯视图】、【前视图】、【仰视图】、【左视图】、【右视图】和【后视图】的命令可分别得到六个基本视图方向的视觉效果，如图 1-34 所示。

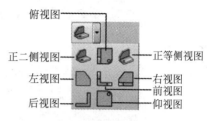

图 1-33　【视图控制】工具栏

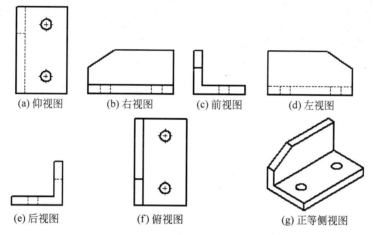

(a) 仰视图　　(b) 右视图　　(c) 前视图　　(d) 左视图

(e) 后视图　　(f) 俯视图　　(g) 正等侧视图

图 1-34　正等侧视图和六个基本视图方向的视觉效果

提示：

① 按 Home 键，视图变化为正二侧视图。

② 按 End 键，视图变化为正等侧视图。

③ 按 Ctrl＋Alt＋F 键，视图变化为前视图。

④ 按 Ctrl＋Alt＋T 键，视图变化为俯视图。

⑤ 按 Ctrl＋Alt＋L 键，视图变化为左视图。

⑥ 按 Ctrl＋Alt＋R 键，视图变化为右视图。

步骤五：视图定向——定向到最近的正交视图

按 F8 键，将视图定向到最近的正交视图。

选择一个平面，按 F8 键，视图将会调整到与所选平面平行的方位。

步骤六：移动图层

（1）选择【格式】|【移动至图层】命令，出现【类选择】对话框。

① 选择二等分基准面，单击【确定】按钮。

② 出现【图层移动】对话框，在【目标图层或类别】文本框输入 61，单击【确定】按钮。

（2）选择【格式】|【图层设置】命令，出现【图层】对话框，选择 61 层，单击【图层控制】组中【设为不可见】按钮，如图 1-35 所示。

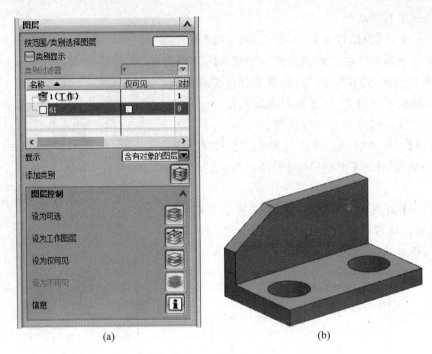

(a)   (b)

图 1-35　设为不可见

步骤七：显示截面

显示截面是指显示剖切视图从而可以观察到部件的内部结构。

（1）新建截面

单击【视图控制】工具栏上的【新建截面】按钮 ，出现【视图截面】对话框。系统自动开启截面显示，如图 1-36 所示。

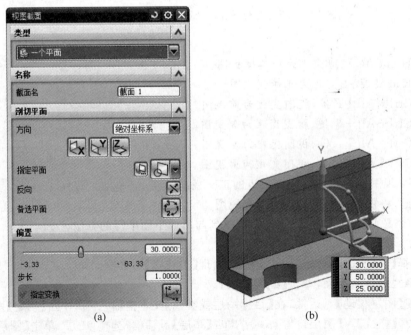

(a)   (b)

图 1-36　创建截面

（2）切换截面显示

单击【视图控制】工具栏上的【剪切工作截面】按钮，使其呈按下状态，则会显示剖切视图。再次单击该按钮，使其呈弹起状态，则会恢复部件的正常显示，如图 1-37 所示。

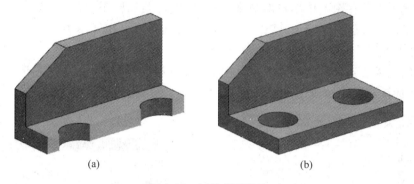

(a)　　　　　　　　　　　　　　(b)

图 1-37　切换截面显示

（3）编辑剖切截面

单击【视图控制】工具栏上的【编辑工作截面】按钮，出现【查看截面】对话框。

说明：当部件不存在剖切截面时，【编辑工作截面】命令与【新建截面】命令的功能相同。

步骤八：模型的显示方式

在【视图控制】工具栏中，单击【着色】按钮右边的下三角按钮，出现【视图着色】下拉菜单，各种常用着色的效果图，如图 1-38 所示。

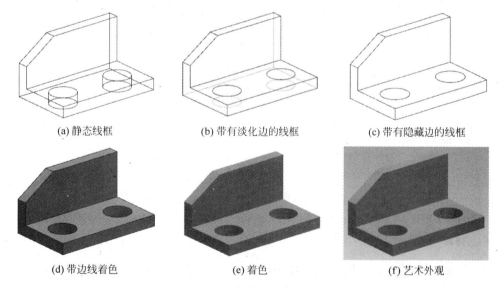

(a) 静态线框　　　　　(b) 带有淡化边的线框　　　　　(c) 带有隐藏边的线框

(d) 带边线着色　　　　　(e) 着色　　　　　(f) 艺术外观

图 1-38　各种显示状态的效果图

步骤九：编辑对象显示

选择【编辑】|【对象显示】命令，出现【类选择】对话框。

（1）选择所见实体，单击【确定】按钮，出现【编辑对象显示】对话框。

（2）在【常规】选项卡中单击【颜色】，出现【颜色】对话框。

（3）选择绿色，单击【确定】按钮，返回【编辑对象显示】对话框。

如图 1-39 所示，单击【确定】按钮。

2. 步骤点评

对于步骤六：关于对象选择的点评如下。

（1）鼠标选择

用鼠标左键直接在图形中单击对象来选择，可以连续选取多个对象，将其加入到选择集中。选择时要注意与【选择条】上的【类型过滤器】和【选择范围】配合使用。

（2）【类选择】对话框

【类选择】提供了选择对象的详细方法。可以通过指定类型、颜色、图层来指定哪些对象是可选的。【类选择】对话框如图 1-40 所示。

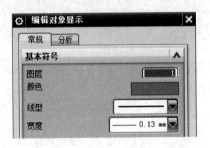

图 1-39　模型的显示方式

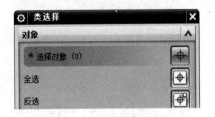

图 1-40　【类选择】对话框

（3）【类型过滤器】使用步骤

从【类型过滤器】列表选择【基准】选项，如图 1-41 所示，返回【类选择】对话框，单击【全选】按钮，完成操作。

1.2.4　随堂练习

打开"MyFirstmodel.prt"，分别运用鼠标、快捷键和工具栏命令观察此模型，并将模型颜色改为橙色，移动到 2 层。

图 1-41　【类型过滤器】使用步骤

1.3　模型测量

本节知识点：

运用 NX 分析工具对三维模型进行几何计算或物理特性分析。

1.3.1　对象与模型分析

用户在建模的过程中，可以应用 NX 中的分析工具及时地对三维模型进行几何计算或物理特性分析，并根据分析结果，修改设计参数，以提高设计的可靠性和设计效率。

1. 常规参数分析

（1）距离　分析距离是指获取两个 NX 对象（如点、曲线、平面、体、边或面）之间的最小距离。

（2）角度　分析角度是指获取两个曲线或两平面或直线与平面之间的角度测量值。

（3）直径或半径　分析直径或半径是指获取曲线的直径或半径测量值。

2. 使用面测量面属性

使用面测量面属性是指计算体面的面积和周长值。

3．使用实体测量质量属性

使用实体测量质量属性是指计算实体的体积、质量、质心和惯性矩等。

1.3.2　对象与模型分析实例

按要求完成如下操作：

（1）测量距离。

（2）测量角度。

（3）测量直径。

（4）使用面测量面属性。

（5）使用实体测量质量属性。

1．操作步骤

步骤一：测量距离

（1）单击【分析】选项卡中【测量】区域的【测量距离】按钮 🔧，出现【测量距离】对话框。

① 在【类型】列表中选择【距离】选项。

② 在【测量】组的【距离】列表中选择【最小值】选项。

③ 在【结果显示】组；选中【显示信息窗口】复选框，从【注释】列表中选择【显示尺寸】选项。

④ 在图形区选择起点和终点，如图 1-42 所示。

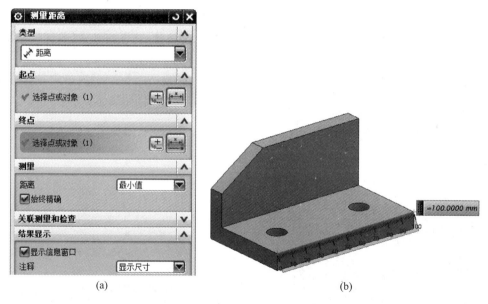

(a)　　　　　　　　　　　　　　　(b)

图 1-42　测量距离

（2）测量对象确定后，系统将自动将距离信息写入【信息】窗口中，如图 1-43 所示，通过【信息】窗口显示出结果，就可以对选中对象之间距离进行验证，单击【确定】按钮。

步骤二：测量角度

单击【分析】选项卡中【测量】区域的【测量角度】按钮 📐，出现【测量角度】对话框。

（1）从【类型】列表中选择【按对象】选项。

（2）在【测量】组的【评估平面】列表中选择【3D 角】选项，从【方向】列表中选择【内角】选项。

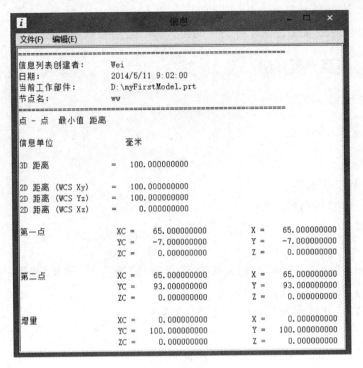

图 1-43 【信息】窗口

（3）在【结果显示】组选中【显示信息窗口】复选框，从【注释】列表中选择【显示尺寸】选项。

（4）在图形区选择第一个参考和第二个参考。

如图 1-44 所示，测量对象确定后，系统将自动将角度信息写入【信息】窗口中，通过【信息】窗口显示出结果，就可以对选中对象之间夹角进行验证，单击【确定】按钮。

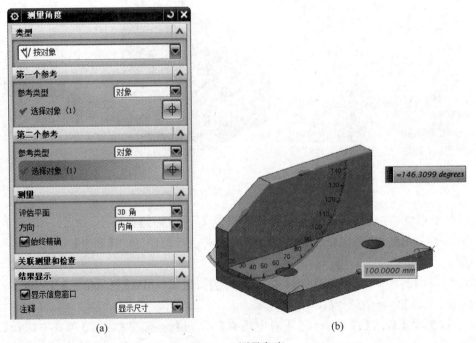

(a)　　　　　　　　　　　　(b)

图 1-44　测量角度

步骤三：测量直径

单击【分析】选项卡中【测量】区域的【测量距离】按钮 📏，出现【测量距离】对话框。

（1）从【类型】列表中选择【直径】选项。

（2）在【结果显示】组，选中【显示信息窗口】复选框，从【注释】列表中选择【显示尺寸】选项。

（3）在图形区选择对象。

如图 1-45 所示，测量对象确定后，系统将自动将直径信息写入【信息】窗口中，通过【信息】窗口显示出结果，就可以对选中对象直径进行验证，单击【确定】按钮。

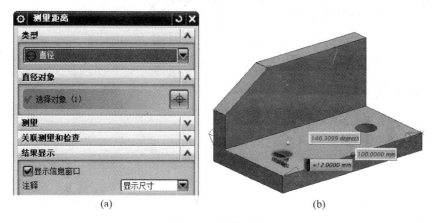

图 1-45　测量直径

步骤四：测量面

单击【分析】选项卡中【测量】区域的【测量面】按钮 🟦，出现【测量面】对话框。

（1）在【结果显示】组，选中【显示信息窗口】复选框，从【注释】列表中选择【显示尺寸】选项。

（2）在图形区选择面。

如图 1-46 所示，测量对象确定后，系统将自动将面信息写入【信息】窗口中，通过【信息】窗口显示出结果，就可以对选中对象面进行验证，单击【确定】按钮。

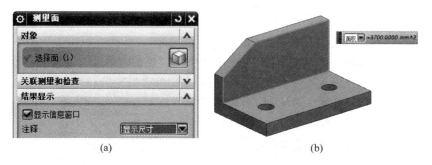

图 1-46　测量面

步骤五：测量体

单击【分析】选项卡中【测量】区域的【测量体】按钮 🟦，出现【测量体】对话框。

（1）在【结果显示】组，选中【显示信息窗口】复选框，从【注释】列表中选择【显示尺寸】选项。

（2）在图形区选择体。

如图 1-47 所示，测量对象确定后，系统将自动将体信息写入【信息】窗口中，通过【信息】窗口显示出结果,就可以对选中对象体进行验证,单击【确定】按钮。

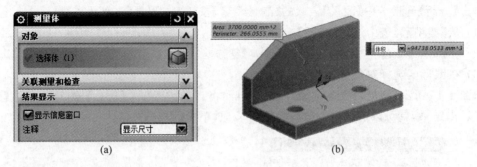

图 1-47   测量体

1.3.3   随堂练习

打开"MyFirstmodel.prt",分析模型其他参数。

1.4   建立体素特征

本节知识点:
(1)运用体素特征。
(2)布尔操作。
(3)NX 的常用工具(点构造器、矢量构造器等)。
(4)操纵工作坐标系。
(5)部件导航器。

1.4.1   体素特征

所谓体素特征,指的是可以独立存在的规则实体,它可以用作实体建模初期的基本形状。具体包括长方体、圆柱、圆锥和球 4 种。
(1)长方体   允许用户通过指定方位、大小和位置创建长方体体素。
(2)圆柱   允许用户通过指定方位、大小和位置创建圆柱体素。
(3)圆锥   允许用户通过指定方位、大小和位置创建圆锥体素。
(4)球   允许用户通过指定方位、大小和位置创建球体素。

1.4.2   【点】对话框

在三维建模过程中,一项必不可少的任务是确定模型的尺寸与位置,而【点】对话框就是用来确定三维空间位置的一个基础的和通用的工具。

【点】对话框及其选项功能如图 1-48 所示。

图 1-48   【点】对话框

（1）用户可以用以下 10 种方式构造一个点：自动判断的点 、光标点、现有点、端点、控制点、交点、圆弧中心/椭圆中心/球心、圆弧/椭圆上的角度，象限点、点在曲线/边上、两点之间。

（2）在【点】对话框中，有设置点坐标的 XC、YC、ZC 三个文本框。用户可以直接在文本框中输入点的坐标值，单击【确定】按钮，系统会自动按照输入的坐标值生成点。

提示：相对于 WCS　指定点相对于工作坐标系（WCS）。

　　　　绝对　指定相对于绝对坐标系的点。

1.4.3　矢量构造器

很多建模操作都要用到矢量，用以确定特征或对象的方位，如圆柱体或圆锥体的轴线方向、拉伸特征的拉伸方向、旋转扫描特征的旋转轴线、曲线投影方向、拔模斜度方向等。要确定这些矢量，都离不开矢量构造器。

矢量构造器的所有功能都集中体现在【矢量】对话框，如图 1-49 所示。

图 1-49　【矢量】对话框

用户可以用以下 15 种方式构造一个矢量：自动判断的矢量、两点、与 XC 成一角度、边/曲线矢量、在曲线矢量上、面的法向、平面法向、基准轴、XC 轴、YC 轴、ZC 轴、XC 轴、YC 轴、ZC 轴、按系数。

说明：单击【矢量方向】按钮，即可在多个可选择的矢量之间切换。

矢量操作通常出现在创建其他特征时需要指定方向的时候，系统调出矢量构造器创建矢量。

1.4.4　工作坐标系

坐标系主要用来确定特征或对象的方位。在建模与装配过程中经常需要改变当前工作坐标系，以提高建模速度。

NX 系统中用到的坐标系主要有两种形式，分别为绝对坐标系（Absolute Coordinate System，ACS）和工作坐标系（Work Coordinate System，WCS），它们都遵守右手螺旋法则。

绝对坐标系也称模型空间，是系统默认的坐标系，其原点位置和各坐标轴线的方向永远保持不变。

工作坐标系是系统提供给用户的坐标系，也是经常使用的坐标系，用户可以根据需要任意移动和旋转，也可以设置属于自己的工作坐标系。

1. 改变工作坐标系原点

选择【格式】| WCS |【原点】命令后，出现【点】对话框，提示用户构造一个点。指定一点后，当前工作坐标系的原点就移到指定点的位置。

2. 动态改变坐标系

选择【格式】| WCS |【动态】命令后，当前工作坐标系如图 1-50 所示。从图上可以看出，共有 3 种动态改变坐标系的标志，即原点、移动手柄和旋转手柄，对应的有 3 种动态改变坐

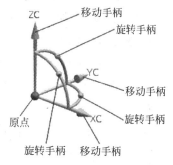

图 1-50　工作坐标系临时状态

标系的方式。

（1）用鼠标选取原点，其方法如同改变坐标系原点。

（2）用鼠标选取移动手柄，如 *ZC* 轴上的，则显示如图 1-51 所示的非模式对话框。这时既可以在【距离】文本框中通过直接输入数值来改变坐标系，也可以通过按住鼠标左键沿坐标轴拖动坐标系。

说明： 在拖动坐标系过程中，为便于精确定位，可以设置捕捉单位如 5.0，这样，每隔 5.0 个单位距离，系统自动捕捉一次。

（3）用鼠标选取旋转柄，如 XC-YC 平面内的，则显示如图 1-52 所示的非模式对话框。这时既可以在【角度】文本框中通过直接输入数值来改变坐标系，也可以通过按住鼠标左键在屏幕上旋转坐标系。

图 1-51　移动非模式对话框

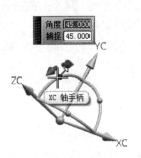

图 1-52　旋转非模式对话框

说明： 在旋转坐标系过程中，为便于精确定位，可以设置捕捉单位如 45.0，这样，每隔 45.0 个单位角度，系统自动捕捉一次。

3. 旋转工作坐标系

选择【格式】| WCS |【旋转】命令后，出现【旋转 WCS 绕…】对话框，如图 1-53 所示。选择任意一个旋转轴，在【角度】文本框中输入旋转角度值，单击【确定】按钮，可实现旋转工作坐标系。旋转轴是 3 个坐标轴的正、负方向，旋转方向的正向由右手螺旋法则确定。

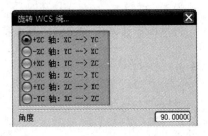

图 1-53　【旋转 WCS 绕…】对话框

4. 更改 XC 方向

选择【格式】| WCS |【更改 XC 方向】命令后，出现【点】对话框，提示用户指定一点（不得为 *ZC* 轴上的点）。则原点与指定点在 XC-YC 平面的投影点的连线为新的 *XC* 轴。

5. 改变 YC 方向

选择【格式】| WCS |【更改 YC 方向】命令后，出现【点】对话框，提示用户指定一点（不得为 *ZC* 轴上的点）。则原点与指定点在 XC-YC 平面的投影点的连线为新的 *YC* 轴。

6. 显示

选择【格式】| WCS |【显示】命令后，控制图形窗口中工作坐标系的显示与隐藏属性。

7. 保存

选择【格式】| WCS |【保存】命令后，将当前坐标系保存下来，以后可以引用。

说明：工作坐标系（WCS）用 XC、YC、ZC 表示。

工作坐标系（WCS）不能被修改（如删除），但允许非修改操作（如隐藏等）。

NX 中术语平行（Parallel）指平行于 XC 轴，垂直（Vertical）指平行于 YC 轴。

1.4.5　部件导航器

UG NX 向用户提供了一个功能强大、方便使用的编辑工具——【部件导航器】，它由主面板、依附关系面板、细节面板和预览面板组成。

1. 主面板

它通过一个独立的窗口，以一种树形格式（特征树）可视化地显示模型中特征与特征之间的关系，并可以对各种特征实施各种编辑操作，其操作结果可通过图形窗口中模型的更新显示出来，如图 1-54 所示。

（1）在特征树中用图标描述特征

① ⊞、⊟　分别代表以折叠或展开方式显示特征。

② ☑　表示在图形窗口中显示特征。

③ ☐　表示在图形窗口中隐藏特征。

④ 等　在每个特征名前面，以彩色图标形象地表明特征的类别。

图 1-54　部件导航器——主面板

（2）在特征树中选取特征

① 选择单个特征　在特征名上单击鼠标左键。

② 选择多个特征　选取连续的多个特征时，单击鼠标左键选取第一个特征，在连续的最后一个特征上按住 Shift 键的同时单击鼠标左键，或者选取第一个特征后，按住 Shift 键的同时移动光标来选择连续的多个特征。选择非连续的多个特征时，单击鼠标左键选取第一个特征，按住 Ctrl 键的同时在要选择的特征名上单击鼠标左键。

③ 从选定的多个特征中排除特征　按住 Ctrl 键的同时在要排除的特征名上单击鼠标左键。

（3）编辑操作快捷菜单

利用【部件导航器】编辑特征，主要是通过操作其快捷菜单来实现的。右击要编辑的某特征名，将出现快捷菜单。

2. 依附关系面板

使用依附关系面板可以观察在主面板中选择的特征几何体的父-子关系，如图 1-55 所示。

3. 细节面板

使用细节面板可以观察和编辑主面板中选择的特征参数，如图 1-56 所示。

4. 预览面板

使用预览面板可以查看在主面板中选择项目的预览对象。

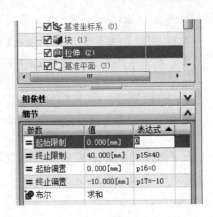

图 1-55　部件导航器——依附关系面板　　　　图 1-56　部件导航器——细节面板

1.4.6　体素特征应用实例

按要求完成如下操作：

(1) 建立一个 100×100×100 的长方体，位置位于 XC＝50、YC＝50、ZC＝0 处。

(2) 在四个角处各建立一个直径为 20 高为 100 的圆柱，做布尔差的运算。

(3) 在长方体的顶面中心建一个圆锥，顶部直径为 25，底部直径为 50，高度为 25，做布尔和的运算。

(4) 用 4 种方法编辑圆锥的直径，由 50 改为 40。

(5) 将模型文件等轴测放置后存盘。

1. 操作步骤

步骤一：建立零件

新建文件"Blank.prt"。

步骤二：创建长方体

选择【插入】|【设计特征】|【长方体】命令，出现【块】对话框。

(1) 在【尺寸】组的【长度】文本框输入 100，【宽度】文本框输入 100，【高度】文本框输入 100，如图 1-57 所示。

(2) 单击【点】对话框按钮，出现【点】对话框。在【坐标】组的 XC 文本框输入 50，YC 文本框输入 50，ZC 文本框输入 0，单击【确定】按钮，如图 1-58 所示。

图 1-57　【块】对话框　　　　　　　　　图 1-58　确定点

（3）返回【块】对话框，单击【确定】按钮，创建长方体，如图 1-59 所示。

步骤三：创建圆柱

（1）创建圆柱

选择【插入】|【设计特征】|【圆柱】命令，出现【圆柱】对话框。

① 采用默认矢量方向，选择边角为基点。

② 在【尺寸】组的【直径】文本框输入 20，【高度】文本框输入 100。

③ 在【布尔】组的【布尔】列表中选择【无】选项。

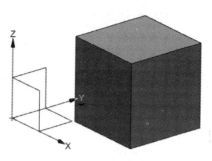

图 1-59　创建长方体

如图 1-60 所示，单击【确定】按钮，创建圆柱。按同样方法创建其余 3 个圆柱。

(a)

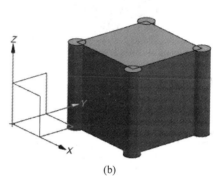

(b)

图 1-60　创建 4 个圆柱

（2）求差

选择【插入】|【组合】|【求差】命令，出现【求差】对话框。

① 在【目标】组，激活【选择体】，在图形区选取长方体。

② 在【工具】组，激活【选择体】，在图形区选取 4 个圆柱。

如图 1-61 所示，单击【确定】按钮。

(a)

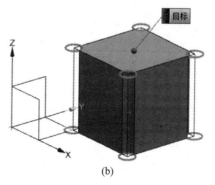

(b)

图 1-61　求差结果

步骤四：创建圆锥

(1) 重新定位 WCS

选择【格式】│WCS│【动态】命令。

① 选择上顶面边缘的中点，单击鼠标左键，如图 1-62(a)所示。

② 选择平移手柄，出现动态输入框，在【距离】对话框中输入 50 并按 Enter 键。

如图 1-62(b)所示，单击鼠标左键。

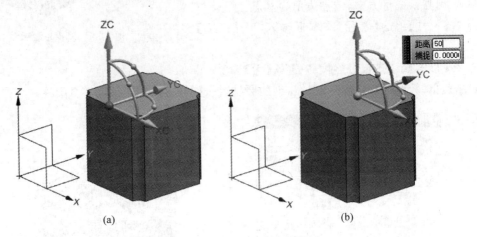

图 1-62 改变工作坐标系的原点

(2) 创建圆锥

选择【插入】│【设计特征】│【圆锥】命令，出现【圆锥】对话框。

① 采用默认矢量方向，默认基点。

② 在【尺寸】组的【底部直径】文本框输入 50，【顶部直径】文本框输入 25，【高度】文本框输入 25。

如图 1-63 所示，单击【确定】按钮，创建圆锥。

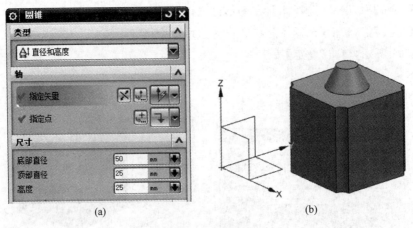

图 1-63 创建圆锥

(3) 求和

选择【插入】│【组合】│【求和】命令，出现【求和】对话框。

① 在【目标】组,激活【选择体】,在图形区选取长方体。

② 在【工具】组,激活【选择体】,在图形区选取圆锥。

如图 1-64 所示,单击【确定】按钮,

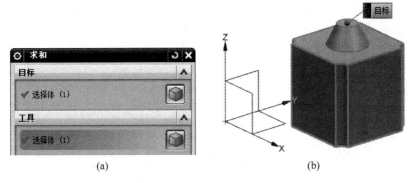

(a)　　　　　　　　　　　　　　　　(b)

图 1-64　求和

步骤五:编辑圆锥

用 4 种方法编辑圆锥的直径,由 50 改为 40。

(1) 在导航器中的目录树上找到圆锥的特征,双击。

(2) 在导航器中的目录树上找到圆锥的特征,单击右键——编辑参数。

(3) 在导航器中的目录树上找到圆锥的特征,在细节栏编辑参数。

(4) 在实体上直接选中并高亮显示圆锥特征,双击。

步骤六:保存。

选择【文件】|【保存】命令,保存文件。

2. 步骤点评

(1) 对于步骤三:关于布尔操作

布尔运算允许将原先存在的实体或多个片体结合起来。可以在现有的体上应用以下布尔运算:求和 、求差 和求交 。

① 求和。求和 可将两个或更多个工具体的体积组合为一个目标体。目标体和工具体必须重叠或共享面,这样才会生成有效的实体。

② 求差。求差 可从目标体中移除一个或多个工具体的体积,目标体必须为实体,工具体通常为实体。

③ 求交。求交 可创建包含目标体与一个或多个工具体的共享体积或区域的体。可以将实体与实体、片体与片体以及片体与实体相交,而不能将实体与片体相交。

④ 布尔错误报告

a. 所选的工具体必须与目标体具有交集,否则在相减时会出现出错【消息】提示框,如图 1-65 所示。

b. 当使用求差时,工具体的顶点或边可能不和目标体的顶点或边接触,因此,生成的体会有一些厚度为零的部分。如果存在零厚度,则会显示"非歧义实体"的出错信息,如图 1-66 所示。

提示:通过微小移动工具条(>建模距离公差)可以解决此故障。

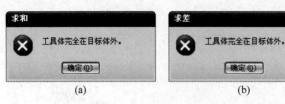

图 1-65　消息提示

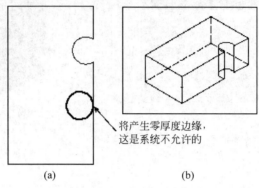

将产生零厚度边缘,
这是系统不允许的

(a)　　　　　　　　　　(b)

图 1-66　产生错误

（2）对于步骤四：关于重新定位 WCS 坐标点

使用快捷方式重新定位 WCS 坐标点,须确保【启用捕捉点】中的相应按钮是激活的,如图 1-67 所示。

图 1-67　【启用捕捉点】工具条

1.4.7　随堂练习

运用体素体征建立下列模型。

分别沿 3 个坐标正向矢量和由点 (0,0,0) 指向点 (1,1,1) 的矢量方向,创建直径为 10、高度为 25 的圆柱体。

随堂练习 1

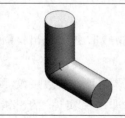

将 2 个直径为 10、高度为 25 的圆柱体对象和 1 个球体对象,通过布尔操作形成一个实体对象。

随堂练习 2

将 2 个相交的直径为 10、高度为 25 的圆柱体对象，通过布尔操作形成一个实体对象。

随堂练习 3

1.5　上机练习

运用体素特征完成以下模型创建。

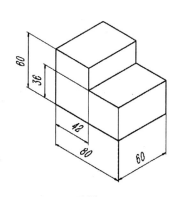

习题 1

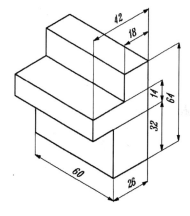

习题 2

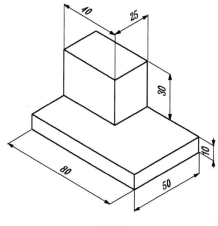

习题 3

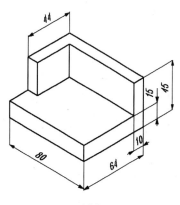

习题 4

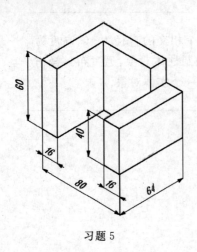

习题 5

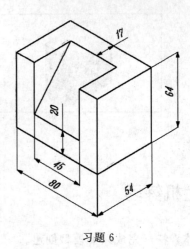

习题 6

第 **2** 章

参数化草图建模

草图(Sketch)是与实体模型相关联的二维图形,一般作为三维实体模型的基础。该功能可以在三维空间中的任何一个平面内建立草图平面,并在该平面内绘制草图。

草图中提出了"约束"的概念,可以通过几何约束与尺寸约束控制草图中的图形,可以实现与特征建模模块同样的尺寸驱动,并可以方便地实现参数化建模。应用草图工具,用户可以绘制近似的曲线轮廓,再添加精确的约束定义后,就可以完整表达设计的意图。

建立的草图还可用实体造型工具进行拉伸、旋转和扫掠等操作,生成与草图相关联的实体模型。

草图在特征树上显示为一个特征,且特征具有参数化和便于编辑修改的特点。

2.1 绘制基本草图

本节知识点:

(1) 草图的基本概念。

(2) 轮廓工具的使用。

(3) 辅助线的使用方法。

(4) 创建自动判断约束。

(5) 添加尺寸约束。

2.1.1 草图基本知识

1. 使用草图的目的和时间

(1) 曲线形状较复杂,需要参数化驱动。

(2) 具有潜在的修改和不确定性。

(3) 使用 NX 的成形特征无法构造形状时。

(4) 需要对曲线进行定位或重定位。

(5) 模型形状较容易由拉伸、旋转或扫掠建立时。

2. 草图的构成

在每一幅草图中,一般都包含下列几类信息。

（1）草图实体　由线条构成的基本形状，草图中的线段、圆等元素均可以称为草图实体。

（2）几何关系　表明草图实体或草图实体之间的关系，如图 2-1 所示，两个直线"垂直"，直线"水平"，这些都是草图中的几何关系。

（3）尺寸　标注草图实体大小的尺寸，尺寸可以用来驱动草图实体和形状变化，如图 2-1 所示，当尺寸数值（例如 48）改变时可以改变外形的大小，因此草图中的尺寸是驱动尺寸。

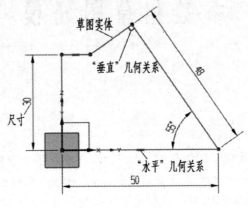

图 2-1　草图的构成

3. 建立草图过程

（1）设定工作层（草图所在层）。

（2）选择草图平面，可以重命名草图。

（3）建立草绘。取决于设置，草图会自动地建立许多约束。

（4）添加或编辑约束。

（5）修改尺寸参数。

（6）退出草图。

2.1.2　绘制简单草图实例

绘制草图，如图 2-2 所示。

1. 操作步骤

步骤一：新建零件

新建文件"Sketch. prt"。

步骤二：设置草图工作图层

在【视图操作】工具栏的【工作图层】列表中输入 21，设置第 21 层为草图工作层，如图 2-3 所示。

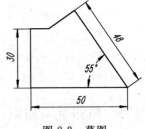

图 2-2　草图

图 2-3　设置第 21 层为草图工作层

步骤三：新建草图

选择【插入】|【任务环境中的草图】命令，出现【创建草图】对话框。

（1）在【草图平面】组的【平面方法】列表中选择【现有平面】选项，在绘图区选择一个附着平面（*XOY*）。

（2）在【草图方向】组的【参考】列表中选择【水平】选项，在绘图区选择 OX 轴。

（3）在【草图原点】组，激活【指定点】选项，在绘图区选择原点。

如图 2-4 所示，单击【确定】按钮，进入草图环境，草图生成器自动使视图朝向草图平面，并启动【轮廓】命令。

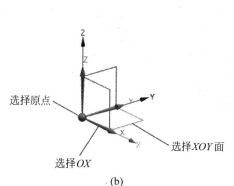

(a)   (b)

图 2-4   创建草图

步骤四：命名草图

在【主页】选项卡【草图】区域的【草图名称】列表框中输入 SKT_21_FIRST，如图 2-5 所示。

步骤五：绘制大致草图

（1）绘制水平线

图 2-5   命名草图

选择基准坐标系的点，向右移动鼠标，看到带箭头的虚线辅助线时，单击屏幕上该辅助线大约长 50mm 处的位置，如图 2-6 所示，在光标中出现一个 ⟶ 形状的符号，这表明系统将自动给绘制的直线添加一个"水平"的几何关系，而文本框中的数字则显示了直线的长度，单击确定水平线的终止点。

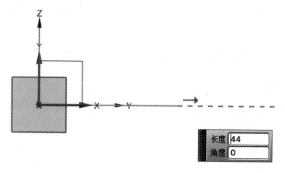

图 2-6   绘制水平线

注意：创建草图过程中，不需要严格定义曲线的参数，只需大概描绘出图形的形状即可，再利用相应的几何约束和尺寸约束进行精确控制草图的形状，草图创建完全是参数化的过程。

（2）绘制具有一定角度的直线

从终止点开始，绘制一条与水平直线具有一定角度的直线，单击确定斜线的终止点，如图 2-7 所示。

（3）利用辅助线绘制垂直线

移动光标到与前一条线段垂直的方向，系统将显示出辅助线，这种辅助线用虚线表示，如图 2-8 所示。单击确定垂直线的终止点，当前所绘制的直线与前一条直线将会自动添加"垂直"几何关系。

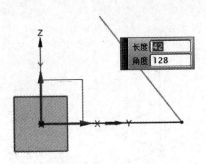

图 2-7　绘制具有一定角度的直线

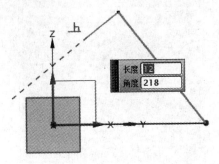

图 2-8　利用辅助线绘制垂直线

（4）利用作为参考的辅助线绘制直线

如图 2-9 所示的辅助线在绘图过程中只起到了参考作用，并没有自动添加几何关系，这种辅助线用点线表示，单击确定水平线的终止点。

（5）封闭草图

移动鼠标到原点，单击确定终止点，如图 2-10 所示。

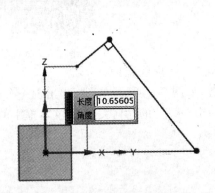

图 2-9　利用作为参考的辅助线绘制直线

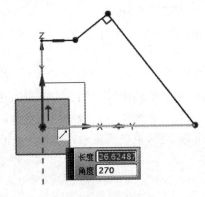

图 2-10　封闭草图

步骤六：查看几何约束

单击【主页】选项卡中【约束】区域的【显示几何约束】按钮，如图 2-11 所示，查看几何约束。

注：状态栏显示【草图需要 4 个约束】。

步骤七：添加尺寸约束

单击【主页】选项卡中【约束】区域的【快速尺寸】按钮，首先标注角度，继续标注水平线、斜线、竖直线和直径，如图 2-12 所示。

注：状态栏显示【草图已完全约束】。

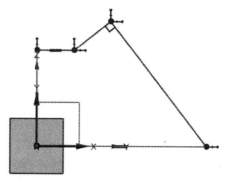
图 2-11　查看几何约束

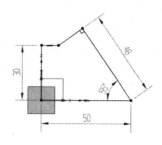
图 2-12　标注尺寸

步骤八：结束草图绘制

单击【主页】选项卡中【草图】区域的【完成草图】按钮 🏁 。

步骤九：存盘

选择【文件】|【保存】命令，保存文件。

2. 步骤点评

(1) 对于步骤二：关于草图图层

在建立草图时，应将不同的草图对象放在不同的图层上，以便于草图管理，放置草图的图层为 21～40 层。在一个草绘平面上创建的所有曲线，被视为一个草图对象。应当在进入草图工作界面之前设置草图所要放置的层为当前工作图层。一旦进入草图工作界面，就不能设置当前工作图层了。

说明：在创建草图之后，可以将草图对象移至指定层。

(2) 对于步骤三：为确保草图的正确空间方位与特征间相关性的建议

① 从零开始建模时，第一张草图的平面选择为工作坐标系平面，然后拉伸或旋转建立毛坯，第二张草图的平面应选择为实体表面。

② 在已有实体上建立草图时，如果安放草图的表面为平面，可以直接选取实体表面；如果安放草图的表面为非平面，可先建相对基准面，再选基准面为草图平面。

(3) 对于步骤四：关于草图名称

在【草图名称】下拉列表框中，显示系统默认的草图名称，如 SKETCH _000、SKETCH _001。该文本框用于显示和修改当前工作草图的名称。用户可以在文本框中指定其他的草图名称，否则系统将使用默认名称。

注意：输入图名称时，第一个字符必须是字母，且系统会将输入的名称改为大写。

通常草图的命名由 3 部分组成：前缀、所在层号和用途，如图 2-13 所示。

单击文本框右侧的小箭头，系统会弹出草图列表框，其中列出当前部件文件中所有草图的名称。

SKT_00A_ROOT
|　　|　　|
前缀 层号 用途

图 2-13　命名草图

(4) 对于步骤五：关于轮廓工具

轮廓 ⌒ 可以创建首尾相连的直线和圆弧串，即上一条曲线的终点变成下一条曲线的起点，如图 2-14 所示。

(5) 对于步骤五：关于辅助线

辅助线指示与曲线控制点的对齐情况，这些点包括直线端点和中点、圆弧端点，以及圆弧和圆的中心点。创建曲线时,可以显示两类辅助线,如图 2-15 所示。

① 辅助线 A 采用虚线表示,自动判断的约束的预览部分。如果此时所绘线段捕捉到这条辅助线,则系统会自动添加"垂直"的几何关系。

② 辅助线 B 采用点线表示,它仅仅提供了一个与另一个端点的参考,如果所绘制线段终止于这个端点,但系统不会添加"中点"的几何关系。

说明:虚线辅助线表示可能的竖直约束,点线辅助线表示与中点对齐时的情形。

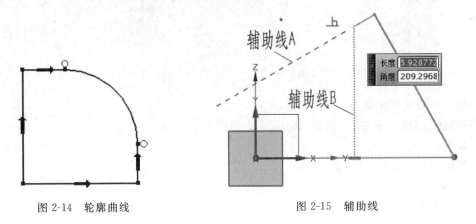

图 2-14　轮廓曲线　　　　　　　　　图 2-15　辅助线

(6) 对于步骤五:关于自动判断约束

应尽量利用自动判断约束绘制草图,这样可以在绘制草图的同时创建必要的几何约束,如水平、垂直、平行、正交、相切、重合、点在曲线上等。

① 打开【主页】选项卡【约束】区域的【创建自动判断约束】按钮，启动自动判断约束。

② 自动判断约束是在绘制草图时系统智能捕捉到用户的设计意图,自动判断约束是由自动判断约束设置决定的。单击【主页】选项卡中【约束】区域的【自动判断约束】按钮，出现【自动判断约束和尺寸】对话框,如图 2-16 所示。

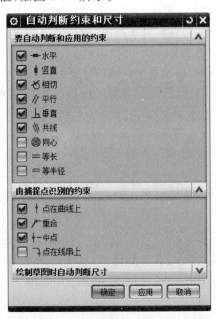

图 2-16　【自动判断约束和尺寸】对话框

在构造草图时,可以通过设置【自动判断约束和尺寸】对话框中的一个或多个选项,控制 NX 自动判断的约束设置。

（7）对于步骤六：关于自由度箭头

自由度（DOF）箭头　标记草图上可自由移动的点,如图 2-17 所示。

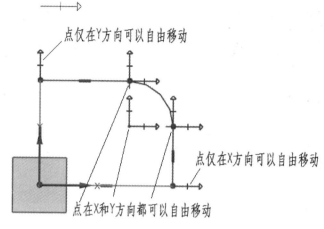

图 2-17　自由度箭头

各草图实体显示自由度符号,表明当前存在哪些自由度没有定义。有 X,Y 方向两个自由度；有 X 方向一个自由度；有 Y 方向一个自由度；随着几何约束和尺寸约束的添加,自由度符号逐步减少。当草图全部约束以后,自由度符号全部消失。

（8）关于尺寸约束

尺寸约束（也称为驱动尺寸）可建立：

① 草图对象的尺寸,如圆弧半径或曲线长度。

② 两个对象间的关系,如两点间的距离。

单击【主页】选项卡中【约束】区域的【快速】按钮 。

发出任何一个尺寸标注命令,提示栏提示：选择要标注尺寸的对象或选择要编辑的尺寸,选择对象后,移动鼠标指定一点（单击鼠标左键）,定位尺寸的放置位置,此时弹出一尺寸表达式窗口,如图 2-18 所示。指定尺寸表达式的值,则尺寸驱动草图对象至指定的值,用鼠标拖动尺寸可调整尺寸的放置位置。单击鼠标中键或再次单击所选择的尺寸图标完成尺寸标注。双击一个尺寸标注,此时,弹出一个尺寸表达式窗口,可以编辑一个已有的尺寸标注。

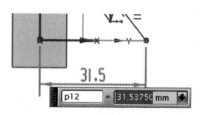

图 2-18　尺寸表达式窗口

（9）对于步骤七：关于草图的定义状态

一般来说,草图可以处于欠约束草图、充分约束草图、过约束草图三种状态。

① 欠定义　草图中某些元素的尺寸或几何关系没有定义。欠定义的元素使用褐色表示。拖动这些欠定义的元素,可以改变它们的大小或位置；如图 2-19（a）所示,如果没有标注角度的尺寸,则斜线显示为褐色。当用户使用鼠标拖动斜线移动鼠标时,由于斜线角度的大小没有明确给定,因此可以改变斜线的方向。

欠约束草图是指草图上尚有自由度箭头存在,状态行显示【草图需要 n 个约束】。

② 完全定义　草图中所有元素都已经通过尺寸或几何关系进行了约束,完全定义的草图中所有元素都使用绿颜色表示,如图 2-19(b)所示。一般来说,用户不能拖动完全定义草图实体来改变大小。

充分约束草图是指草图上已无自由度箭头存在,状态行显示【草图已完全约束】。

③ 过定义　草图中的某些元素的尺寸或几何关系过多,导致对一个元素有多种冲突的约束。过定义的草图约束使用红颜色表示,草图实体用灰色,如图 2-19(c)所示。由于当前草图已经完全定义,如果试图标注两个垂直线的角度(图中所示为 90°),则出现过定义。

过约束草图是指多余约束被添加,草图曲线和尺寸变成黄色,状态行显示【草图包含过约束几何体】。

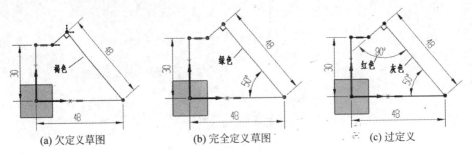

|(a) 欠定义草图|(b) 完全定义草图|(c) 过定义|

图 2-19　草图的定义状态

2.1.3　随堂练习

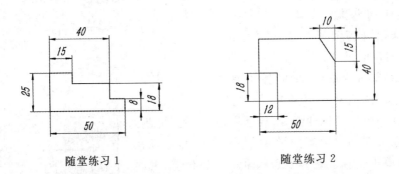

随堂练习 1　　　　　　　　　随堂练习 2

2.2　绘制对称零件草图

本节知识点:
(1) 添加几何约束。
(2) 对称零件绘制方法。
(3) 添加对称约束。

2.2.1　添加几何约束

几何约束用于定位草图对象和确定草图对象之间的相互关系。例如,要求两条直线垂直或平行,或者多个圆弧具有相同的半径。

单击【主页】选项卡【约束】区域的【几何约束】按钮，出现【几何约束】对话框。

1. 选择单一草图实体添加约束

单击【水平】按钮 或【竖直】按钮 ，如图 2-20 和图 2-21 所示，在【要约束的几何体】组，激活【选择要约束的对象】，在图形区选择要创建约束的曲线，添加约束。

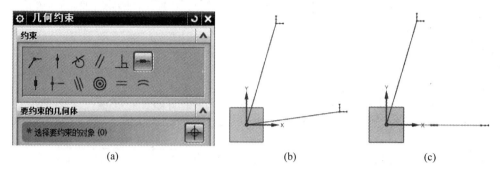

图 2-20　单一草图实体添加约束（水平约束）

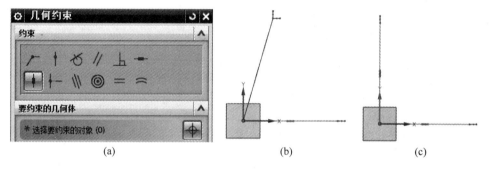

图 2-21　单一草图实体添加约束（竖直约束）

2. 选择多个草图实体添加约束

单击【相切】按钮 ，如图 2-22 所示，在【要约束的几何体】组，激活【选择要约束的对象】，在图形区选择直线，激活【选择要约束到的对象】，在图形区选择圆，添加相切约束。

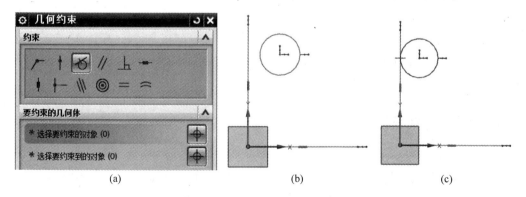

图 2-22　选择多个草图实体添加约束

注意：对象之间施加几何约束之后，导致草图对象的移动。移动规则是，如果所约束的对象都没有施加任何约束，则以最先创建的草图对象为基准。如果所约束的对象中已存在其他约束，则以约束的对象为基准。

各种约束类型及其代表含义如表 2-1 所示。

表 2-1　各种约束类型及其代表含义

约束类型	表 示 含 义
固定	将草图对象固定在某个位置,点固定其所在位置,线固定其角度,圆和圆弧固定其圆心或半径
重合	约束两个或多个点重合(选择点、端点或圆心)
共线	约束两条或多条直线共线
点在曲线上	约束所选取的点在曲线上(选择点、端点或圆心和曲线)
中点	约束所选取的点在曲线中点的法线方向上(选择点、端点或圆心和曲线)
水平	约束直线为水平的直线(选择直线)
竖直	约束直线为垂直的直线(选择直线)
平行	约束两条或多条直线平行(选择直线)
垂直	约束两条直线垂直(选择直线)
等长度	约束两条或多条直线等长度(选择直线)
固定长度	约束两条或多条直线固定长度(选择直线)
恒定角度	约束两条或多条直线固定角度(选择直线)
同心的	约束两个或多个圆、圆弧或椭圆的圆心同心(选择圆、圆弧或椭圆)
相切	约束直线和圆弧或两条圆弧相切(选择直线、圆弧)
等半径	约束两个或多个圆、圆弧半径相等(选择圆、圆弧)

2.2.2　对称零件绘制方法

1. 关于构造线

在为草图对象添加几何约束和尺寸约束的过程中,有些草图对象是作为基准、定位、约束使用的,不作为草图曲线,这时应将这些曲线转换为参考对象。有些草图尺寸可能导致过约束,这时应将这些草图尺寸转换为参考对象(如果需要参考的草图曲线和草图尺寸可以再次激活)。

单击【主页】选项卡中【约束】区域的【转换至/自参考对象】按钮，出现【转换至/自参考对象】对话框,如图 2-23 所示。

　　当要将草图中的曲线或尺寸转化为参考对象时,先在绘图工作区中选择要转换的曲线或尺寸,再在该对话框中选择【参考曲线或尺寸】单选按钮,然后单击【应用】按钮,则将所选对象转换为参考对象。

图 2-23　【转换至/自参考对象】对话框

　　2. 设为对称

　　使用【设为对称】命令可在草图中约束两个点或曲线相对于中心线对称,并自动创建对称约束。

　　单击【主页】选项卡中【约束】区域的【设为对称】按钮，出现【设为对称】对话框,分别选择【主对象】、【次对象】和【对称中心线】,如图 2-24 所示,建立对称关系。

(a)

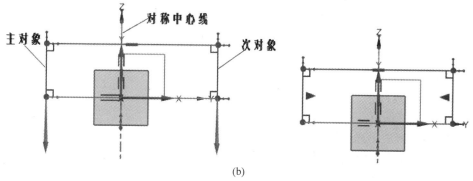

(b)

图 2-24　设为对称操作

　　3. 镜像曲线

　　使用【镜像曲线】命令,通过指定的草图直线,制作草图几何图形的镜像副本。NX 将镜像几何约束 应用于所有几何图形。

　　单击【主页】选项卡中【曲线】区域的【镜像曲线】命令 ,出现【镜像曲线】对话框。

　　(1) 激活【要镜像的曲线】组,在图形区选择要镜像的曲线。

　　(2) 激活【中心线】组,在图形区选择镜像线。

　　(3) 在【设置】组,选中【转换要引用的中心线】选项。

　　如图 2-25 所示,单击【应用】按钮。

　　NX 将镜像几何约束 应用到所有几何图形并将中心线转换成参考曲线。

(a)

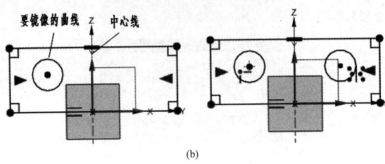

(b)

图 2-25　镜像曲线操作

4. 阵列曲线

使用【阵列曲线】命令可对与草图平面平行的边、曲线和点设置阵列。

（1）线性阵列

单击【主页】选项卡中【曲线】区域的【阵列曲线】命令 ，出现【阵列曲线】对话框。

① 激活【要阵列的曲线】组，在图形区选择要阵列的对象。

② 在【阵列定义】组的【布局】列表中选择【线性】选项。

③ 激活【方向 1】。

a. 在图形区选择 X 基准轴。

b. 从【间距】列表中选择【数量和节距】选项。

c. 在【数量】文本框输入 3。

d. 在【节距】文本框输入 100。

④ 选中【使用方向 2】复选框。

a. 在图形区选择 Y 基准轴。

b. 从【间距】列表中选择【数量和节距】选项。

c. 在【数量】文本框输入 2。

d. 在【节距】文本框输入 80。

如图 2-26 所示，单击【确定】按钮。

NX 将线性阵列几何约束 应用到所有几何图形。

（2）圆形阵列

单击【主页】选项卡中【曲线】区域的【阵列曲线】命令 ，出现【阵列曲线】对话框。

① 激活【要阵列的曲线】组，在图形区选择要阵列的对象。

(a)

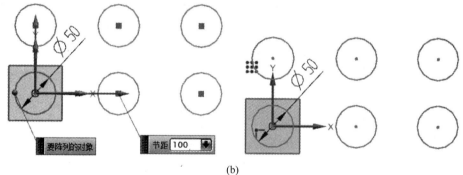

(b)

图 2-26 线性阵列操作

② 在【阵列定义】组的【布局】列表中选择【圆形】选项。

③ 激活【旋转点】，指定旋转点。

④ 在【角度方向】组设置下列选项。

a. 从【间距】列表中选择【数量和节距】选项。

b. 在【数量】文本框输入 6。

c. 在【节距角】文本框输入 360/6。

单击【确定】按钮，如图 2-27 所示。

NX 将圆形阵列几何约束 应用到所有几何图形。

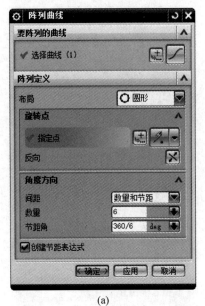

(a)

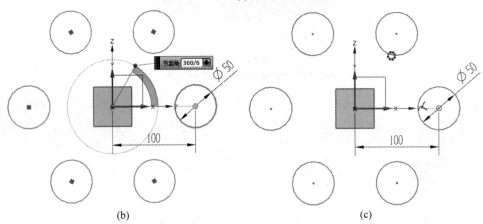

(b)   (c)

图 2-27   圆形阵列操作

2.2.3   对称零件绘制实例

绘制垫片草图,如图 2-28 所示。

1. 草图分析

(1) 尺寸分析

① 尺寸基准如图 2-29(a)所示。

② 定位尺寸如图 2-29(b)所示。

③ 定形尺寸如图 2-29(c)所示。

(2) 线段分析

① 已知线段如图 2-30(a)所示。

② 中间线段如图 2-30(b)所示。

③ 连接线段如图 2-30(c)所示。

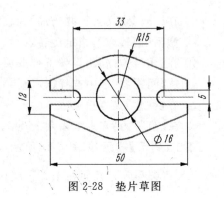

图 2-28   垫片草图

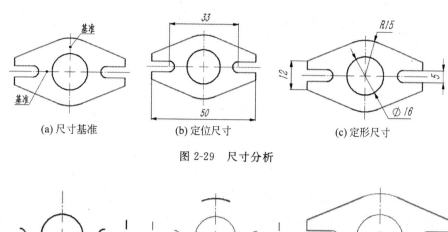

图 2-29　尺寸分析

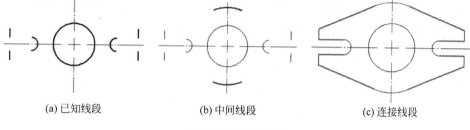

图 2-30　线段分析

2. 操作步骤

步骤一：建立零件

新建文件"Base. prt"。

步骤二：设置草图工作图层

选择【格式】|【图层设置】命令,出现【图层设置】对话框,设置第 21 层为草图工作层。

步骤三：新建草图

选择【插入】|【任务环境中的草图】命令,出现【创建草图】对话框。

(1) 在【草图平面】组的【平面方法】列表中选择【现有平面】选项,在绘图区选择一个附着平面(XOY)。

(2) 在【草图方向】组的【参考】列表中选择【水平】选项,在绘图区选择 OX 轴。

(3) 在【草图原点】组,激活【指定点】选项,在绘图区选择原点。

单击【确定】按钮,进入草图环境,草图生成器自动使视图朝向草图平面,并启动【轮廓】命令。

步骤四：命名草图

在【草图名称】下拉列表框中输入 SKT_21_Base。

步骤五：绘制草图

(1) 画基准线

利用【主页】选项卡【曲线】区域的【直线】/功能创建直线,利用【主页】选项卡【约束】区域的【转换至/自参考对象】功能将直线转换为构造线,接着利用【主页】选项卡【约束】区域的【几何约束】功能添加几何约束,利用【主页】选项卡【约束】区域的【快速尺寸】功能添加尺寸约束,如图 2-31 所示。

(2) 画已知线段

利用【主页】选项卡【曲线】区域的【直线】/功能创建直线,利用【主页】选项卡【曲线】区域

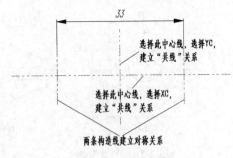

图 2-31　画基准线

的【圆】◯功能创建圆,接着利用【主页】选项卡【约束】区域的【几何约束】◢功能添加几何约束,利用【主页】选项卡【约束】区域的【快速尺寸】功能添加尺寸约束,如图 2-32 所示。

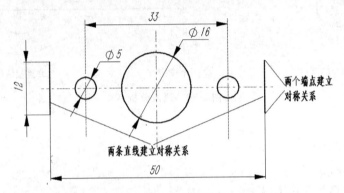

图 2-32　画已知线段

(3) 明确中间线段的连接关系,画出中间线段

利用【主页】选项卡【曲线】区域的【圆】◯功能创建圆,接着利用【主页】选项卡【约束】区域的【几何约束】◢功能添加几何约束,利用【主页】选项卡【约束】区域的【快速尺寸】功能添加尺寸约束,如图 2-33 所示。

(4) 明确连接线段的连接关系,画出连接线段

利用【主页】选项卡【曲线】区域的【直线】╱功能创建直线,接着利用【主页】选项卡【约束】区域的【几何约束】◢功能添加几何约束,利用【主页】选项卡【约束】区域的【快速尺寸】功能添加尺寸约束,如图 2-34 所示。

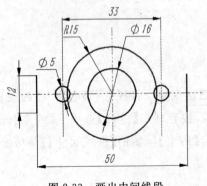

图 2-33　画出中间线段

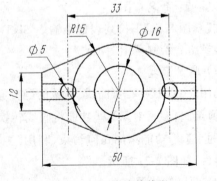

图 2-34　画出连接线段

（5）检查整理图形

利用【主页】选项卡【曲线】区域的【快速修剪】 ![] 功能裁剪相关曲线，如图 2-35 所示。

步骤六：结束草图绘制

单击【主页】选项卡中【草图】区域的【完成草图】按钮 ![]。

步骤七：存盘

选择【文件】|【保存】命令，保存文件。

3. 步骤点评

对于步骤五：添加约束技巧的点评如下。

（1）绘制中心线，如图 2-36 所示。

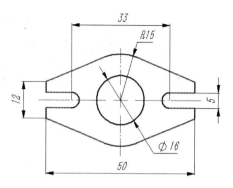

图 2-35　完成草图

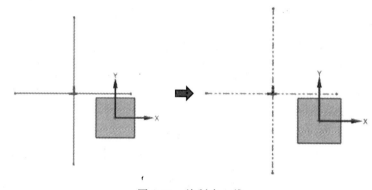

图 2-36　绘制中心线

（2）添加几何约束。利用【主页】选项卡【约束】区域的【几何约束】 ![] 功能，添加几何约束，如图 2-37 所示。

（3）创建基本圆，如图 2-38 所示。

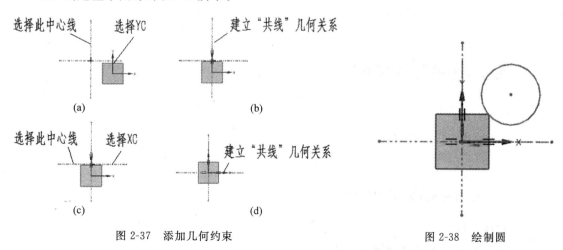

图 2-37　添加几何约束　　　　　　　图 2-38　绘制圆

（4）添加几何约束。利用【主页】选项卡【约束】区域的【几何约束】 ![] 功能，添加几何约束，如图 2-39 所示。

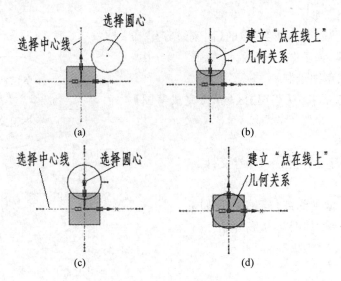

图 2-39　添加几何约束

2.2.4　随堂练习

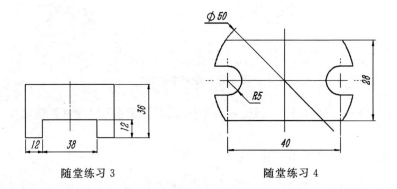

随堂练习 3　　　　　　　　　随堂练习 4

2.3　绘制复杂零件草图

本节知识点：
(1) 绘制基本几何图形方法。
(2) 草图绘制技巧。

2.3.1　绘制常用基本几何图形

1. 创建直线
绘制水平、垂直或任意角度的直线。

2. 创建圆弧
可通过 3 点(端点、端点、弧上任意一点或半径)画弧。也可通过中心和端点(中心、端点、端点或扫描角度)画弧。

3. 创建圆

通过圆心和半径（或圆上一点）画圆，或通过 3 点（或两点和直径）画圆。

4. 快速裁剪

（1）快速裁剪或删除选择的曲线段

以所有的草图对象为修剪边，裁剪掉被选择的最小单元段。如果按住鼠标左键并拖动，光标变为铅笔状，通过徒手画曲线，则和该徒手曲线相交的所有曲线段都被裁剪掉，如图 2-40 所示。

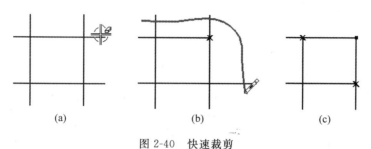

(a) (b) (c)

图 2-40　快速裁剪

（2）以指定的修剪边界去裁剪曲线

通过选择修剪边界，以此边界去裁剪曲线，如图 2-41 所示。

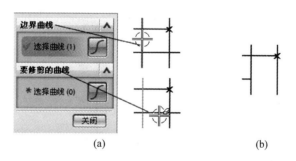

(a) (b)

图 2-41　指定修剪边界裁剪曲线

5. 圆角

（1）创建两个曲线对象的圆角

分别选择两个曲线对象或将光标选择球指向两个曲线的交点处同时选择两个对象，然后拖动光标确定圆角的位置和大小（半径以步长 0.5 跳动），如图 2-42 所示。

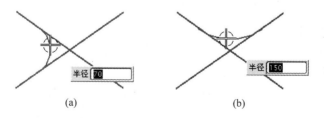

(a) (b)

图 2-42　创建两个曲线的圆角

（2）徒手曲线选择圆角边界

发出圆角命令后，如果按住鼠标左键并拖动，光标变为铅笔状，通过徒手画曲线，选择倒角边，则圆弧切点位于徒手曲线和第一倒角线交点处，如图 2-43 所示。

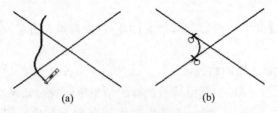

图 2-43　徒手曲线选择圆角边界

（3）是、否修剪圆角边界

圆角工具条图标 <!-- icon --> 代表裁剪圆角的两曲线边，图标 <!-- icon --> 代表不裁剪圆角的两曲线边，如图 2-44 所示。

（4）是、否修剪第三边

选择两条边后，再选择第三边，约束圆角半径。圆角工具条图标 <!-- icon --> 代表删除第三条曲线，图标 <!-- icon --> 代表不删除第三条曲线，如图 2-45 所示。

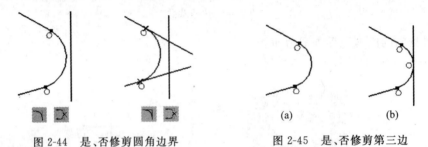

图 2-44　是、否修剪圆角边界　　　　　图 2-45　是、否修剪第三边

说明：圆角大小的修改，可通过标注圆角半径尺寸。通过修改半径尺寸，驱动圆角半径的大小。

2.3.2　显示/移除约束

1. 显示草图约束

单击【主页】选项卡中【约束】区域的【显示草图约束】按钮 <!-- icon -->，显示施加到草图的所有几何约束，如图 2-46 所示。再次单击【草图约束】工具条上的【显示草图约束】按钮 <!-- icon -->，不显示施加到草图的所有几何约束。

2. 显示/移除约束 <!-- icon -->

单击【主页】选项卡中【约束】区域的【显示/移除约束】按钮 <!-- icon -->，出现【显示/移除约束】对话框，如图 2-47所示。从中可显示草图对象的几何约束，并可移去指定的约束或移去列表中的所有约束。

说明：选中显示的约束，双击可以移除所选约束，单击【移除所列的】可以移除所有约束。

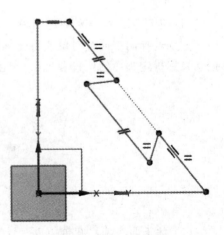

图 2-46　显示几何约束

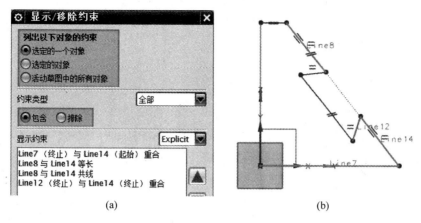

(a)　　　　　　　　　　　　　　　　(b)

图 2-47　【显示/移除约束】对话框

2.3.3　绘制复杂零件草图实例

绘制定位板草图,如图 2-48 所示。

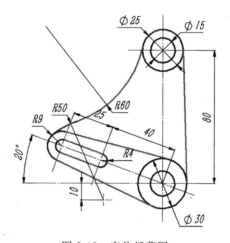

图 2-48　定位板草图

1. 草图分析

(1) 尺寸分析

① 尺寸基准,如图 2-49(a)所示。

② 定位尺寸,如图 2-49(b)所示。

③ 定形尺寸,如图 2-49(c)所示。

(2) 线段分析

① 已知线段,如图 2-50(a)所示。

② 中间线段,如图 2-50(b)所示。

③ 连接线段,如图 2-50(c)所示。

2. 操作步骤

步骤一:建立零件

新建文件"Location.prt"。

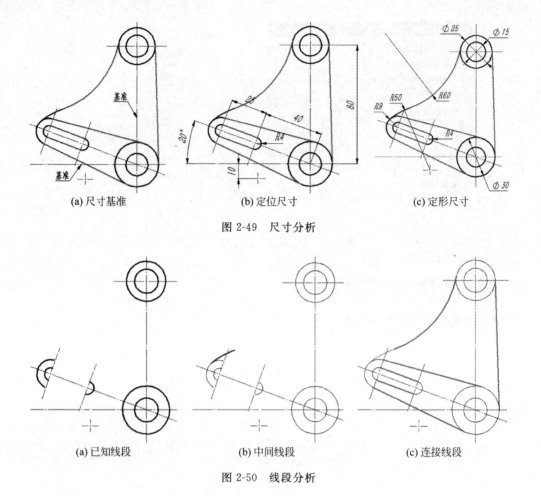

(a) 尺寸基准　　　　　　　(b) 定位尺寸　　　　　　　(c) 定形尺寸

图 2-49　尺寸分析

(a) 已知线段　　　　　　　(b) 中间线段　　　　　　　(c) 连接线段

图 2-50　线段分析

步骤二：设置草图工作图层

选择【格式】|【图层设置】命令，出现【图层设置】对话框，设置第 21 层为草图工作层。

步骤三：新建草图

选择【插入】|【任务环境中的草图】命令，出现【创建草图】对话框。

（1）在【草图平面】组的【平面方法】列表中选择【现有平面】选项，在绘图区选择一个附着平面（*XOY*）。

（2）在【草图方向】组的【参考】列表中选择【水平】选项，在绘图区选择 *OX* 轴。

（3）在【草图原点】组，激活【指定点】选项，在绘图区选择原点。

单击【确定】按钮，进入草图环境，草图生成器自动使视图朝向草图平面，并启动【轮廓】命令。

步骤四：命名草图

在【草图名称】下拉列表框中输入 SKT_21_Fixed。

步骤五：绘制草图

（1）画基准线

利用【主页】选项卡【曲线】区域的【直线】 ✏ 功能创建直线，利用【主页】选项卡【约束】区域的【转换至/自参考对象】 ▦ 功能将直线转换为构造线，接着利用【主页】选项卡【约束】区域的【几何约束】 ✐ 功能添加几何约束，利用【主页】选项卡【约束】区域的【快速尺寸】 ⊢⊣ 功能添加尺寸约束,如图 2-51 所示。

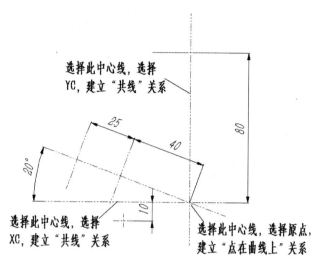

图 2-51 画基准线

（2）画已知线段

利用【主页】选项卡【曲线】区域的【直线】 功能创建直线,利用【主页】选项卡【曲线】区域的【圆】 功能创建圆,接着利用【主页】选项卡【约束】区域的【几何约束】 功能添加几何约束,利用【主页】选项卡【约束】区域的【快速尺寸】 功能添加尺寸约束,如图 2-52 所示。

（3）明确中间线段的连接关系,画出中间线段

利用【主页】选项卡【曲线】区域的【圆】 功能创建圆,接着利用【主页】选项卡【约束】区域的【几何约束】 功能添加几何约束,利用【主页】选项卡【约束】区域的【快速尺寸】 功能添加尺寸约束,如图 2-53 所示。

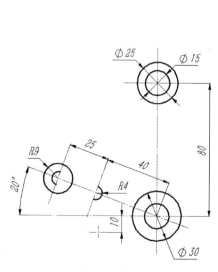

图 2-52 画已知线段

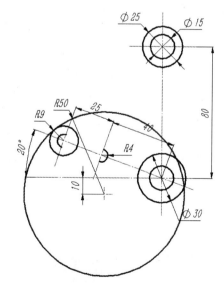

图 2-53 画出中间线段

（4）明确连接线段的连接关系,画出连接线段

利用【主页】选项卡【曲线】区域的【直线】 功能创建直线,利用【主页】选项卡【曲线】区域

的【圆】〇功能创建圆,接着利用【主页】选项卡【约束】区域的【几何约束】↙功能添加几何约束,利用【主页】选项卡【约束】区域的【快速尺寸】↙功能添加尺寸约束,如图 2-54 所示。

(5)检查整理图形

利用【主页】选项卡【曲线】区域的【快速修剪】↙功能,裁剪相关曲线,如图 2-55 所示。

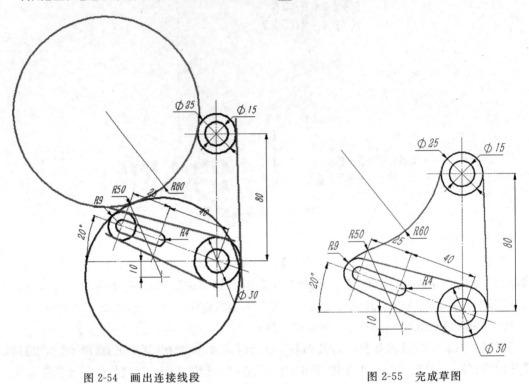

图 2-54　画出连接线段　　　　　　　图 2-55　完成草图

步骤六:结束草图绘制

单击【主页】选项卡中【草图】区域的【完成草图】按钮 ▨。

步骤七:存盘

选择【文件】|【保存】命令,保存文件。

3. 步骤点评

对于步骤五:关于快速拾取的点评如下。

运用快速拾取选择多个对象重叠在一起的情况,将鼠标在此位置停留一会儿,当屏幕上十字光标后面多出"⋯"时。单击左键,出现【快速拾取】对话框,在对话框中选择待选择对象,如图 2-56 所示。

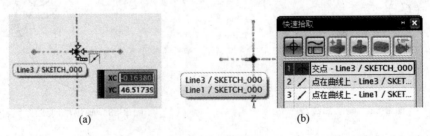

(a)　　　　　　　　　　　　　　(b)

图 2-56　快速拾取

2.3.4 随堂练习

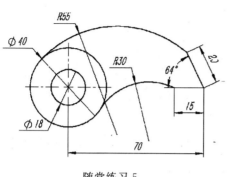

随堂练习 5

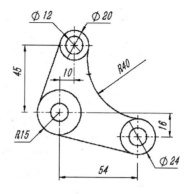

随堂练习 6

2.4 练习

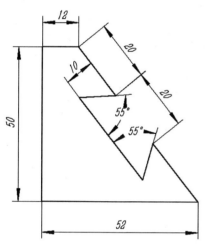

习题 1

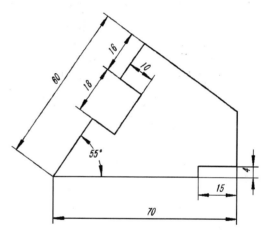

习题 2

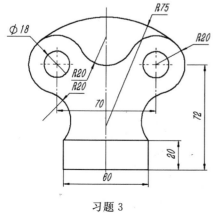

习题 3

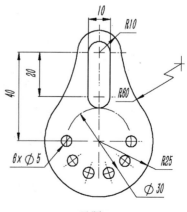

习题 4

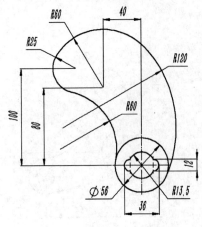

习题 5

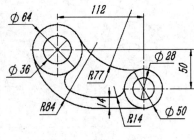

习题 6

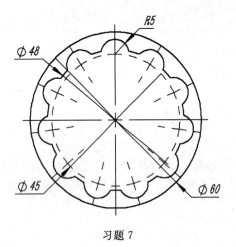

习题 7

习题 8

第 3 章

创 建 扫 掠 特 征

扫掠特征是一截面线串移动所扫掠过的区域构成的实体,扫掠特征与截面线串和引导线串具有相关性,通过编辑截面线串和引导线串,扫掠特征自动更新,扫掠特征与已存在的实体可以进行布尔操作。作为截面线串和引导线串的曲线可以是实体边缘、二维曲线或草图等。

扫描特征类型包括以下几种:

(1)拉伸特征　在线性方向和规定距离扫描,如图 3-1(a)所示。

(2)旋转特征　绕一规定的轴旋转,如图 3-1(b)所示。

(3)沿引导线扫掠　沿一引导线扫描,如图 3-1(c)所示。

(4)管道　指定内外直径沿指定引导线串的扫描,如图 3-1(d)所示。

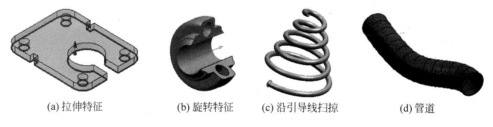

(a)拉伸特征　　　(b)旋转特征　(c)沿引导线扫掠　　　(d)管道

图 3-1　扫描特征类型

3.1　拉伸操作

本节知识点:

(1)零件建模的基本规则。

(2)创建拉伸特征方法。

3.1.1　扫描的截面线串

线串可以是基本二维曲线、草图曲线、实体边缘、实体表面或片体等,将鼠标选择球指向所要选择的对象,系统自动判断出用户的选择意图,或通过选择过滤器设置要选择对象的类型。当创建拉伸、旋转、沿引导线扫描时,自动出现【选择意图】工具条,如图 3-2 所示。

1. 曲线规则

(1) 单条曲线　选择单个曲线。

(2) 相连曲线　自动添加相连接的曲线。

(3) 相切曲线　自动添加相切的线串。

(4) 特征曲线　自动添加特征的所有曲线。

(5) 面的边　自动添加实体表面的所有边。

(6) 片体边　自动添加片体的所有边界。

(7) 区域边界曲线　允许选择用于封闭区域的轮廓。大多数情况下，可以通过单击鼠标进行选择。封闭区域边界可以是曲线和/或边。

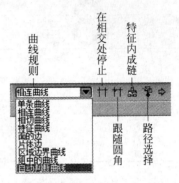

图 3-2　【选择意图】工具条

(8) 组中的曲线　选择属于选定组的所有曲线。

(9) 自动判断曲线　让起控制作用的特征根据所选对象的类型得出选择意图规则。

2. 选择意图选项

(1) 在相交处停止 ⊞　当选择相连曲线链时，在它与另一条曲线相交处停止该链。

(2) 跟随圆角 ⊞　当选择相连曲线链时，在该链中的相交处自动沿相切圆弧成链。

如果同时选择【跟随圆角】和【在相交处停止】，则【跟随圆角】将在应用它的分支处替代【在相交处停止】。

(3) 特征内成链 ⬚　当选择相连曲线链时，将相交的成链限制为仅当前特征范围之内。

(4) 路径选择 ⬚　辅助选择可自动判断所选曲线之间的路径。该路径将成为指定的选择意图具有最少链数的路径。

3.1.2　拉伸规则

选择【首选项】|【建模】命令，出现【建模首选项】对话框，在【体类型】区域选中【实体】单选按钮，它控制在拉伸截面曲线时创建的是实体还是片体。设定为实体时，遵循以下规则：

(1) 当拉伸一系列连续、封闭的平面曲线时将创建一个实体。

(2) 当该曲线内部有另一连续、封闭的平面曲线时，将创建一个具有内部孔的实体。

(3) 拔锥拉伸具有内部孔的实体时，内、外拔锥方向相反。

(4) 当这些连续、封闭的曲线不在一个平面时，将创建一个片体。

(5) 当拉伸一系列连续但不封闭的平面曲线时将创建一个片体，除非拉伸时使用了偏置选项。

3.1.3　拉伸特征工作流程

生成拉伸特征

(1) 生成草图。

(2) 单击【主页】选项卡中【特征】区域的【拉伸】按钮 ▦，出现【拉伸】对话框。

(3) 设定【拉伸】对话框。

(4) 单击【确定】按钮。

1. 指定拉伸方向

【方向】用于定义拉伸截面的方向,如图 3-3 所示。

(1)默认的拉伸矢量方向和截面曲线所在的面垂直,如图 3-4 所示。

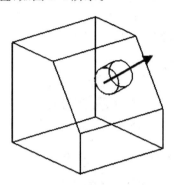

图 3-3 定义拉伸截面的方向　　　　　图 3-4 设置拉伸方向

(2)设置矢量方向后,拉伸方向朝向指定的矢量方向,如图 3-5 所示。

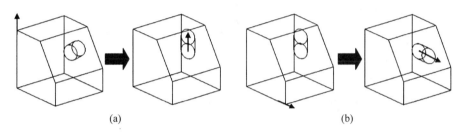

(a)　　　　　　　　　　　　(b)

图 3-5 改变拉伸矢量方向

(3)改变拉伸方向。单击【反向】按钮 ，可以改变拉伸方向,如图 3-6 所示。

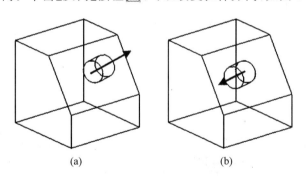

(a)　　　　　　　　　　　(b)

图 3-6 改变拉伸方向

2. 拉伸极限

【限制】选项组用于确定拉伸的开始和终点位置,如图 3-7 所示。

(1)【开始】下拉列表框中各选项的含义如下。

① 值　设置值,确定拉伸开始或终点位置。在截面上方的值为正,在截面下方的值为负。

② 对称值　向两个方向对称拉伸。

③ 直至下一个　终点位置沿箭头方向、开始位置沿箭头反方向,拉伸到最近的实体表面。

④ 直至选定　开始、终点位置位于选定对象。

⑤ 直至延伸部分　拉伸到选定面的延伸位置。

⑥ 贯通　当有多个实体时,通过全部实体。

(2)【距离】文本框　当【开始】和【结束】选项中的任何一个设置为值或对称值时出现。

3. 关于布尔运算

【布尔】选项用于指定拉伸特征及其所接触的体之间的交互方式,如图 3-8 所示。

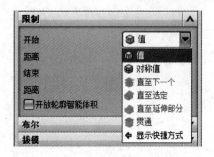

图 3-7　确定拉伸的开始和终点位置　　　图 3-8　用于指定拉伸特征及其所接触的体之间的交互方式

(1)无　创建独立的拉伸实体。

(2)求和　将拉伸体与目标体合并为单个体。

(3)求差　从目标体移除拉伸体。

(4)求交　创建一个体,其中包含由拉伸特征和与它相交的现有体共享的体积。

(5)自动判断　根据拉伸的方向矢量及正在拉伸的对象的位置来确定概率最高的布尔运算。

4. 拔模

【拔模】选项用于将斜率(拔模)添加到拉伸特征的一侧或多侧,如图 3-9 所示。

(1)无　不创建任何拔模。

(2)从起始限制　创建一个拔模,拉伸形状在起始限制处保持不变,从该固定形状处将拔模角应用于侧面,如图 3-10 所示。

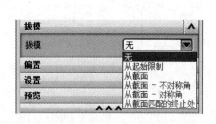

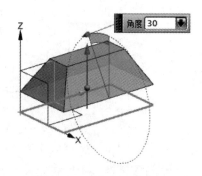

图 3-9　用于将斜率(拔模)添加到拉伸特征的一侧或多侧　　　图 3-10　从起始限制拔模

(3)从截面　创建一个拔模,拉伸形状在截面处保持不变,从该截面处将拔模角应用于侧面,如图 3-11 所示。

(4)从截面-不对称角　仅当从截面的两侧同时拉伸时可用,如图 3-12 所示。

(5)从截面-对称角　仅当从截面的两侧同时拉伸时可用,如图 3-13 所示。

(6)从截面匹配的终止处　仅当从截面的两侧同时拉伸时可用,如图 3-14 所示。

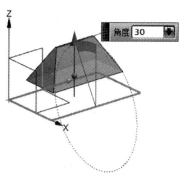

(a) 单个角度——所有面指定单个拔模角

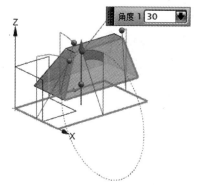

(b) 多个角度——每个面相切链指定唯一的拔模角

图 3-11 从截面创建一个拔模

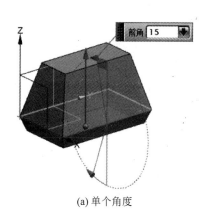

(a) 单个角度

(b) 多个角度

图 3-12 从截面-不对称角创建一个拔模

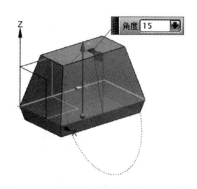

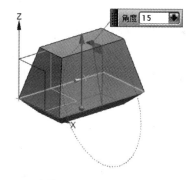

图 3-13 从截面-对称角创建一个拔模   图 3-14 从截面匹配的终止处创建一个拔模

5. 偏置

通过输入相对于截面的值或拖动偏置手柄,可以为拉伸特征指定多达两个偏置,如图 3-15 所示。

设置偏置的开始、终点值,以及单侧、双侧、对称的偏置类型。在开始和结束框中或在它们的动态输入框中输入偏置值,还可以拖动偏置手柄。

(1) 无　不创建任何偏置。

(2) 单侧　只有封闭、连续的截面曲线,该项才能使用。只有终点偏置值,形成一个偏置的实体,如图 3-16 所示。

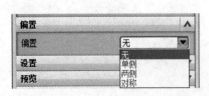

图 3-15　为拉伸特征指定多达两个偏置

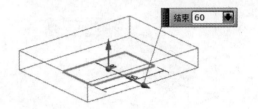

图 3-16　单侧偏置

（3）两侧　偏置为开始、终点两条边。偏置值可以为负值，如图 3-17 所示。

（4）对称　向截面曲线两个方向，偏置值相等，如图 3-18 所示。

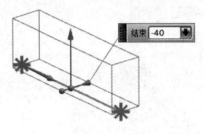

图 3-17　两侧偏置

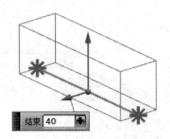

图 3-18　对称偏置

3.1.4　拉伸特征应用实例

应用拉伸功能创建模型，如图 3-19 所示。

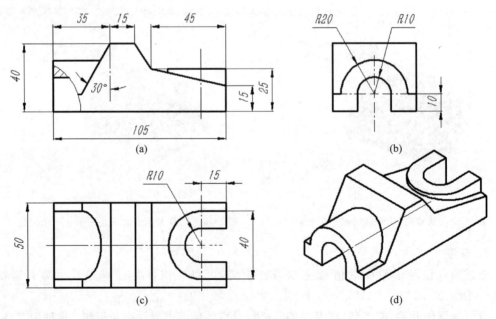

图 3-19　基本拉伸

1. 关于本零件设计理念的考虑

（1）零件成对称。

（2）长度尺寸 35 必须能够在 30～50 范围内正确变化。

（3）两个槽口为完全贯通。

建模步骤如图 3-20 所示。

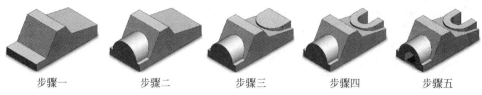

步骤一　　　　　步骤二　　　　　步骤三　　　　　步骤四　　　　　步骤五

图 3-20　建模步骤

2．操作步骤

步骤一：新建文件，建立拉伸基体

（1）新建文件"Base.prt"。

（2）在 ZOY 平面绘制草图，如图 3-21 所示。

（3）单击【主页】选项卡中【特征】区域的【拉伸】按钮 ▦ ，出现【拉伸】对话框。

① 设置选择意图规则为相连曲线。

② 在【截面】组中激活【选择曲线】，选择曲线。

③ 在【极限】组中的【结束】列表中选择【对称值】选项，在【距离】文本框输入 25。

④ 在【布尔】组的【布尔】列表中选择【无】选项。

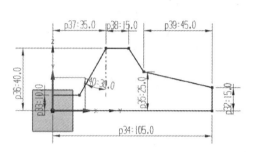

图 3-21　绘制草图

如图 3-22 所示，单击【确定】按钮。

（a）

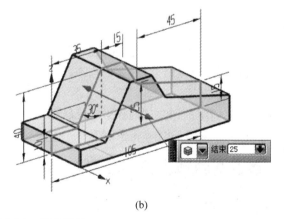

（b）

图 3-22　拉伸基体

步骤二：拉伸到选定对象

（1）在左端面绘制草图，如图 3-23 所示。

（2）单击【主页】选项卡中【特征】区域的【拉伸】按钮 ▦ ，出现【拉伸】对话框。

① 设置选择意图规则为相连曲线。

② 在【截面】组中激活【选择曲线】，选择曲线。

③ 在【极限】组的【结束】列表中选择【直至选定对象】选项，在图形区选择斜面。

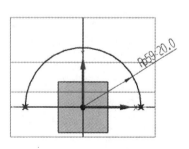

图 3-23　在左端面绘制草图

④ 在【布尔】组的【布尔】列表中选择【求和】选项。

单击【确定】按钮,如图 3-24 所示。

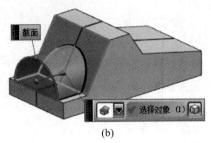

(a)　　　　　　　　　　　(b)

图 3-24　拉伸实体

步骤三:定值拉伸

(1) 在底面绘制草图,如图 3-25 所示。

(2) 单击【主页】选项卡中【特征】区域的【拉伸】按钮 ,出现
【拉伸】对话框。

① 设置选择意图规则为相连曲线。

② 在【截面】组中激活【选择曲线】,选择曲线。

③ 在【极限】组的【结束】列表中选择【值】选项,在【距离】文本
框输入 25。

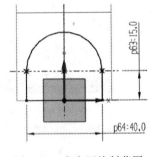

图 3-25　在底面绘制草图

④ 在【布尔】组的【布尔】列表中选择【求和】选项。

如图 3-26 所示,单击【确定】按钮。

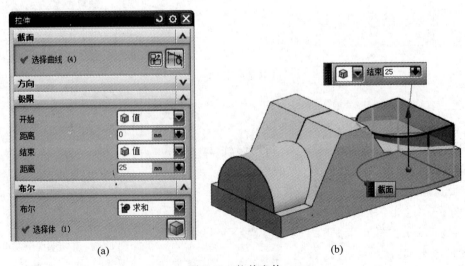

(a)　　　　　　　　　　　(b)

图 3-26　拉伸实体

步骤四：拉伸切除完全贯穿

（1）在右上面绘制草图，如图 3-27 所示。

（2）单击【主页】选项卡中【特征】区域的【拉伸】按钮 ，出现【拉伸】对话框。

① 设置选择意图规则为相连曲线。

② 在【截面】组中激活【选择曲线】，选择曲线。

③ 在【极限】组的【结束】列表中选择【贯通】选项。

④ 在【布尔】组的【布尔】列表中选择【求差】选项。

如图 3-28 所示，单击【确定】按钮。

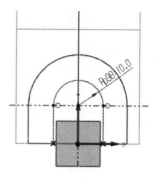

图 3-27　在右上面绘制草图

(a)

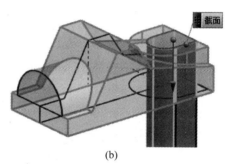

(b)

图 3-28　拉伸切除

步骤五：拉伸切除完全贯穿

（1）在左端面绘制草图，如图 3-29 所示。

（2）单击【主页】选项卡中【特征】区域的【拉伸】按钮 ，出现【拉伸】对话框。

① 设置选择意图规则为相连曲线。

② 在【截面】组中激活【选择曲线】，选择曲线。

③ 在【极限】组的【结束】列表中选择【贯通】选项。

④ 在【布尔】组的【布尔】列表中选择【求差】选项。

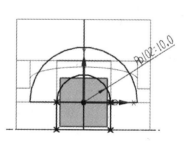

图 3-29　在左端面绘制草图

如图 3-30 所示，单击【确定】按钮。

步骤六：移动层

（1）将草图移到 21 层。

（2）21 层设为【不可见】。

建模完成后如图 3-31 所示。

步骤七：存盘

选择【文件】|【保存】命令，保存文件。

3. 步骤点评

（1）对于步骤一：关于选择最佳轮廓和选择草图平面

 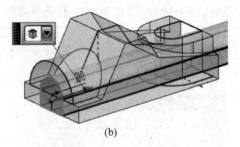

(a)　　　　　　　　　　　(b)

图 3-30　拉伸切除

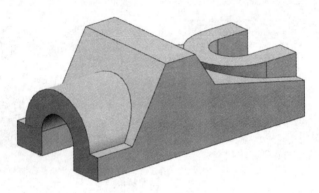

图 3-31　完成建模

① 选择最佳轮廓　分析模型,选择最佳建模轮廓,如图 3-32 所示。

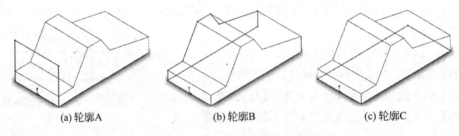

(a)轮廓A　　　　　　　(b)轮廓B　　　　　　　(c)轮廓C

图 3-32　分析选择最佳建模轮廓

a. 轮廓 A。这个轮廓是矩形的,拉伸后,需要很多的切除才能完成毛坯建模。

b. 轮廓 B。这个轮廓只需添加两个凸台,就可以完成毛坯建模。

c. 轮廓 C。这个轮廓是矩形的,拉伸后,需要很多的切除才能完成毛坯建模。

本实例就是选择轮廓 B。

② 选择草图平面　分析模型,选择最佳建模轮廓放置基准面,如图 3-33 所示。

第一种放置方法是:最佳建模轮廓放置在 ZOX 面。

第二种放置方法是:最佳建模轮廓放置在 XOY 面。

(a) 在 ZOX 面建立的模型　　(b) 在 XOY 面建立的模型　　(c) 在 ZOY 面建立的模型

图 3-33　草图方位

第三种放置方法是：最佳建模轮廓放置在 ZOY 面。

根据模型放置方法进行分析：

a. 考虑零件本身的显示方位。零件本身的显示方位决定模型怎样放置在标准视图中，例如轴测图。

b. 考虑零件在装配图中的方位。装配图中固定零件的方位决定了整个装配模型怎样放置在标准视图中，例如轴测图。

c. 考虑零件在工程图中的方位。建模时应该使模型的右视图与工程图的主视图完全一致。

从上面三种分析来看，第三种放置方法最佳。

（2）对于步骤一：关于对称零件的设计方法

① 草图层次　利用原点设定为草图中点或者对称约束。

② 特征层次　利用两侧对称拉伸或镜像。

3.1.5　随堂练习

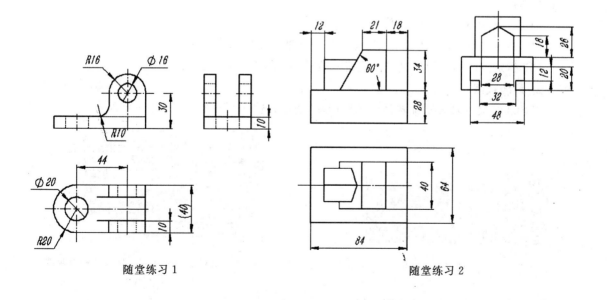

随堂练习 1　　　　　　　　　　　　　　随堂练习 2

3.2　旋转操作

本节知识点：

创建旋转特征方法。

3.2.1　旋转规则

选择【首选项】|【建模】命令，出现【建模首选项】对话框，在【体类型】区域选中【实体】单选按钮，它控制在拉伸截面曲线时创建的是实体还是片体。设定为实体时，遵循以下规则。

（1）旋转开放的截面线串时，如果旋转角度小于 360°，创建为片体。如果旋转角度等于360°，系统将自动封闭端面而形成实体。

（2）旋转扫描的方向遵循右手定则，从起始角度旋转到终止角度。

（3）起始角度和终止角度必须小于等于 360°，大于等于－360°。

（4）起始角度可以大于终止角度。

（5）结合旋转矢量的方向和起始角度、终止角度的设置得到想要的旋转体。

3.2.2　旋转特征工作流程

生成旋转特征：

（1）生成截面草图。

（2）选择【插入】|【设计特征】|【旋转】命令，出现【旋转】对话框。

（3）设定【旋转】对话框。

（4）单击【确定】按钮。

1. 轴

规定一旋转轴，如图 3-34 所示。

（1）指定矢量　可以用曲线、边缘或任一标准矢量方法来规定该轴。

（2）指定点　如果用矢量方法规定一旋转轴，要求选择指定点。

2. 旋转极限

开始和结束极限表示旋转体的相对两端，绕旋转轴从 0°～360°，如图 3-35 所示。

图 3-34　规定一旋转轴

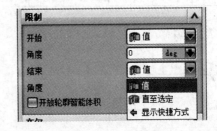

图 3-35　开始和结束极限表示旋转体的相对两端

（1）值　用于指定旋转角度的值。

（2）直至选定　用于指定作为旋转的起始或终止位置的面、实体、片体或相对基准平面。

3.2.3　旋转特征应用实例

应用旋转功能创建带轮模型,如图 3-36 所示。

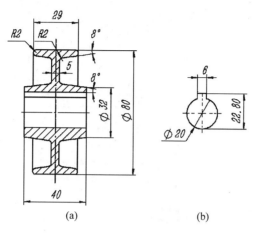

(a)　　　　　　　　　　(b)

图 3-36　带轮

1. 关于本零件设计理念的考虑

(1) 零件为旋转体,主体部分采用旋转命令实现。

(2) 键槽部分采用设计特征孔和键槽实现。

建模步骤如图 3-37 所示。

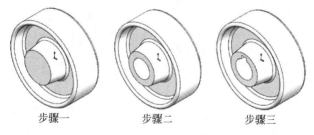

步骤一　　　　　　步骤二　　　　　　步骤三

图 3-37　建模步骤

2. 操作步骤

步骤一:新建文件,建立旋转基础特征

(1) 新建文件"Wheel. prt"。

(2) 在 *YOZ* 平面绘制草图,如图 3-38 所示。

(3) 单击【主页】选项卡中【特征】区域的【旋转】按钮 ,出现【回转】对话框。

① 设置选择意图规则为相连曲线。

② 在【截面】组中,激活【选择曲线】,选择曲线。

③ 在【轴】组中,激活【指定矢量】,在图形区指定矢量。

④ 在【极限】组的【开始】列表中选择【值】选项,【角度】文本框输入 0,【结束】列表中选择【值】选项,【角度】文本框输入 360。

⑤ 在【布尔】组的【布尔】列表中选择【无】选项。

如图 3-39 所示,单击【确定】按钮。

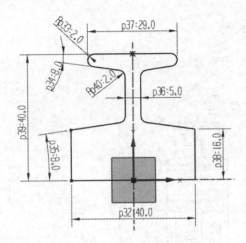

图 3-38　在 YOZ 平面绘制草图

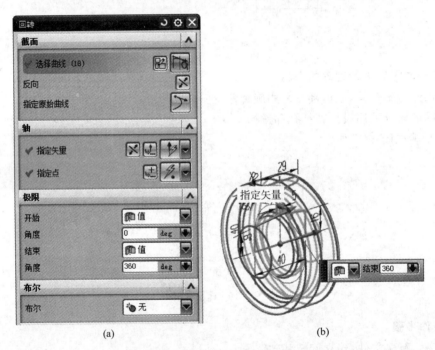

图 3-39　旋转基体

步骤二：打孔

单击【主页】选项卡中【特征】区域的【孔】按钮，出现【孔】对话框。

(1) 从【类型】列表中选择【常规孔】选项。

(2) 激活【位置】组，单击【点】按钮，选择面圆心点为孔的中心。

(3) 在【方向】组的【孔方向】列表中选择【垂直于面】选项。

(4) 在【形状和尺寸】组的【成形】列表中选择【简单】选项。

(5) 在【尺寸】组中，输入【直径】值为 20，从【深度限制】列表中选择【贯通体】选项。

(6) 在【布尔】组中的【布尔】列表中选择【求差】选项。

如图 3-40 所示，单击【确定】按钮。

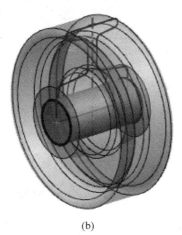

(a)   (b)

图 3-40 打孔

步骤三：切槽

在【特征】工具条上单击【键槽】按钮 ，出现【键槽】对话框。

（1）选中【矩形槽】单选按钮，选中【通槽】复选框，如图 3-41 所示，单击【确定】按钮。

（2）出现【矩形键槽】对话框（提示行提示：选择平的放置面），在图形区选择 *XOY* 基准平面为放置面，如图 3-42 所示，单击【反向默认侧】按钮。

图 3-41 选择键槽类型

(a)

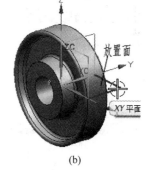

(b)

图 3-42 选择放置面

（3）出现【水平参考】对话框（提示行提示：选择水平参考），在图形区域选择水平方向，如图 3-43 所示。

（4）出现【矩形键槽】对话框（提示行提示：选择起始贯通面），在图形区域选择起始贯通面，如图 3-44 所示。

（5）出现【矩形键槽】对话框（提示行提示：选择终止贯通面），在图形区域选择终止贯通面，如图 3-45 所示。

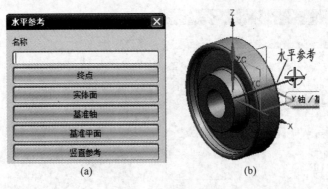

图 3-43 选择水平方向

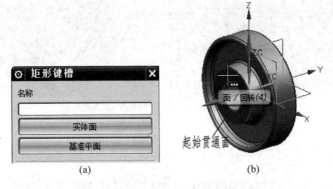

图 3-44 选择起始贯通面

（6）出现【矩形键槽】对话框，在【宽度】文本框输入 6，在【深度】文本框输入 12.8，如图 3-46 所示，单击【确定】按钮。

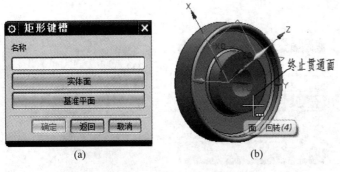

图 3-45 选择终止贯通面

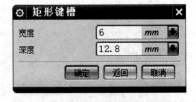

图 3-46 【矩形键槽】对话框

（7）出现【定位】对话框。

① 提示行提示：选择定位方法。单击【线到线】按钮 工。

② 提示行提示：选择目标边/基准。在图形区域选择目标边。

③ 提示行提示：选择工具边。在图形区域选择工具边。

如图 3-47 所示，单击【确定】按钮。

步骤四：移动层

将草图移到 21 层，如图 3-48 所示。

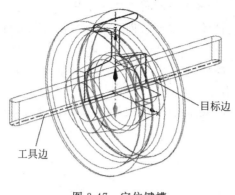

图 3-47 定位键槽

图 3-48 轮

步骤五：存盘

选择【文件】|【保存】命令，保存文件。

3. 步骤点评

对于步骤二：关于旋转轴的点评如下。

旋转轴不得与截面曲线相交。但是，它可以和一条边重合。

3.2.4 随堂练习

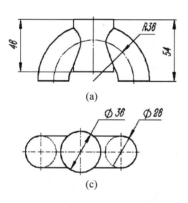

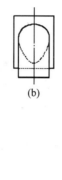

随堂练习 3

随堂练习 4

3.3 沿引导线扫掠

本节知识点：

创建沿引导线扫掠特征方法。

3.3.1 沿引导线扫掠规则

选择【首选项】|【建模】命令，出现【建模首选项】对话框，在【体类型】区域选中【实体】单选按钮，它控制在拉伸截面曲线时创建的是实体还是片体。设定为实体时，遵循以下规则。

（1）一个完全连续、封闭的截面线串沿引导线扫描时将创建一个实体。

（2）一个开放的截面线串沿一条开放的引导线扫描时将创建一个片体。

（3）一个开放的截面线串沿一条封闭的引导线扫描时将创建一个实体。系统自动封闭开放的截面线串两端面而形成实体。

（4）当使用偏置扫描时，创建有厚度的实体。

（5）每次只能选择一条截面线串和一条引导线串。

（6）对于封闭的引导线串允许含有尖角，但截面线串应位于远离尖角的地方，而且需要位于引导线串的端点位置，如图 3-49 所示。

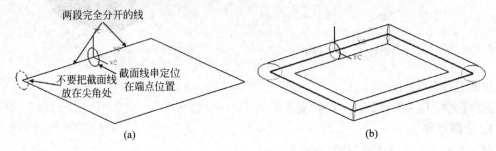

图 3-49　允许引导线串含有尖角

3.3.2　沿引导线扫掠特征工作流程

生成沿引导线扫掠特征：

（1）生成引导线草图。

（2）生成截面草图。

（3）选择【插入】|【扫掠】|【沿引导线扫掠】命令，出现【沿引导线扫掠】对话框。

（4）设定【沿引导线扫掠】对话框。

（5）单击【确定】按钮。

1. 截面

用于选择曲线、边或曲线链，或是截面的边，如图 3-50 所示。

图 3-50　用于选择曲线、边或曲线链，或是截面的边

2. 引导线

用于选择曲线、边或曲线链，或是引导线的边，如图 3-51 所示。

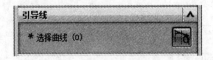

图 3-51　用于选择曲线、边或曲线链，或是引导线的边

3.3.3　沿引导线扫掠特征应用实例

应用沿引导线扫掠功能创建模型,如图 3-52 所示。

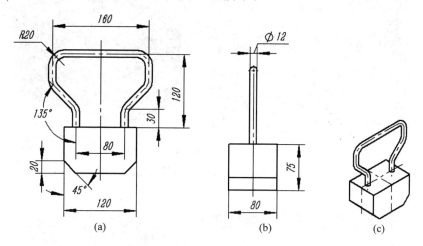

图 3-52　堵头

1. 关于本零件设计理念的考虑

(1) 零件成对称。

(2) 手柄直径 12mm。

建模步骤如图 3-53 所示。

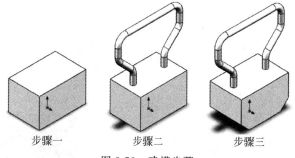

图 3-53　建模步骤

2. 操作步骤

步骤一:新建文件,建立长方体

(1) 新建文件"Plug. prt"。

(2) 选择【插入】|【设计特征】|【长方体】命令,出现【块】对话框。

① 默认指定点。

② 在【长度】文本框输入 80,在【宽度】文本框输入 120,在【高度】文本框输入 75。

如图 3-54 所示,单击【确定】按钮,在坐标系原点(0,0,0)创建长方体。

步骤二:建立沿引导线扫掠

(1) 建立基准面

单击【主页】选项卡中【特征】区域的【基准平面】按钮□,出现【基准平面】对话框。选择两个面,如图 3-55 所示,单击【应用】按钮,创建两个面的二等分基准面。

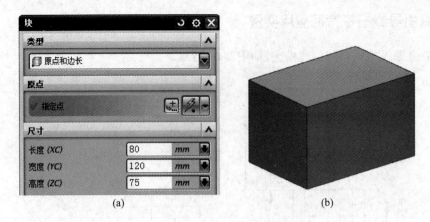

(a)   (b)

图 3-54 创建长方体

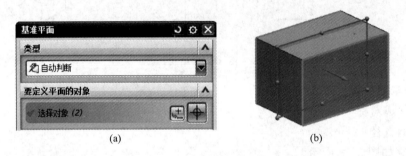

(a)   (b)

图 3-55 二等分基准面

（2）绘制引导线

选择二等分基准面，将原点设在中点，绘制草图，如图 3-56 所示。

（3）绘制截面

选择上表面，绘制草图，如图 3-57 所示。

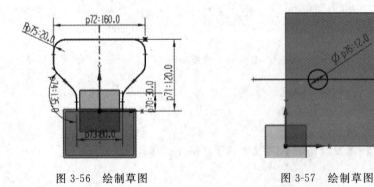

图 3-56 绘制草图   图 3-57 绘制草图

（4）建立沿引导线扫掠

选择【插入】|【扫掠】|【沿引导线扫掠】命令，出现【沿引导线扫掠】对话框。

① 激活【截面】组，在图形区选择截面。

② 激活【引导线】组，在图形区选择引导线。

如图 3-58 所示，单击【确定】按钮。

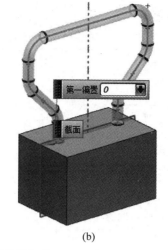

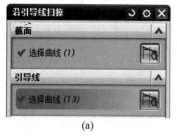

(a)　　　　　　　　　　　　(b)

图 3-58　沿引导线扫掠

步骤三：倒角

单击【主页】选项卡中【特征】区域的【倒斜角】按钮 ，打开【倒斜角】对话框。

（1）在【边】组中激活【选择边】，选择第一条边。

（2）在【偏置】组的【横截面】列表中选择【偏置和角度】选项，【距离】文本框中输入 10，【角度】文本框中输入 40。

如图 3-59 所示，单击【应用】按钮。

(a)　　　　　　　　　　　　(b)

图 3-59　倒斜角

步骤四：移动层

（1）将草图移到 21 层。

（2）将基准面移到 61 层。

（3）将 61 层，21 层设为【不可见】。

如图 3-60 所示。

步骤五：存盘

选择【文件】|【保存】命令，保存文件。

3. 步骤点评

对于步骤二：关于引导线的点评如下。

引导线串中的所有曲线都必须是连续的。

图 3-60　堵头

3.3.4 随堂练习

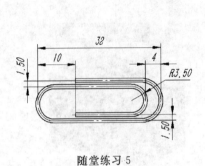

随堂练习 5

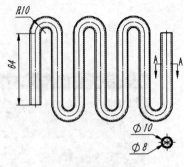

随堂练习 6

3.4 扫掠

本节知识点：

创建扫掠特征方法。

3.4.1 扫掠规则

扫掠是通过将曲线轮廓沿一条、两条或三条引导线串且穿过空间中的一条路径来创建实体或片体。扫掠非常适用于当引导线串由脊线或一个螺旋组成时，通过扫掠来创建一个特征。

选择【首选项】|【建模】命令，出现【建模首选项】对话框，在【体类型】区域选中【实体】单选按钮，它控制在拉伸截面曲线时创建的是实体还是片体。设定为实体时，遵循以下规则：

（1）通过使用不同方式将截面线串沿引导线对齐来控制扫掠形状。

（2）控制截面沿引导线扫掠时的方位。

（3）缩放扫掠体。

（4）使用脊线串控制截面的参数化。

3.4.2 扫掠特征工作流程

生成扫掠特征：

（1）生成截面草图组。

（2）生成引导线草图组。

（3）选择【插入】|【扫掠】|【扫掠】命令，出现【扫掠】对话框。

（4）设定【扫掠】对话框。

（5）单击【确定】按钮。

1. 截面

用于选择曲线、边或曲线链，或是截面的边，如图 3-61 所示。其截面曲线最少 1 条，最多 150 条。

图 3-61 用于选择曲线、边或曲线链,或是截面的边

2. 引导线

用于选择曲线、边或曲线链,或是引导线的边,如图 3-62 所示,其引导线最少 1 条,最多 3 条。

图 3-62 用于选择曲线、边或曲线链,或是引导线的边

3.4.3 扫掠特征应用实例

应用扫掠功能创建模型,如图 3-63 所示。

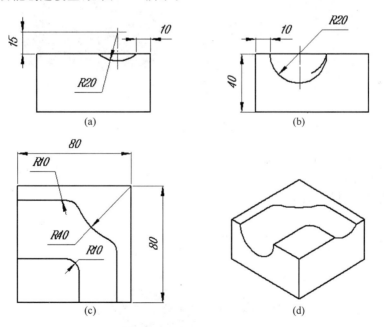

图 3-63 扫掠

1. 关于本零件设计理念的考虑

(1)利用扫掠建立曲面。

(2)利用曲面切除完成造型。

建模步骤如图 3-64 所示。

步骤一　　　　步骤二　　　　步骤三

图 3-64　建模步骤

2. 操作步骤

步骤一：新建文件，建立长方体

（1）新建"Slot. prt"

（2）选择【插入】|【设计特征】|【长方体】命令，出现【块】对话框。

① 默认指定原点。

② 在【长度】文本框输入 80，在【宽度】文本框输入 80，在【高度】文本框输入 40。

如图 3-65 所示，单击【确定】按钮，在坐标系原点(0,0,0)创建长方体。

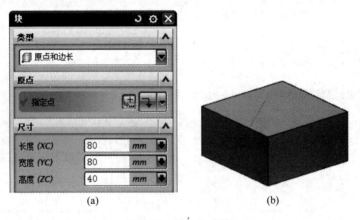

(a)　　　　　　　　　　　(b)

图 3-65　创建长方体

步骤二：扫掠建立曲面

（1）建立截面 1

选择前表面绘制截面草图，如图 3-66 所示。

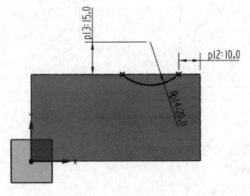

图 3-66　截面草图 1

（2）建立截面 2

选择左表面绘制截面草图，如图 3-67 所示。

（3）新建引导线串

选择上面，建立引导线串草图，如图 3-68 所示。

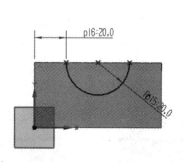

图 3-67　截面草图 2

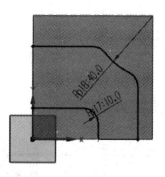

图 3-68　引导线串

（4）创建扫掠曲面

选择【插入】|【扫掠】|【扫掠】命令，出现【扫掠】对话框。

① 激活【截面】组，选择【截面 1】，单击中键，选择【截面 2】，单击中键。

② 激活【引导线】组，选择【引导线 1】，单击中键，选择【引导线 2】，单击中键。

如图 3-69 所示，单击【确定】按钮，建立扫掠曲面。

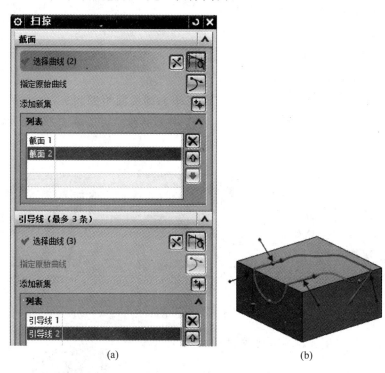

(a)　　　　　　　　　　(b)

图 3-69　创建扫掠曲面

步骤三：曲面切除

选择【插入】|【修剪】|【修剪体】命令，出现【修剪体】对话框。

（1）激活【目标】组，在图形区选取目标实体。

（2）激活【工具】组，在图形区选取一个工具实体。

如图 3-70 所示，单击【确定】按钮。

步骤四：移动层

（1）将草图移到 21 层。

（2）将片体移到 11 层。

（3）将 21 层，11 层设为【不可见】。

建模完成后如图 3-71 所示。

 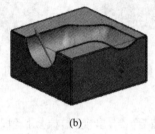

图 3-70　修剪运算

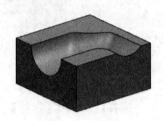

图 3-71　完成建模

步骤五：存盘

选择【文件】|【保存】命令，保存文件。

3. 步骤点评

（1）对于步骤二：关于截面

可选择多达 150 条截面线串。

NX 在图形区选择截面线串，并将当前选择添加到截面组的列表框中，并创建新的空截面，截面组列表列出现有的截面线串集。选择线串集的顺序可以确定产生的扫掠的效果，如图 3-72 所示。

 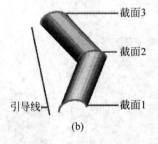 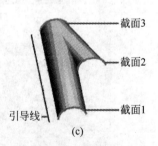

图 3-72　列表示例

说明：还可以在选择截面时，通过按鼠标中键来添加新集。

（2）对于步骤二：关于引导线（最多 3 条）

① 一条引导线　将一条引导线用于简单的平移扫掠，截面通过一条引导线进行扫掠，并使用恒定面积规律进行缩放，如图 3-73 所示。

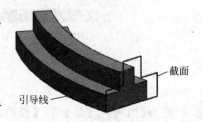

图 3-73　一条引导线扫掠

② 两条引导线 要沿扫掠定向截面时,使用两条引导线。使用两条引导线时,截面线串沿第二条引导线进行定向,如图 3-74 所示。

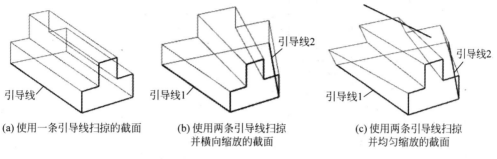

(a) 使用一条引导线扫掠的截面   (b) 使用两条引导线扫掠   (c) 使用两条引导线扫掠
                             并横向缩放的截面   并均匀缩放的截面

图 3-74 两条引导线扫掠

③ 三条引导线 使用三条引导线时,第一条与第二条引导线用于定义体的方位与缩放,第三条引导线用于剪切该体,如图 3-75 所示。

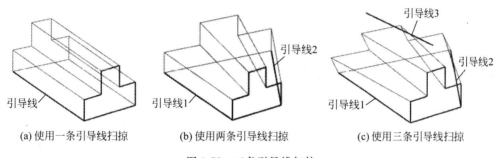

(a) 使用一条引导线扫掠   (b) 使用两条引导线扫掠   (c) 使用三条引导线扫掠

图 3-75 三条引导线扫掠

说明:引导线线串集的选择顺序不影响产生的扫掠。

3.4.4 随堂练习

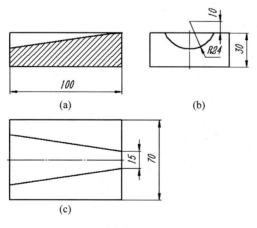

随堂练习 7

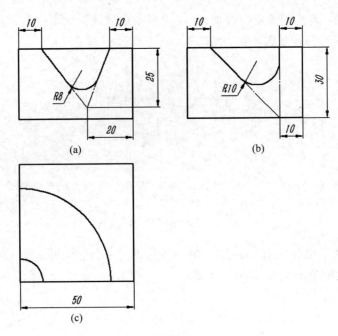

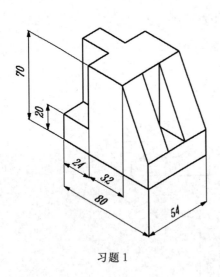

随堂练习 8

3.5　练习

习题 1

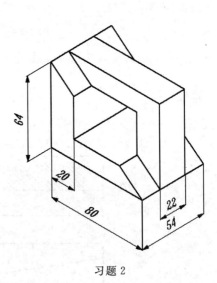

习题 2

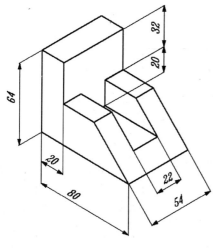

习题 3

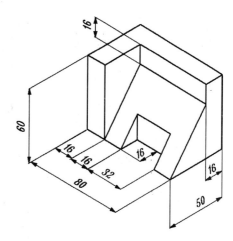

习题 4

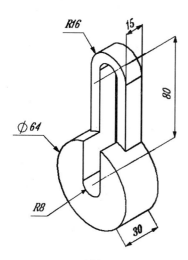

习题 5

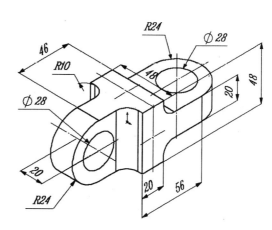

习题 6

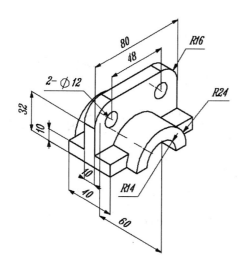

习题 7

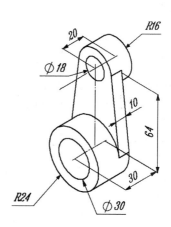

习题 8

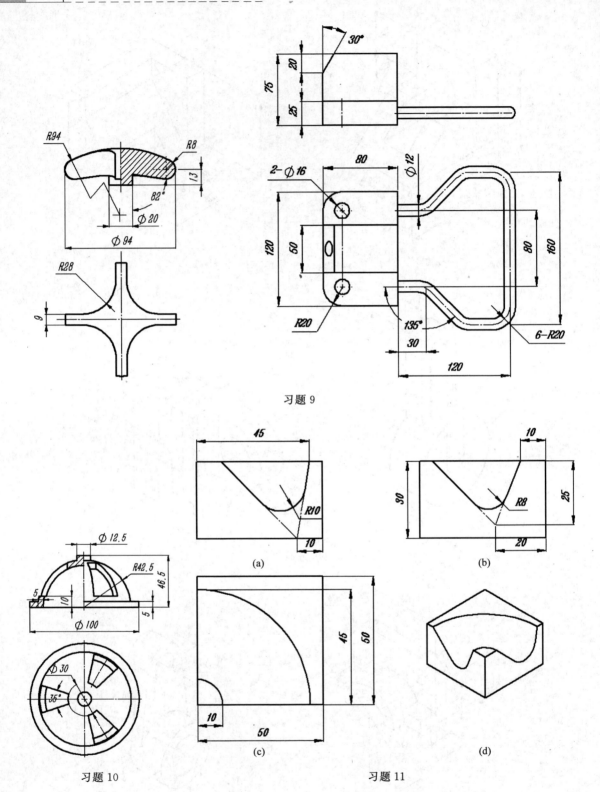

习题 9

(a)

(b)

(c)

(d)

习题 10

习题 11

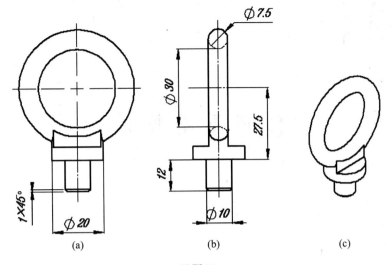

习题 12

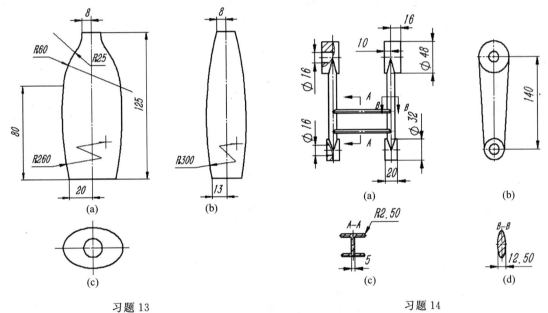

习题 13 习题 14

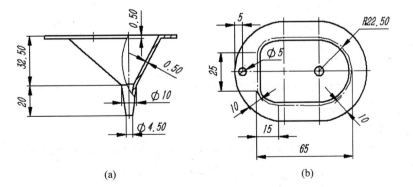

习题 15

第 4 章

创建基准特征

基准特征是零件建模的参考特征,它的主要用途是为实体造型提供参考,也可以作为绘制草图时的参考面。基准特征有相对基准与固定基准之分。

一般尽量使用相对基准面与相对基准轴。因为相对基准是相关和参数化的特征,与目标实体的表面、边缘、控制点相关。

4.1 创建相对基准平面

本节知识点:

(1) 理解基准面的概念。

(2) 掌握创建相对基准面的方法。

4.1.1 基准面基础知识

基准平面可分为固定基准平面和相对基准平面。

1. 基准平面的用途

(1) 作为草图平面使用,用于绘制草图。

(2) 作为在非平面实体创建特征时的放置面。

(3) 特征定位时作为目标边缘。

(4) 可作为水平和垂直参考。

(5) 在镜像实体或镜像特征时作为镜像平面。

(6) 修剪和分割实体的平面。

(7) 在工程图中作为截面或辅助视图的铰链线。

(8) 帮助定义相关基准轴。

2. 固定基准平面

固定基准平面是平行工作坐标系 WCS 或绝对坐标系的 3 个坐标平面的基准面,平行距离由【距离】文本框给定,如图 4-1 所示。固定基准平面与坐标系没有相关性。

3. 创建相对基准平面的方法

相对基准平面由创建它的几何对象所约束,一个约束是基准上的一个限制。该基准与对

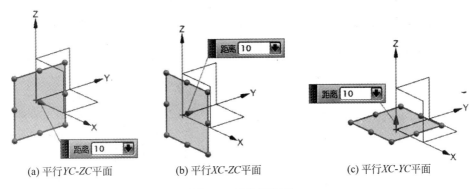

(a) 平行YC-ZC平面   (b) 平行XC-ZC平面   (c) 平行XC-YC平面

图 4-1 固定基准面

象上的表面、边、点等对象相关。当所约束的对象修改了,则相关的基准平面自动更新。

NX 提供如下几种方法来创建相对基准面。

(1) 在一距离上偏置平行。从(并平行于)一平表面或已存基准面偏置建立一基准面,如图 4-2(a)所示。

(2) 两分基准。在两平行表面或基准面的中心建立一基准面,如图 4-2(b)所示。

(3) 与表面或基准面成一角度建立一个基准面,如图 4-2(c)所示。

(4) 过三点建立一个基准面。点可以是一个边缘的端点或中点,如图 4-2(d)所示。

(5) 过一点和在一规定的方向建立一基准面。选择一个点,系统推断一个方向建立基准面,如图 4-2(e)所示。

(6) 过一圆柱表面的轴建立一基准面。通过一圆柱、圆锥、圆环或旋转特征的临时轴建立一基准面,如图 4-2(f)所示。

(7) 在相切圆柱表面建立一基准面,如图 4-2(g)所示。

(8) 过曲线上一点建立一基准面。曲线可以是草图曲线、边缘或其他类型曲线,如图 4-2(h)所示。

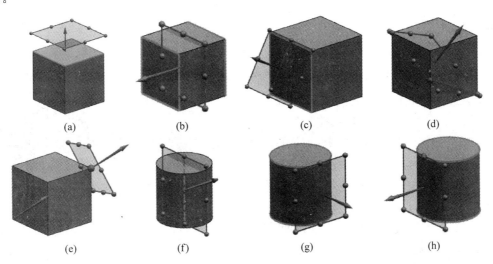

(a)   (b)   (c)   (d)

(e)   (f)   (g)   (h)

图 4-2 建立相对基准面

4.1.2 建立相对基准面实例

建立关联到一实体模型的相对基准面,如图 4-3 所示。

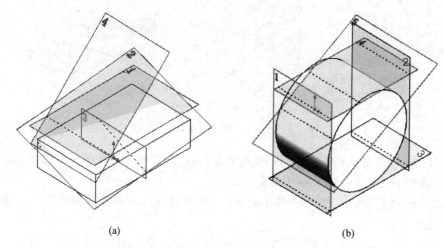

(a)   (b)

图 4-3 建立关联到一实体模型的相对基准面

按下列要求创建第一组相对基准面,如图 4-3(a)所示。

(1) 按某一距离创建基准面 1。

(2) 过三点建基准面 2。

(3) 二等分基准面 3。

(4) 与上表面成角度基准面 4。

按下列要求创建第二组相对基准面,如图 4-3(b)所示。

(1) 与圆柱相切创建基准面 1~4。

(2) 与圆柱相切和基准面 1 成 60°角创建基准面 5。

1. 操作步骤

步骤一:新建文件

(1) 新建文件"Relative_Datum_Plane1.prt"。

(2) 创建块,建立第一组基准面。

根据适合比例建立块,如图 4-4 所示。

步骤二:按某一距离创建基准面 1

单击【主页】选项卡中【特征】区域的【基准平面】按
钮□,出现【基准平面】对话框。

(1) 从【类型】列表中选择【自动判断】选项。

(2) 激活【要定义平面的对象】,在图形区选择实
体模型的平面或基准面,系统将自动推断为【按某一距
离】创建基准面□。

图 4-4 创建块

(3) 在【偏置】组的【距离】文本框中输入偏移距离 10(偏置箭头方向为偏置正值方向、箭头
反方向为负值方向)。

如图 4-5 所示,单击【应用】按钮,建立基准面 1。

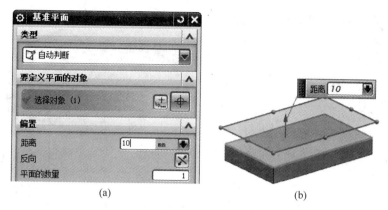

(a) (b)

图 4-5　建立基准面 1

步骤三：过三点建基准面 2

选择一端点和两个中点建立一个基准面，如图 4-6 所示，单击【应用】按钮，建立基准面 2。

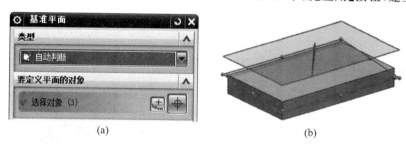

(a) (b)

图 4-6　建立基准面 2

步骤四：二等分基准面 3

选择两个面，如图 4-7 所示，单击【应用】按钮，创建两个面的二等分基准面。

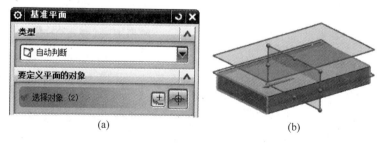

(a) (b)

图 4-7　二等分基准面 3

步骤五：与上表面成角度基准面 4

(1) 在图形区选择实体模型的边和上表面。

(2) 在【角度】组的【角度选项】列表中选择【值】选项，在【角度】文本框中输入 30。

如图 4-8 所示，单击【确定】按钮，建立基准面 4。

步骤六：编辑块，检验基准面对块的参数化关系

观察所建基准面，如图 4-9 所示。

步骤七：存盘

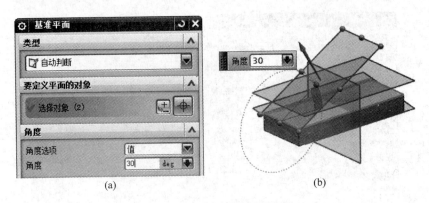

(a)   (b)

图 4-8   与上表面成角度基准面 4

选择【文件】|【保存】命令,保存文件。

步骤八:创建圆柱,建立第二组基准面

(1)新建文件"Relative_Datum_Plane2.prt"。

(2)根据适合比例建立圆柱,如图 4-10 所示。

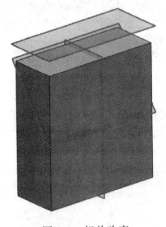

图 4-9   相关改变   图 4-10   创建圆柱体

步骤九:与圆柱相切基准面 1

单击【主页】选项卡中【特征】区域的【基准平面】按钮 □,出现【基准平面】对话框。

(1)从【类型】列表中选择【自动判断】选项。

(2)激活【要定义平面的对象】,选择圆柱表面。

如图 4-11 所示,单击【应用】按钮,自动建立相切基准面 1。

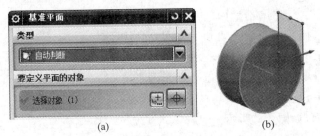

(a)   (b)

图 4-11   与圆柱相切基准面 1

步骤十：与圆柱相切基准面 2

（1）选择相切基准面 1，选择圆柱表面。

（2）在【角度】组的【角度选项】列表中选择【垂直】选项。

如图 4-12 所示，单击【应用】按钮，建立相切基准面 2。

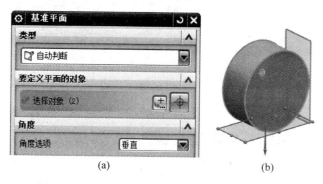

(a)　　　　　　　　(b)

图 4-12　与圆柱相切基准面 2

步骤十一：与圆柱相切基准面 3

（1）选择相切基准面 2，选择圆柱表面。

（2）在【角度】组的【角度选项】列表中选择【垂直】选项。

如图 4-13 所示，单击【应用】按钮，建立相切基准面 3。

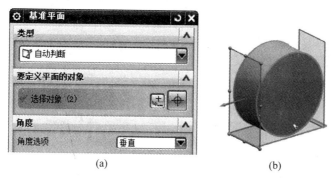

(a)　　　　　　　　(b)

图 4-13　与圆柱相切基准面 3

步骤十二：与圆柱相切基准面 4

（1）选择相切基准面 3，选择圆柱表面。

（2）在【角度】组的【角度选项】列表中选择【垂直】选项。

如图 4-14 所示，单击【应用】按钮，建立相切基准面 4。

步骤十三：创建与圆柱相切和基准面 3 成 60°角基准面 5

（1）选择右侧相切基准面 1，选择圆柱表面。

（2）在【角度】组的【角度选项】列表选择【值】选项，在【角度】文本框输入 60。

如图 4-15 所示，单击【确定】按钮。

步骤十四：编辑圆柱，检验基准面对块的参数化关系

将圆柱方向改变为 OX，完成改变，如图 4-16 所示，观察所建基准面。

步骤十五：存盘

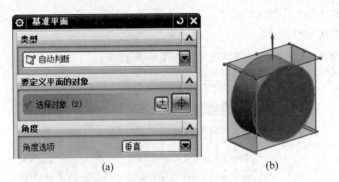

图 4-14　与圆柱相切基准面 4

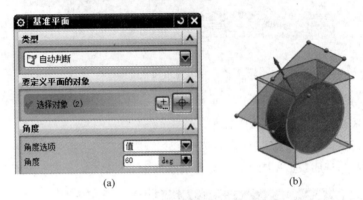

图 4-15　创建相切基准面与一面成角度

选择【文件】|【保存】命令,保存文件。

2. 步骤点评

(1) 对于步骤二:调整基准面大小

双击已建立的基准面,拖动调整大小手柄,调整基准平面的大小,如图 4-17 所示。

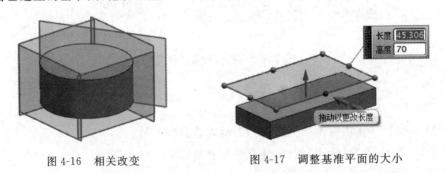

图 4-16　相关改变　　　　图 4-17　调整基准平面的大小

(2) 对于步骤五:角度方向

根据右手规则确定角度方向,逆时针方向为正方向。

(3) 对于步骤七:基准面的平面方位

当自动判断创建的基准面有多种方案,在【平面方位】组,单击【备选解】按钮,预览所需基准面,如图 4-18 所示。

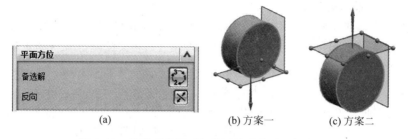

图 4-18 基准面的平面方位调整基准平面的大小

4.1.3 随堂练习

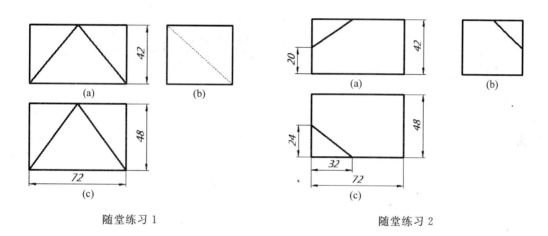

随堂练习 1   随堂练习 2

4.2 创建相对基准轴

本节知识点：
基准轴的建立方法。

4.2.1 基准轴基础知识

基准轴可分为固定基准轴和相对基准轴。

1. 基准轴的用途

（1）作为旋转特征的旋转轴。

（2）作为环形阵列特征的旋转轴。

（3）作为基准平面的旋转轴。

（4）作为矢量方向参考。

（5）作为特征定位的目标边。

2. 固定基准轴

固定基准轴是固定在工作坐标系 WCS 的三个坐标轴的基准轴，如图 4-19 所示。固定基准轴与工作坐标系 WCS 没有相关性。

图 4-19 WCS 的三个坐标轴的基准轴

3. 创建相对基准轴的方法

相对基准轴由创建它的几何对象所约束,一个约束是基准上的一个限制。该基准与对象上的表面、边、点等对象相关。当所约束的对象修改了,则相关的基准轴自动更新。

NX 提供如下几种方法来创建相对基准轴。

(1) 过两点创建基准轴,如图 4-20(a)所示。

(2) 过一边缘创建基准轴,如图 4-20(b)所示。

(3) 过一圆柱、圆锥、圆环或旋转特征轴创建基准轴,如图 4-20(c)所示。

(4) 过两个表面或基准面的交线创建基准轴,如图 4-20(d)所示。

(5) 过曲线上一点建立一基准轴。曲线可以是草图曲线、边缘或其他类型曲线,如图 4-20(e)所示。

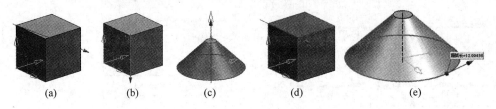

(a)　　　　(b)　　　　(c)　　　　(d)　　　　　(e)

图 4-20　建立基准轴

4.2.2　建立相对基准轴实例

建立关联到一实体模型的相对基准轴,如图 4-21 所示。

(1) 通过一条草图直线、边线或轴,创建基准轴 1。

(2) 通过两个平面,即两个平面的交线,创建基准轴 2。

(3) 通过两个点或模型顶点,也可以是中点,创建基准轴 3。

(4) 通过圆柱面或圆锥面的轴线,创建基准轴 4。

(5) 通过点并垂直于给定的面或基准面,创建基准轴 5。

1. 操作步骤

步骤一:新建文件

(1) 新建文件"Relative_Datum_Shaft.prt"。

(2) 创建模型,根据适合比例建立模型,如图 4-22 所示。

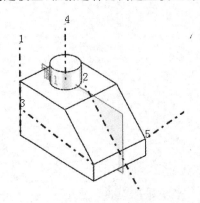

图 4-21　建立关联到一实体模型的相对基准轴

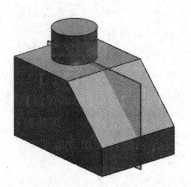

图 4-22　创建模型

步骤二：通过一条草图直线、边线或轴，创建基准轴 1。

单击【主页】选项卡中【特征】区域的【基准轴】按钮 ↑，出现【基准轴】对话框。

（1）从【类型】列表中选择【自动判断】选项。

（2）在图形区选择边线。

如图 4-23 所示，单击【应用】按钮，建立基准轴 1。

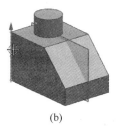

　　　　　（a）　　　　　　　　　　　（b）

图 4-23　创建基准轴 1

步骤三：通过两个平面，即两个平面的交线，创建基准轴 2。

选择块斜面和基准面，建立基准轴 2，如图 4-24 所示，单击【应用】按钮。

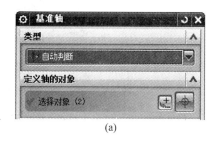

　　　　　（a）　　　　　　　　　　　（b）

图 4-24　创建基准轴 2

步骤四：通过两个点或模型顶点，也可以是中点，创建基准轴 3。

选择一边中点和一边端点，建立基准轴 3，如图 4-25 所示，单击【应用】按钮。

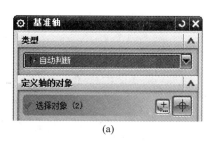

　　　　　（a）　　　　　　　　　　　（b）

图 4-25　创建基准轴 3

步骤五：通过圆柱面或圆锥面的轴线，创建基准轴 4。

选择圆柱面，建立基准轴 4，如图 4-26 所示，单击【应用】按钮。

步骤六：通过点并垂直于给定的面或基准面，创建基准轴 5。

选择块斜面和一端点，建立基准轴 5，如图 4-27 所示，单击【确定】按钮。

步骤七：编辑圆柱，检验基准轴对块的参数化关系

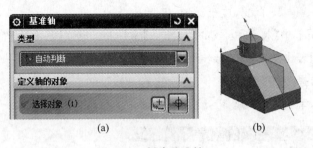

图 4-26　创建基准轴 4

观察所建基准轴,如图 4-28 所示。

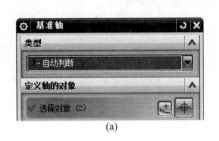

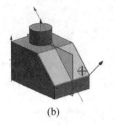

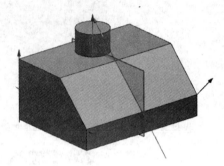

图 4-27　创建基准轴 5　　　　　　　　　图 4-28　相关改变

步骤八:存盘

选择【文件】|【保存】命令,保存文件。

2. 步骤点评

对于步骤三:基准轴方向,其点评如下。

当使用两个表面相关建立相对基准轴时,轴方向由右手规则确定:四指从选择的第一个表面转向选择的第二个表面,大拇指指向基准轴的正方向。

4.2.3　随堂练习

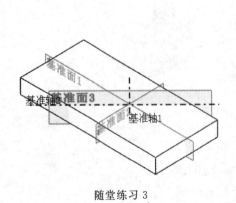

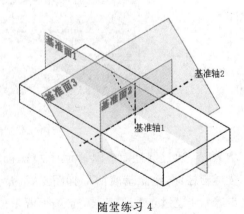

随堂练习 3　　　　　　　　　　　　　　随堂练习 4

4.3 练习

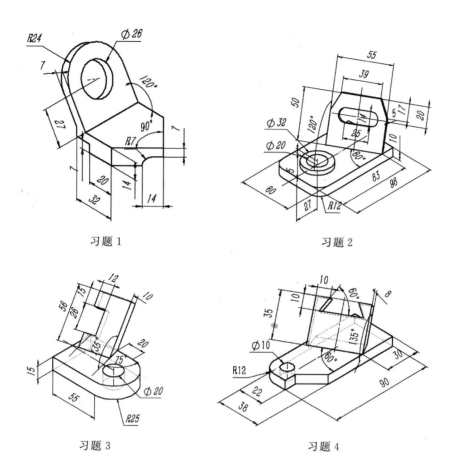

习题 1

习题 2

习题 3

习题 4

第 **5** 章

创 建 设 计 特 征

设计特征必须以基体为基础,通过增加材料或减去材料将这些特征增加到基体中,系统自动确定是布尔和或是布尔差操作。这些设计特征有孔特征、凸台特征、腔体特征、凸垫特征、键槽特征、沟槽特征和三角形加强筋特征。

5.1 创建凸台与孔

本节知识点:
(1) 设计特征的概念。
(2) 放置面的概念。
(3) 运用圆特征定位。
(4) 创建凸台的方法。
(5) 创建孔的方法。

5.1.1 创建设计特征步骤

(1) 选择【插入】|【设计特征】命令。
(2) 选择设计特征类型,包括凸台、凸垫、腔体、键槽或沟槽等。
(3) 选择子类型。
(4) 选择放置面。
(5) 选择水平参考(此为可选项,用于有长度参数指的设计特征)。
(6) 选择过表面(此为可选项,用于通槽)。
(7) 加入特征参数。
(8) 单击【应用】按钮或【确定】按钮。
(9) 定位设计特征。

5.1.2 选择放置面

设计特征需要一放置面(Placement Face),对于圆台、腔体、凸垫、键槽等特征,放置面必须是平面。

放置面通常是选择已有实体的表面,如果没有平面可用作放置面,可使用相对基准平面作为放置面。

5.1.3　定位圆形特征

设计特征的定位用于在放置面内确定特征的位置。在定位特征时,系统要求选择目标边和工具边。

（1）基体上的边缘或基准被称为目标边。

（2）特征上的边缘或特征坐标轴被称为工具边。

圆形特征的【定位】对话框,如图 5-1 所示。

1. 【水平】定位方式 🔲

使用【水平】方法可在两点之间创建定位尺寸。水平尺寸与水平参考对齐,或与竖直参考成 90°,如图 5-2 所示。

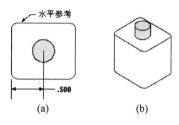

图 5-1　圆形特征的【定位】对话框　　　　图 5-2　【水平】定位方式

2. 【竖直】定位方式 🔲

使用【竖直】方法可在两点之间创建定位尺寸。竖直尺寸与竖直参考对齐,或与水平参考成 90°,如图 5-3 所示。

技巧：如果有水平和垂直目标边存在,使用两次【垂直】定位方式,可以代替【水平】和【竖直】定位方式。

3. 【平行】定位方式 🔲

使用【平行】方法创建的定位尺寸可约束两点（例如现有点、实体端点、圆弧中心点或圆弧切点）之间的距离,并平行于工作平面测量,如图 5-4 所示。

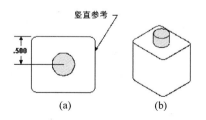

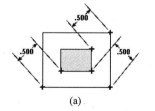

图 5-3　【竖直】定位方式　　　　图 5-4　【平行】定位方式

说明：创建圆弧上的切点的平行或任何其他线性类型的尺寸标注时,有两个可能的切点。必须选择所需的相切点附近的圆弧,如图 5-5 所示。

4. 【垂直】定位方式 🔲

使用【垂直】方法创建的定位尺寸,可约束目标实体的边缘与特征,或草图上的点之间的垂直距离。还可通过将基准平面或基准轴选作目标边缘,或选择任何现有曲线(不必在目标实体上),作目标边缘。此约束用于标注与 XC 或 YC 轴不平行的线性距离。它仅以指定的距离将特征或草图上的点锁定到目标体上的边缘或曲线,如图 5-6 所示。

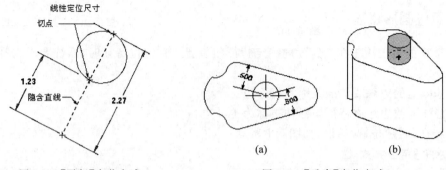

图 5-5 【平行】定位方式　　　　图 5-6 【垂直】定位方式

5.【点到点】定位方式

使用【点到点】方法创建定位尺寸时与【平行】选项相同,但是两点之间的固定距离设置为零,如图 5-7 所示。

6.【点到线】定位方式

使用【点到线】方法创建定位约束尺寸时与【垂直】选项相同,但是边或曲线与点之间的距离设置为零,如图 5-8 所示。

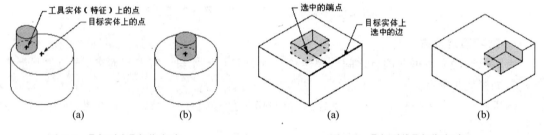

图 5-7 【点到点】定位方式　　　　图 5-8 【点到线】定位方式

5.1.4 凸台的创建

【凸台】——在平的表面或基准平面上创建凸台,凸台结构如图 5-9 所示。

说明:凸台的拔模角允许为负值。

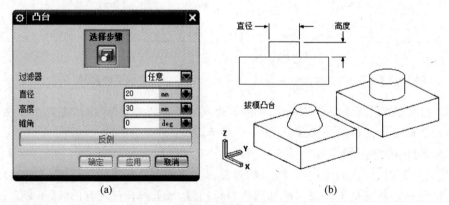

图 5-9 凸台

5.1.5 孔特征的创建

使用孔命令可以建立如下类型的孔特征：

（1）常规孔（简单、沉头、埋头或锥形状）。

（2）钻形孔。

（3）螺钉间隙孔（简单、沉头或埋头形状）。

（4）螺纹孔。

（5）非平面上的孔。

（6）作为单个特征的多个孔。

1. 常规孔特征类型

（1）简单 创建具有指定直径、深度和尖端顶锥角的简单孔。

（2）沉头 创建具有指定直径、深度、顶锥角、沉头直径和沉头深度的沉头孔。

（3）埋头 创建具有指定直径、深度、顶锥角、埋头直径和埋头角度的埋头孔。

（4）锥形 创建具有指定锥角和直径的锥孔。

2. 定义孔特征中心

方法一：利用已存在点，定义孔特征中心。开启捕捉点可以用于辅助选择已存在点或特征点。

方法二：进入【草图】环境，在草图中建立一个点，定义孔特征中心。

3. 孔特征方向

孔特征方向用于指定孔方向。可用选项有：

（1）垂直于面 沿着每个指定点的面法向的反向定义孔的方向。

说明：指定点必须在面上。

（2）沿矢量 沿指定的矢量定义孔方向。

4. 孔特征深度限制

深度限制用于指定孔深度限制。可用选项有：

（1）值 创建指定深度的孔。

（2）直至选定对象 创建一个直至选定对象的孔。

（3）直至下一个 对孔进行扩展，直至孔到达下一个面。

（4）贯通体 创建一个通孔。

5.1.6 凸台与孔特征应用实例

应用设计特征创建模型，如图 5-10 所示。

1. 关于本零件设计理念的考虑

（1）零件采用体素特征和设计特征构建。

（2）4×ϕ25 孔采用圆周整列。

建模步骤如图 5-11 所示。

2. 操作步骤

步骤一：新建文件，创建毛坯

（1）新建文件"Flange. prt"。

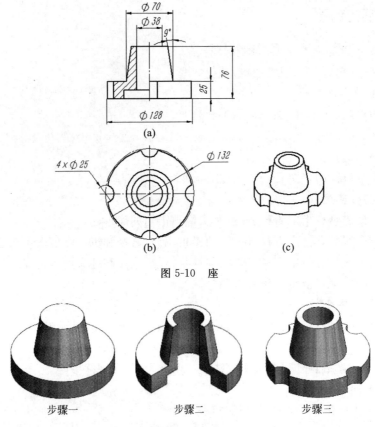

图 5-10　座

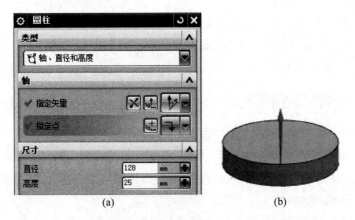

步骤一　　　　　　步骤二　　　　　　步骤三

图 5-11　建模步骤

（2）选择【插入】|【设计特征】|【圆柱】命令，出现【圆柱】对话框。

① 在【轴】组，激活【指定矢量】，在图形区选择 OZ 轴。

② 在【尺寸】组的【直径】文本框输入 128，在【高度】文本框输入 25。

如图 5-12 所示，单击【确定】按钮。

图 5-12　创建圆柱体

（3）单击【主页】选项卡中【特征】区域的【凸台】按钮 ，出现【凸台】对话框。

① 在【直径】文本框输入 70，在【高度】文本框输入 76-25，在【锥角】文本框输入 9。

② 提示行提示：选择平的放置面。在图形区域选择端面为放置面，如图 5-13 所示，单击
【应用】按钮。

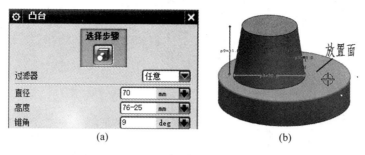

图 5-13 建立凸台

③ 出现【定位】对话框（提示行提示：选择定位方法或为垂线选择目标边/基准），单击【点
到点】按钮 ✐（提示行提示：选择目标对象），在图形区选择端面边缘，如图 5-14 所示。

图 5-14 定位

④ 出现【设置圆弧的位置】对话框（提示行提示：选择圆弧上点），单击【圆弧中心】按钮，
如图 5-15 所示。

图 5-15 创建凸台

步骤二：打底孔

单击【主页】选项卡中【特征】区域的【孔】按钮 🔲，出现【孔】对话框。

（1）从【类型】列表中选择【常规孔】选项。

（2）激活【位置】组（提示行提示：选择要草绘的平面或指定点），单击【点】按钮 ⊹，在图形
区域选择面圆心点为孔的中心。

（3）在【方向】组的【孔方向】列表中选择【垂直于面】选项。

（4）在【形状和尺寸】组的【成形】列表中选择【沉头】选项。

（5）在【尺寸】组的【沉头直径】文本框输入 76，在【沉头深度】文本框输入 12.5，在【直径】
文本框输入 35，在【深度限制】列表中选择【贯通体】选项。

如图 5-16 所示，单击【确定】按钮。

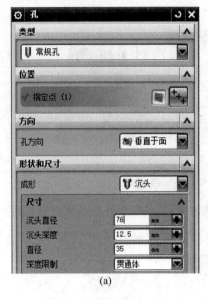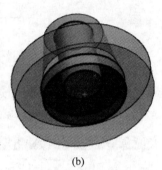

(a)　　　　　　　　　　　(b)

图 5-16　打孔

步骤三：打四周孔

（1）单击【主页】选项卡中【特征】区域的【孔】按
钮 ，出现【孔】对话框。

① 从【类型】列表中选择【常规孔】选项。

② 激活【位置】组（提示行提示：选择要草绘的平
面或指定点），单击【绘制草图】按钮 ，在图形区域
选择底面绘制圆心点草图，如图 5-17 所示。

③ 退出草图。在【方向】组的【孔方向】列表中选
择【沿矢量】选项，选择 OX 方向。

④ 在【形状和尺寸】组的【成形】列表中选择【简
单】选项。

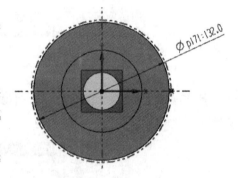

图 5-17　绘制圆心点草图

⑤ 在【尺寸】组的【直径】文本框输入 25，从【深度限制】列表中选择【贯通体】选项。

如图 5-18 所示，单击【确定】按钮。

（2）选择【插入】|【关联复制】|【阵列特征】命令，出现【阵列特征】对话框。

① 在【要形成图样的特征】组，激活【选择特征】，在图形区选择孔。

② 在【阵列定义】组的【布局】列表中选择【圆形】选项。

③ 在【边界定义】组，激活【指定矢量】，在图形区域设置方向，激活【指定点】，在图形区域
选择圆心。

④ 在【角度方向】组的【间距】列表中选择【数量和节距】选项，在【数量】文本框输入 4，在
【节距角】文本框输入 90。

如图 5-19 所示，单击【确定】按钮。

步骤四：存盘

选择【文件】|【保存】命令，保存文件。

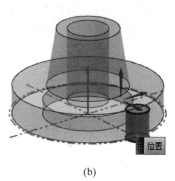

(a)　　　　　　　　　　　　　　　　(b)

图 5-18　打孔

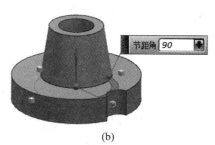

(a)　　　　　　　　　　　　　　　　(b)

图 5-19　圆周阵列

3. 步骤点评

（1）对于步骤一：关于定位圆形特征

对于圆形特征（如孔、圆台）无须选择工具边，定位尺寸为圆心（特征坐标系的原点）到目标边的垂直距离。

（2）对于步骤三：关于参数化设计思想

如需建立本例中的圆周均布孔，根据参数化建模思想，应采用圆周阵列，不宜在草图中建立圆周阵列点。

5.1.7 随堂练习

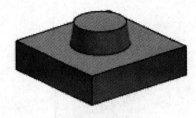
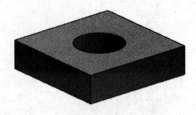

随堂练习 1   随堂练习 2

5.2 创建凸垫、腔体与键槽

本节知识点：

(1) 创建凸垫、腔体与键槽的方法。

(2) 运用非圆特征定位。

(3) 水平参考。

5.2.1 设置水平参考

对于圆形特征，如圆台，不需要指定水平和垂直参考；而对于非圆形特征，如腔体、凸垫和键槽，则必须指定水平参考或垂直参考。

水平参考定义了特征坐标系的 XC 轴方向，任何不垂直于放置面的线性边缘、平面、基准轴和基准面，均可被选择用来定义水平参考。水平参考被要求定义在具有长度参数的成形特征的长度方向上，如腔体、凸垫和键槽。

如果在真正的水平方向上没有有效的边缘可使用，则可以指定一个垂直参考。根据垂直参考方向，系统将会推断出水平参考方向。如果在真正的水平方向和垂直方向上都没有有效的边缘可使用，则必须创建用于水平参考的基准面或基准轴。在创建这些设计特征之前，用户不仅要考虑放置面，还要考虑如何指定水平参考和如何选择定位的目标边，这一点很重要。

5.2.2 定位非圆形特征

非圆形特征的【定位】对话框，如图 5-20 所示。

1.【按一定距离平行】定位方式 ⊥

【按一定距离平行】方法创建一个定位尺寸，它对特征或草图的线性边和目标实体(或者任意现有曲线，或不在目标实体上)的线性边进行约束，以使其平行并相距固定的距离。此约束仅以指定的距离将特征或草图上的边缘锁定到目标体上的边缘或曲线，如图 5-21 所示。

说明：【按一定距离平行】定位方式约束了两个自由度：移动自由度和 ZC 轴旋转自由度。

2.【成角度】定位方式 △

【成角度】方法以给定角度，在特征的线性边和线性参考边/曲线之间创建定位约束尺寸，如图 5-22 所示。

图 5-20　非圆形特征的【定位】对话框

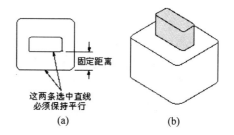

图 5-21　【按一定距离平行】定位方式

3. 【直线到直线】定位方式

使用【直线到直线】方法采用和【按一定距离平行】选项相同的方法创建定位约束尺寸,但是在目标实体上,特征或草图的线性边和线性边或曲线之间的距离设置为零,如图 5-23 所示。

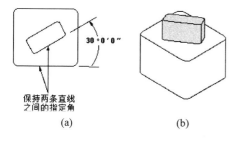

图 5-22　【成角度】定位方式

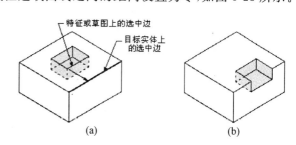

图 5-23　【直线到直线】定位方式

5.2.3　凸垫的创建

【凸垫】——在实体上创建一个矩形凸垫或一般凸垫。

创建一个指定其【长度】、【宽度】、【高度】、【拐角半径】和【锥角】的矩形凸垫,如图 5-24 所示。

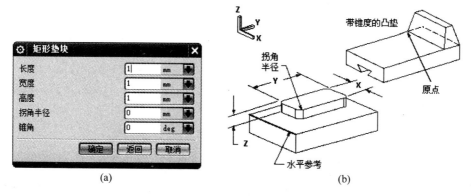

图 5-24　矩形凸垫

5.2.4　腔体的创建

【腔体】——在实体上创建一个圆柱形腔体、矩形腔体或一般腔体。

(1) 圆柱形腔体　创建一个指定其【腔体直径】、【深度】、【底面半径】和【锥角】的圆柱形腔体,如图 5-25 所示。

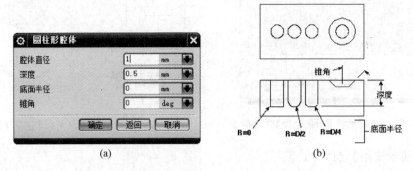

图 5-25　圆柱形腔体

提示：深度值必须大于底面半径。

(2) 矩形腔体　创建一个指定其【长度】、【宽度】、【深度】、【拐角半径】、【底面半径】和【锥角】的矩形腔体,如图 5-26 所示。

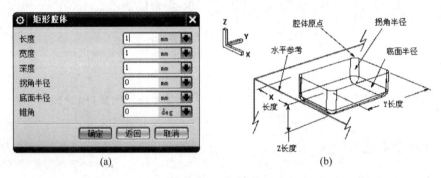

图 5-26　矩形腔体

提示：深度值必须大于底面半径。

5.2.5　键槽的创建

【键槽】——在实体上创建一个矩形键槽、球形键槽、U 形键槽、T 形键槽或燕尾键槽,如图 5-27 所示。

选中【通过槽】复选框,要求选择两个【通过面】：起始通过面和终止通过面。槽的长度定义为完全通过这两个面,如图 5-28 所示。

图 5-27　【键槽】对话框

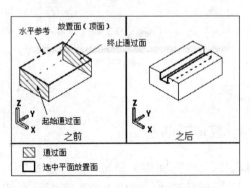

图 5-28　通过槽示意图

（1）矩形键槽　创建一个指定其【长度】、【宽度】和【深度】的矩形键槽,如图 5-29 所示。

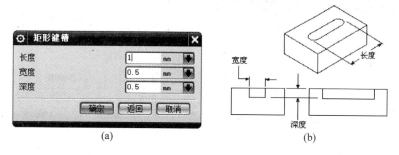

图 5-29　矩形键槽

（2）球形键槽　创建一个指定其【球直径】、【深度】和【长度】的球形键槽,如图 5-30 所示。

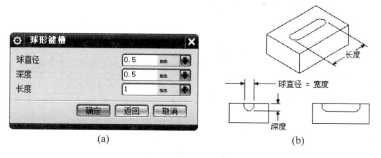

图 5-30　球形键槽

说明：球形键槽保留有完整半径的底部和拐角。【深度】值必须大于球体半径(球体直径的一半)。

（3）U 形键槽　创建一个指定其【宽度】、【深度】、【拐角半径】和【长度】的 U 形键槽,如图 5-31 所示。

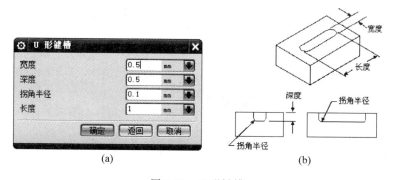

图 5-31　U 形键槽

说明：【深度】值必须大于【拐角半径】值。

（4）T 形键槽　创建一个指定其【顶部宽度】、【顶部深度】、【底部宽度】、【底部深度】和【长度】的 T 形键槽,如图 5-32 所示。

（5）燕尾槽　创建一个指定其【宽度】、【深度】、【角度】和【长度】的燕尾槽,如图 5-33 所示。

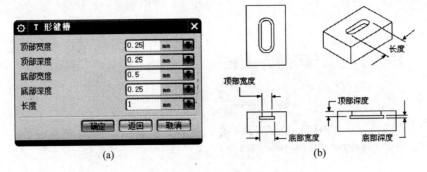

图 5-32　T 形键槽

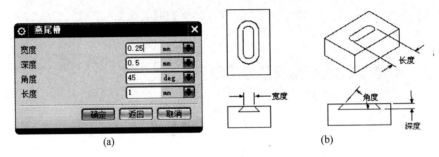

图 5-33　燕尾槽

5.2.6　轴上建立键槽

（1）键槽的放置面为平面，如要在轴上建立键槽，需要先建立基准面。

（2）建立与放置面为平面垂直的基准面，作为水平参考和定位目标边。

（3）建立与水平参考基准面垂直的基准面，作为定位目标边。

轴上建立键槽如图 5-34 所示。

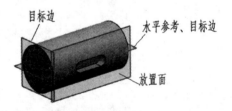

图 5-34　轴上建立键槽

5.2.7　凸垫、腔体与键槽特征应用实例

运用设计特征建立如图 5-35 所示模型。

1. 关于本零件设计理念的考虑

（1）零件采用对称结构。

（2）零件采用凸垫、腔体与键槽特征。

建模步骤如图 5-36 所示。

2. 操作步骤

步骤一：新建文件，创建毛坯

（1）新建文件"Workbench. prt"。

（2）选择【插入】|【设计特征】|【块】命令，出现【块】对话框。

① 默认指定原点。

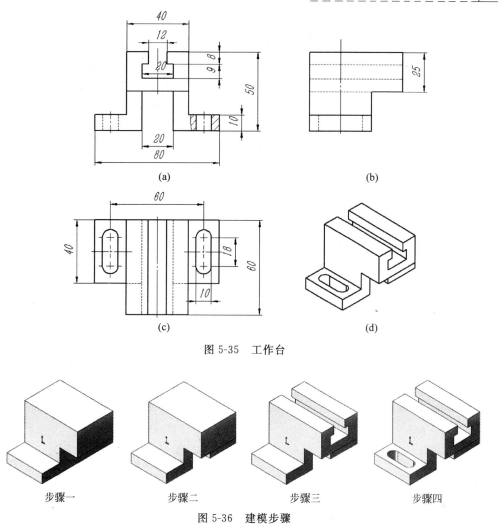

图 5-35　工作台

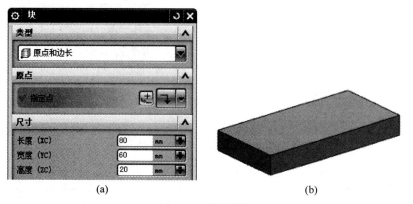

图 5-36　建模步骤

② 在【尺寸】组的【长度】文本框输入 80,在【宽度】文本框输入 60,在【高度】文本框输入 20。如图 5-37 所示,单击【确定】按钮,创建长方体。

图 5-37　创建基体

(3) 单击【主页】选项卡中【特征】区域的【基准平面】按钮□,出现【基准平面】对话框,选择两个面,如图 5-38 所示,单击【确定】按钮,创建两个面的二等分基准面。

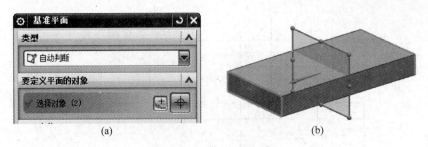

图 5-38 二等分基准面

（4）单击【主页】选项卡中【特征】区域的【垫块】按钮 ，出现【垫块】对话框。

① 单击【矩形】按钮，如图 5-39 所示。

② 出现【矩形垫块】对话框（提示行提示：选择平的放置面），在图形区域选择放置面，如图 5-40 所示。

图 5-39 选择垫块类型

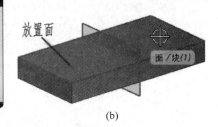

图 5-40 选择放置面

③ 出现【水平参考】对话框（提示行提示：选择水平参考），在图形区域选择水平方向，如图 5-41 所示。

（a）

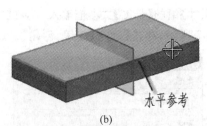

（b）

图 5-41 选择水平方向

④ 出现【矩形垫块】对话框，在【长度】文本框输入 40，在【宽度】文本框输入 40，在【高度】文本框输入 15，如图 5-42 所示，单击【确定】按钮。

⑤ 出现【定位】对话框。

a. 将模型切换成静态线框形式。

b. 提示行提示：选择定位方法。单击【线到线】按钮 。

图 5-42 【矩形垫块】对话框

c. 提示行提示：选择目标边/基准。在图形区域选择目标边。

d. 提示行提示：选择工具边。在图形区域选择工具边，如图 5-43 所示。

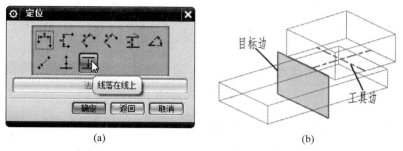

图 5-43　线到线定位

⑥ 出现【定位】对话框。

a. 提示行提示：选择定位方法。单击【线到线】按钮 。

b. 提示行提示：选择目标边/基准。在图形区域选择目标边。

c. 提示行提示：选择工具边，在图形区域选择工具边，如图 5-44 所示。

（5）按同样方法建立 40×60×25 凸垫，将模型切换成带边着色形式，如图 5-45 所示。

步骤二：建立切槽

单击【主页】选项卡中【特征】区域的【腔体】按钮 ，出现【腔体】对话框。

（1）单击【矩形】按钮，如图 5-46 所示。

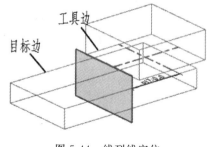

图 5-44　线到线定位

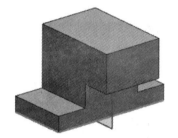

图 5-45　40×60×25 凸垫

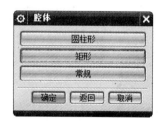

图 5-46　选择腔体类型

（2）出现【矩形腔体】对话框（提示行提示：选择平的放置面），在图形区域选择放置面，如图 5-47 所示。

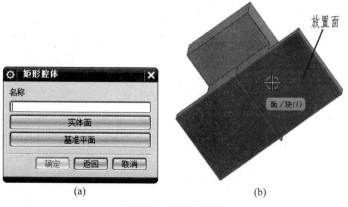

图 5-47　选择放置面

（3）出现【水平参考】对话框（提示行提示：选择水平参考），在图形区域选择水平方向，如图 5-48 所示。

（4）出现【矩形腔体】对话框，在【长度】文本框输入 20，在【宽度】文本框输入 40，在【深度】文本框输入 25，如图 5-49 所示，单击【确定】按钮。

(a)

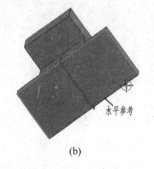
(b)

图 5-48　选择水平方向　　　　　　　　　图 5-49　【矩形腔体】对话框

（5）出现【定位】对话框。

① 提示行提示：选择定位方法。单击【线到线】按钮 工。

② 提示行提示：选择目标边/基准。在图形区域选择目标边。

③ 提示行提示：选择工具边。在图形区域选择工具边，如图 5-50 所示。

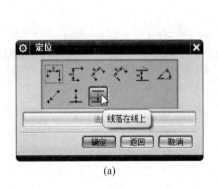
(a)

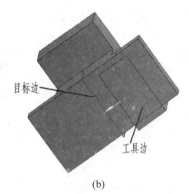
(b)

图 5-50　线到线定位

（6）出现【定位】对话框。

① 提示行提示：选择定位方法。单击【线到线】按钮 工。

② 提示行提示：选择目标边/基准。在图形区域选择目标边。

③ 提示行提示：选择工具边。在图形区域选择工具边，如图 5-51 所示。

（7）等轴侧显示模型，如图 5-52 所示。

步骤三：建立 T 形槽

单击【主页】选项卡中【特征】区域的【键槽】按钮 ，出现【键槽】对话框。

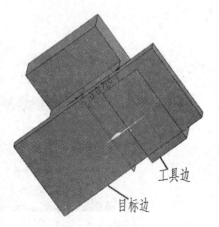

图 5-51　线到线定位

（1）选中【T 形键槽】单选按钮，选中【通过槽】复选框，如图 5-53 所示，单击【确定】按钮。

图 5-52　等轴测显示模型　　　　　　　　图 5-53　选择键槽类型

（2）出现【T 形键槽】对话框（提示行提示：选择平的放置面），在图形区域选择放置面，如图 5-54 所示。

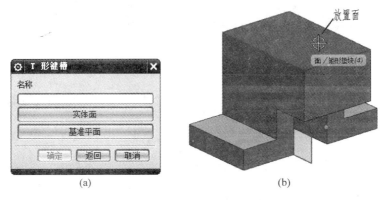

(a)　　　　　　　　　　　　　　　　(b)

图 5-54　选择放置面

（3）出现【水平参考】对话框（提示行提示：选择水平参考），在图形区域选择水平方向，如图 5-55 所示。

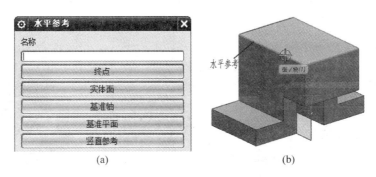

(a)　　　　　　　　　　　　　　　　(b)

图 5-55　选择水平方向

（4）出现【T 形键】对话框（提示行提示：选择起始贯通面），在图形区域选择起始贯通面，如图 5-56 所示。

（5）出现【T 形键】对话框（提示行提示：选择终止贯通面），在图形区域选择终止贯通面，如图 5-57 所示。

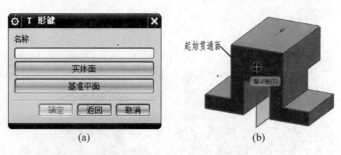

图 5-56　选择起始贯通面

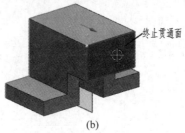

图 5-57　选择终止贯通面

（6）出现【T 形键槽】对话框，在【顶部宽度】文本框输入 12，在【顶部深度】文本框输入 8，在【底部宽度】文本框输入 20，在【底部深度】文本框输入 9，如图 5-58 所示，单击【确定】按钮。

（7）出现【定位】对话框。

① 提示行提示：选择定位方法。单击【线到线】按钮 ⟁。

② 提示行提示：选择目标边/基准。在图形区域选择目标边。

图 5-58　【T 形键槽】对话框

③ 提示行提示：选择工具边。在图形区域选择工具边。

如图 5-59 所示，单击【确定】按钮。

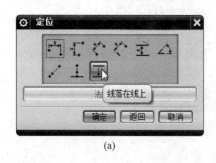
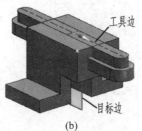
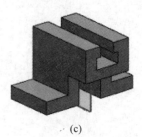

图 5-59　定位

步骤四：建立腰形孔

（1）单击【主页】选项卡中【特征】区域的【基准平面】按钮 ☐，出现【基准平面】对话框，选择两个面，如图 5-60 所示，单击【应用】按钮，创建两个面的二等分基准面。

（2）单击【主页】选项卡中【特征】区域的【键槽】按钮 ⬚，出现【键槽】对话框。

① 选中【矩形槽】单选按钮,取消【通过槽】复选框,如图 5-61 所示,单击【确定】按钮。

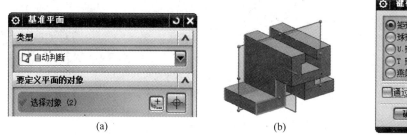

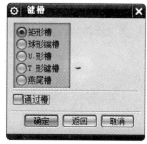

图 5-60 二等分基准面　　　　　　　　　　　图 5-61 选择键槽类型

② 出现【矩形键槽】对话框(提示行提示:选择平的放置面),在图形区域选择放置面,如图 5-62 所示。

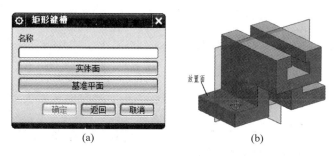

图 5-62 选择放置面

③ 出现【水平参考】对话框(提示行提示:选择水平参考),在图形区域选择水平方向,如图 5-63 所示。

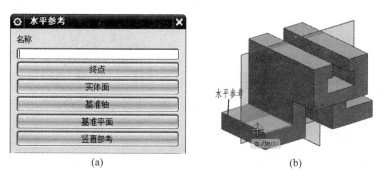

图 5-63 选择水平方向

④ 出现【矩形键槽】对话框,在【长度】文本框输入 18+10,在【宽度】文本框输入 10,在【深度】文本框输入 10,如图 5-64 所示,单击【确定】按钮。

⑤ 出现【定位】对话框。

a. 提示行提示:选择定位方法。单击【线到线】按钮 。

b. 提示行提示:选择目标边/基准。在图形区域选择目标边。

c. 提示行提示:选择工具边。在图形区域选择工具边,如图 5-65 所示。

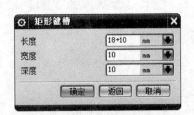

图 5-64 【矩形键槽】对话框

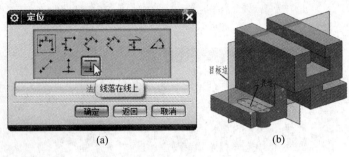

图 5-65　定位

⑥ 出现【定位】对话框。

a. 提示行提示：选择定位方法。单击【垂直】按钮 。

b. 提示行提示：选择目标边/基准。在图形区域选择目标边。

c. 提示行提示：选择工具边。在图形区域选择工具边，如图 5-66 所示。

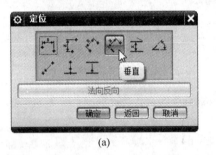

图 5-66　定位

d. 出现【创建表达式】对话框，在文本框输入 30，如图 5-67 所示，单击【确定】按钮。

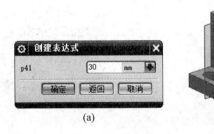

图 5-67　定位

（3）选择【插入】|【关联复制】|【镜像特征】命令，出现【镜像特征】对话框。

① 在【相关特征】组的【候选特征】列表中选择"矩形键槽"。

② 在【镜像平面】组的【平面】列表中选择【现有平面】选项，在图形区选取镜像面。

如图 5-68 所示，单击【确定】按钮，建立镜像特征。

步骤五：移动层

（1）将基准面移到 61 层。

（2）将 61 层设为【不可见】。

建模完成后如图 5-69 所示。

(a)

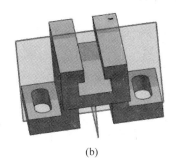

(b)

图 5-68　镜像特征

步骤六：存盘

选择【文件】|【保存】命令,保存文件。

3. 步骤点评

（1）对于步骤一：关于建模理念

利用体素特征建立基体,然后利用设计体征完善毛坯,建模过程可以采用叠加或切除,本例采用叠加和切除结合。

（2）对于步骤一：定位非圆形特征

对于非圆形特征（如凸垫、腔体和键槽）在定位特征时,系统要求选择目标边和工具边。对于凸垫为方便选择工具边,一般将模型切换成静态线框形式。

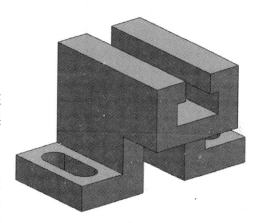

图 5-69　完成建模

5.2.8　随堂练习

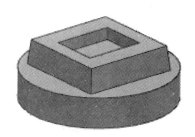

随堂练习 3

随堂练习 4

5.3　建立沟槽

本节知识点:

（1）沟槽特征放置面。

（2）创建沟槽的方法。

5.3.1　沟槽的创建

【沟槽】——在实体上创建一个槽,就好像一个成形工具在旋转部件上向内(从外部定位面)或向外(从内部定位面)移动,如同车削操作。可用的槽类型为矩形槽、球形端槽或 U 形槽。

1. 沟槽特征的放置面

【沟槽】只对圆柱形或圆锥形面操作,可以选择一个外部的或内部的面作为槽的定位面。

2. 沟槽特征的定位

槽的定位和其他的成形特征的定位稍有不同。只能在一个方向上定位槽,即沿着目标实体的轴。没有定位尺寸菜单出现。通过选择目标实体的一条边及工具(即槽)的边或中心线来定位槽,如图 5-70 所示。

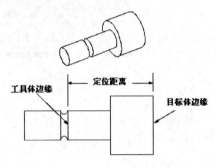

图 5-70　槽的定位

3. 沟槽特征的结构

(1) 矩形槽　创建一个指定其【槽直径】和【宽度】的矩形槽,如图 5-71 所示。

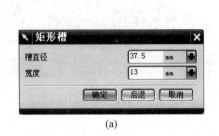　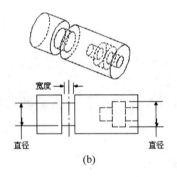

(a)　　　　　　　　　(b)

图 5-71　矩形槽

(2) 球形端槽　创建一个指定其【槽直径】和【球直径】的球形端槽,如图 5-72 所示。

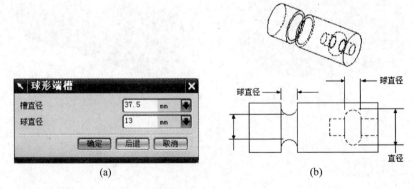

(a)　　　　　　　　　(b)

图 5-72　球形端槽

(3) U 形槽　创建一个指定其【槽直径】、【宽度】和【拐角半径】的 U 形槽,如图 5-73所示。

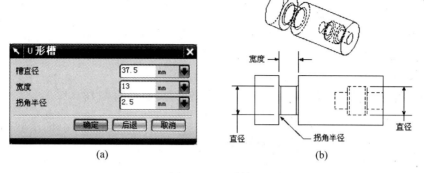

图 5-73 U 形槽

5.3.2 沟槽特征应用实例

运用设计特征建立如图 5-74 所示模型。

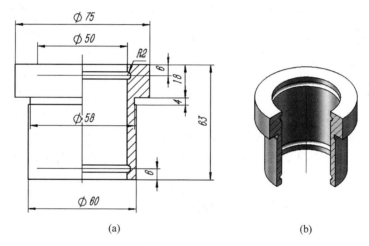

图 5-74 导套

1. 关于本零件设计理念的考虑

（1）零件采用体素特征和设计特征构建

（2）应用沟槽特征

建模步骤如图 5-75 所示。

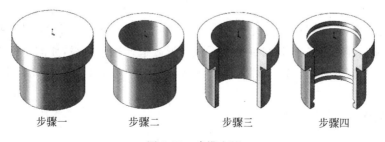

图 5-75 建模步骤

2. 操作步骤

步骤一：新建文，创建毛坯

（1）新建文件"Sleeve. prt"。

（2）选择【插入】|【设计特征】|【圆柱】命令，出现【圆柱】对话框。

① 在【轴】组，激活【指定矢量】，在图形区选择 OY 轴。

② 在【尺寸】组的【直径】文本框输入 75，在【高度】文本框输入 18。

如图 5-76 所示，单击【确定】按钮。

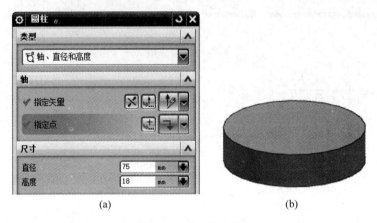

(a)　　　　　　　　　(b)

图 5-76　创建圆柱体

（3）单击【主页】选项卡中【特征】区域的【凸台】按钮，出现【凸台】对话框。

① 在【直径】文本框输入 60，在【高度】文本框输入 63-18。

② 提示行提示：选择平的放置面。在图形区域选择端面为放置面，如图 5-77 所示，单击【应用】按钮。

(a)　　　　　　　　　(b)

图 5-77　建立凸台

③ 出现【定位】对话框（提示行提示：选择定位方法或为垂线选择目标边/基准），单击【点到点】按钮（提示行提示：选择目标对象），在图形区选择端面边缘，如图 5-78 所示。

④ 出现【设置圆弧的位置】对话框（提示行提示：选择圆弧上点），单击【圆弧中心】按钮，如图 5-79 所示。

步骤二：创建孔

单击【主页】选项卡中【特征】区域的【孔】按钮，出现【孔】对话框。

（1）从【类型】列表中选择【常规孔】选项。

（2）激活【位置】组（提示行提示：选择要草绘的平面或指定点），单击【点】按钮，选择面

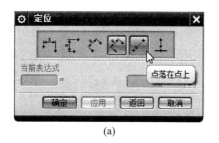
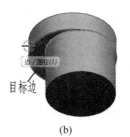

(a) (b)

图 5-78 定位

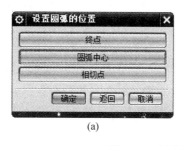

(a) (b)

图 5-79 创建凸台

圆心点为孔的中心。

（3）在【方向】组的【孔方向】列表中选择【垂直于面】选项。

（4）在【形状和尺寸】组的【成形】列表中选择【简单】选项。

（5）在【尺寸】组的【直径】文本框输入 50，从【深度限制】列表中选择【贯通体】选项。

如图 5-80 所示，单击【确定】按钮。

(a) (b)

图 5-80 打孔

步骤三：创建外沟槽

单击【主页】选项卡中【特征】区域的【沟槽】按钮 ，出现【槽】对话框。

（1）单击【矩形】按钮，如图 5-81 所示。

（2）出现【矩形槽】对话框（提示行提示：选择放置面），在图形区选择放置面，如图 5-82 所示。

图 5-81　选择沟槽类型

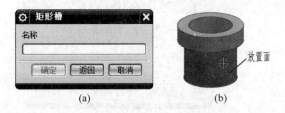

图 5-82　选择放置面

（3）出现【矩形槽】对话框，在【槽直径】文本框输入 58，在【宽度】文本框输入 4，如图 5-83 所示，单击【确定】按钮。

（4）出现【定位槽】对话框。

① 提示行提示：选择目标边或"确定"接受初始位置。在图形区选择端面边缘。

② 提示行提示：选择刀具边。在图形区选择槽边缘，如图 5-84 所示。

图 5-83　建立沟槽

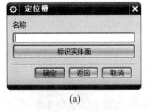

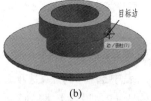

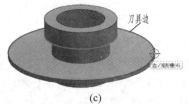

图 5-84　定位沟槽

③ 出现【创建表达式】对话框，输入距离 0，如图 5-85 所示，单击【确定】按钮。

步骤四：创建内沟槽

（1）单击【主页】选项卡中【特征】区域的【沟槽】按钮 ，出现【槽】对话框。

① 单击【球形端槽】按钮，如图 5-86 所示。

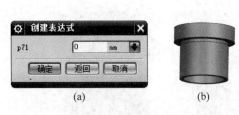

图 5-85　定位沟槽

图 5-86　选择沟槽类型

② 出现【球形端槽】对话框。

a. 将模型切换成静态线框形式。

b. 提示行提示：选择放置面。在图形区选择放置面，如图 5-87 所示。

③ 出现【球形端槽】对话框，在【槽直径】文本框输入 58，在【宽度】文本框输入 4，如图 5-88所示，单击【确定】按钮。

④ 出现【定位槽】对话框。

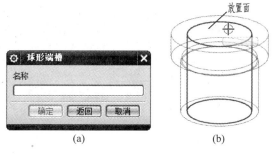

图 5-87 选择放置面 图 5-88 建立沟槽

a. 提示行提示：选择目标边或"确定"接受初始位置。在图形区选择端面边缘。

b. 提示行提示：选择刀具边。在图形区选择槽边缘，如图 5-89 所示。

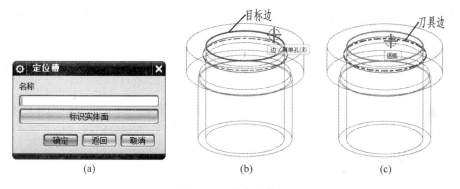

图 5-89 定位沟槽

c. 出现【创建表达式】对话框，输入距离 6，如图 5-90 所示，单击【确定】按钮。

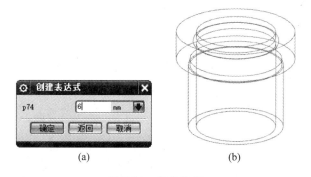

图 5-90 定位沟槽

（2）按同样办法创建另一沟槽，如图 5-91 所示。

步骤五：存盘

选择【文件】|【保存】命令，保存文件。

3. 步骤点评

（1）对于步骤三：关于沟槽特征的结构

槽的轮廓对称于通过选择点的平面并垂直于旋转轴，如图 5-92 所示。

（2）对于步骤四：关于设计理念

如建立一组密封槽，建议采用线性阵列。

图 5-91　沟槽

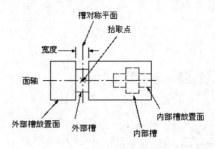

图 5-92　沟槽结构

5.3.3　随堂练习

随堂练习 5

随堂练习 6

5.4　练习

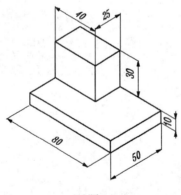

习题 1

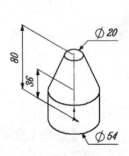

习题 2

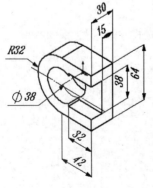

习题 3

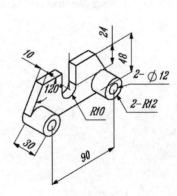

习题 4

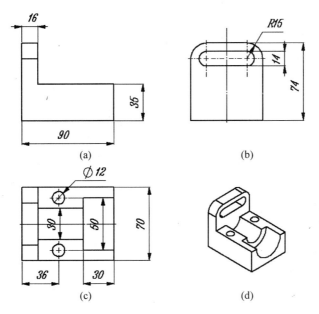

(a)

(b)

(c)

(d)

习题 5

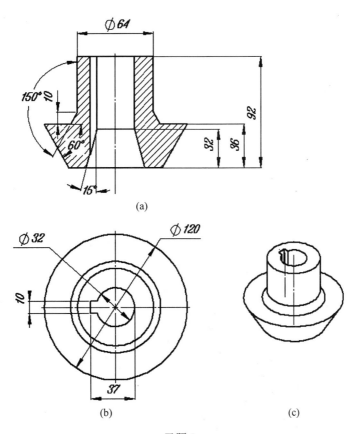

(a)

(b)

(c)

习题 6

第6章

创建细节特征

用于仿真精加工过程的特征,主要有:
(1) 边缘操作　边倒圆、面倒圆、软倒圆和倒斜角。
(2) 面操作　拔模、体拔模、偏置面、修补、分割面和连结面。
(3) 体操作　抽壳、螺纹、缝合、包裹几何体、缩放体、拆分体、修剪体和实例特征。

6.1　创建恒定半径倒圆、边缘倒角

本节知识点:
(1) 恒定半径倒圆的方法。
(2) 边缘倒角的方法。

6.1.1　恒定半径倒圆

倒圆时系统增加材料或减去材料取决于边缘类型。对于外边缘(凸)是减去材料,对于内边缘(凹)是增加材料。不管是增加材料还是减去材料,都缩短了相交于所选边缘的两个面的长度,倒圆允许将两个面全部倒掉,当继续增加倒圆半径,就会形成陡峭边倒圆,如图 6-1所示。

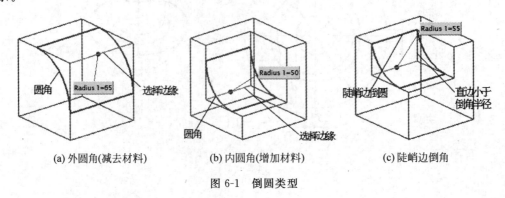

(a) 外圆角(减去材料)　　　(b) 内圆角(增加材料)　　　(c) 陡峭边倒角

图 6-1　倒圆类型

6.1.2　边缘倒角

边倒角特征是用指定的倒角尺寸将实体的边缘变成斜面,倒角尺寸是在构成边缘的两个实体表面上度量的。

倒角时系统增加材料或减去材料取决于边缘类型。对于外边缘(凸)是减去材料,对于内边缘(凹)是增加材料。不管是增加材料还是减去材料,都缩短了相交于所选边缘的两个面的长度,如图 6-2 所示。

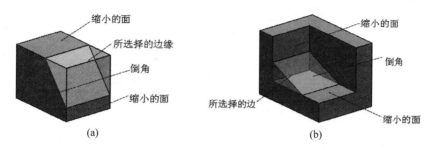

图 6-2　内边缘、外边缘倒角

倒角类型分为 3 种:单个偏置、双偏置、偏置角度。

创建一个沿两个表面具有相等偏置值的倒角,如图 6-3 所示,偏置值必须为正。

创建一个沿两个表面具有不同偏置值的倒角,如图 6-4 所示,偏置值必须为正。

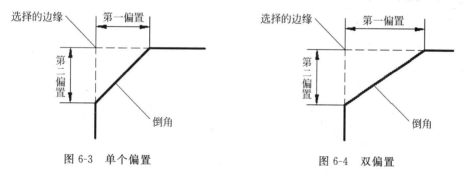

图 6-3　单个偏置　　　　　　　　图 6-4　双偏置

创建一个沿两个表面分别为偏置值和斜切角的倒角,如图 6-5 所示,偏置值必须为正。

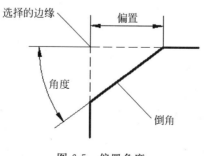

图 6-5　偏置角度

6.1.3　倒圆、倒角特征应用实例

创建模型,如图 6-6 所示。

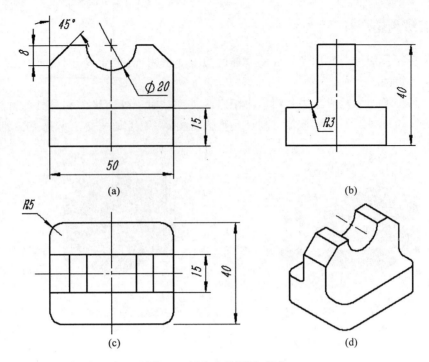

图 6-6　恒定半径倒圆、倒角

1. 关于本零件设计理念的考虑

（1）零件成对称。

（2）采用多半径倒圆角。

建模步骤如图 6-7 所示。

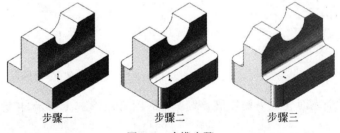

步骤一　　　　　　步骤二　　　　　　步骤三

图 6-7　建模步骤

2. 操作步骤

步骤一：新建文件，创建毛坯

（1）新建文件"Edge_Blend. prt"。

（2）选择【插入】|【设计特征】|【长方体】命令，出现【块】对话框。

① 默认指定点。

② 在【尺寸】组的【长度】文本框输入 40，在【宽度】文本框输入 50，在【高度】文本框输入 15。

如图 6-8 所示，单击【确定】按钮，创建长方体。

（3）单击【主页】选项卡中【特征】区域的【基准平面】按钮 ▢，出现【基准平面】对话框，选择两个面，如图 6-9 所示，单击【应用】按钮，创建两个面的二等分基准面 1。

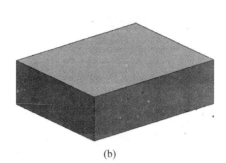

(a)   (b)

图 6-8 创建基体

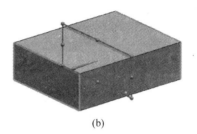

(a)   (b)

图 6-9 二等分基准面 1

（4）选择两个面，如图 6-10 所示，单击【确定】按钮，创建两个面的二等分基准面 2。

（5）单击【主页】选项卡中【特征】区域的【垫块】按钮，出现【垫块】对话框。

① 单击【矩形】按钮，如图 6-11 所示。

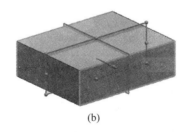

(a)   (b)

图 6-10 二等分基准面 2   图 6-11 选择垫块类型

② 出现【矩形垫块】对话框（提示行提示：选择平的放置面），在图形区域选择放置面，如图 6-12 所示。

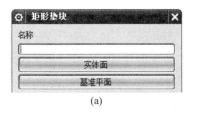
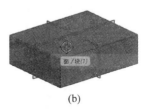

(a)   (b)

图 6-12 选择放置面

③ 出现【水平参考】对话框(提示行提示:选择水平参考),在图形区域选择水平方向,如图 6-13 所示。

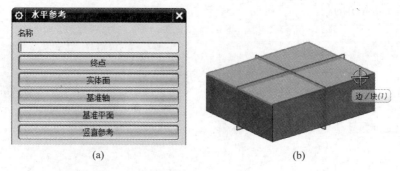

(a)   (b)

图 6-13　选择水平方向

④ 出现【矩形垫块】对话框,在【长度】文本框输入 40,在【宽度】文本框输入 40,在【高度】文本框输入 15,如图 6-14 所示,单击【确定】按钮。

⑤ 出现【定位】对话框。

a. 将模型切换成静态线框形式。

b. 提示行提示:选择定位方法。单击【线到线】按钮工。

c. 提示行提示:选择目标边/基准。在图形区域选择目标边。

图 6-14　【矩形垫块】对话框

d. 提示行提示:选择工具边。在图形区域选择工具边,如图 6-15 所示。

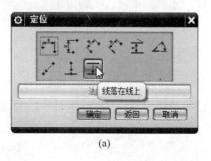

(a)

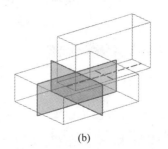

(b)

图 6-15　线到线定位

⑥ 出现【定位】对话框。

a. 提示行提示:选择定位方法。单击【线到线】按钮工。

b. 提示行提示:选择目标边/基准。在图形区域选择目标边。

c. 提示行提示:选择工具边。在图形区域选择工具边,如图 6-16 所示。

(6)单击【主页】选项卡中【特征】区域的【孔】按钮,出现【孔】对话框。

① 从【类型】列表中选择【常规孔】选项。

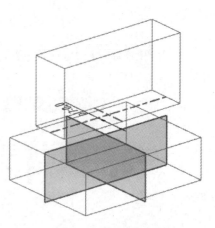

图 6-16　线到线定位

② 激活【位置】组（提示行提示：选择要草绘的平面或指定点），单击【点】按钮 ，在图形区域选择面圆心点为孔的中心。

③ 在【方向】组中的【孔方向】列表中选择【沿矢量】选项，确定孔方向。

④ 在【形状和尺寸】组中的【成形】列表中选择【简单】选项。

⑤ 在【尺寸】组的【直径】文本框输入 20，从【深度限制】列表中选择【贯通体】选项。

如图 6-17 所示，单击【确定】按钮。

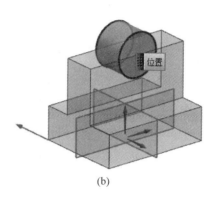

(a)　　　　　　　　　　　　　(b)

图 6-17　打孔

步骤二：倒圆角

单击【主页】选项卡中【特征】区域的【边倒圆】按钮 ，出现【边倒圆】对话框。

(1) 在【要倒圆的边】组，激活【选择边】，为第一个边集选择两条边，在【半径 1】文本框中输入 3，如图 6-18 所示。

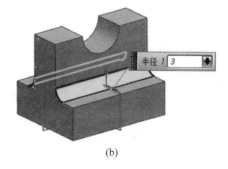

(a)　　　　　　　　　　　　　(b)

图 6-18　为第一个边集选择的两条边线串

(2) 单击【添加新集】按钮 ，完成【半径 1】边集，如图 6-19 所示。

(3) 选择其他边，在【半径 2】文本框中输入半径值 5，如图 6-20 所示。

(4) 单击【添加新集】按钮 ，完成半径 2 边集，如图 6-21 所示。

(5) 如图 6-22 所示，单击【确定】按钮，完成倒角。

图 6-19　半径 1 边集已完成

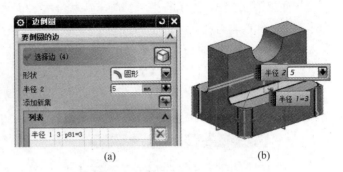

图 6-20　为半径 2 边集选择的边

(a)

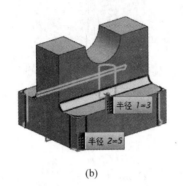

(b)

图 6-21　半径 2 边集已完成

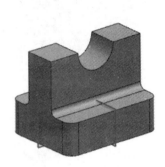

图 6-22　完成倒圆角

步骤三：倒斜角

单击【主页】选项卡中【特征】区域的【倒斜角】按钮 ，出现【倒斜角】对话框。

（1）在【边】组，激活【选择边】，选择两条边。

（2）在【偏置】组的【横截面】列表中选择【偏置和角度】选项，在【距离】文本框输入 8，在【角度】文本框输入 45。

如图 6-23 所示，单击【确定】按钮。

(a)

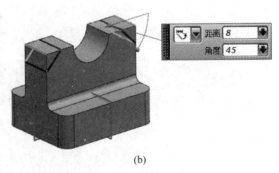

(b)

图 6-23　倒斜角

步骤四：移动层

（1）将基准面移到 61 层。

（2）将 61 层设为【不可见】。

建模完成后如图 6-24 所示。

步骤五：存盘

选择【文件】|【保存】命令，保存文件。

3．步骤点评

（1）对于步骤二：关于选择边

选择边可以多条，而且这些边不必都连接在一起，但它们必须都在同一个体上。

（2）对于步骤二：关于多半径

对于多半径倒圆可以采用建立半径集合完成。也可以建立多个边缘倒圆特征完成。

图 6-24　完成建模

6.1.4　随堂练习

随堂练习 1　　　　　　　随堂练习 2

6.2　创建可变半径倒圆

本节知识点：

变半径倒圆的方法。

6.2.1　可变半径倒圆

通过规定在边缘上的点和在每一个点上输入不同的半径值，沿边缘的长度改变倒角半径。

6.2.2　可变半径倒圆应用实例

创建模型，如图 6-25 所示。

1．关于本零件设计理念的考虑

采用恒定半径倒圆角和可变半径倒圆角。

建模步骤如图 6-26 所示。

2．操作步骤

步骤一：新建文件，创建毛坯

（1）新建文件"Var_Radius.prt"。

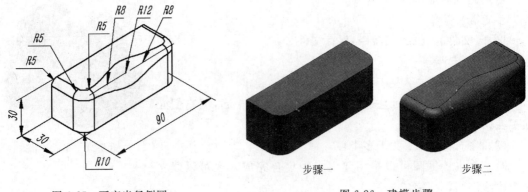

图 6-25　可变半径倒圆　　　　　　　　图 6-26　建模步骤

步骤一　　　　　　步骤二

（2）选择【插入】|【设计特征】|【长方体】命令，出现【块】对话框。

① 默认指定点。

② 在【尺寸】组的【长度】文本框输入 30，在【宽度】文本框输入 90，在【高度】文本框输入 30。

如图 6-27 所示，单击【确定】按钮，创建长方体。

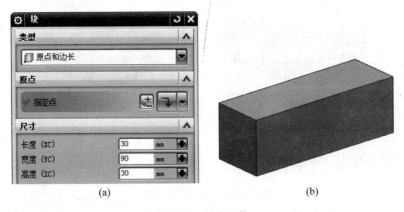

（a）　　　　　　　　　　　　　　　（b）

图 6-27　创建基体

（3）单击【主页】选项卡中【特征】区域的【边倒圆】按钮，出现【边倒圆】对话框。

① 在【要倒圆的边】组，激活【选择边】，在图形区域选择倒角边。

② 从【形状】列表选择【圆形】选项，在【半径 1】文本框输入半径值 10。

如图 6-28 所示，单击【确定】按钮。

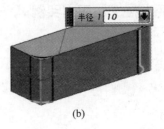

（a）　　　　　　　　　　　　　（b）

图 6-28　倒圆角

步骤二：创建倒变半径圆角

单击【主页】选项卡中【特征】区域的【边倒圆】按钮，出现【边倒圆】对话框。

（1）在【要倒圆的边】组，激活【选择边】，在图形区域选择倒角边，在【半径 1】文本框输入半径值 5，如图 6-29 所示。

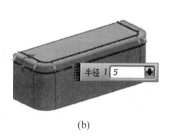

(a)　　　　　　　　　　　　　　　　　　　　　(b)

图 6-29　选择倒角边

（2）在【可变半径点】组，激活【指定新的位置】，在所选的边上建立 5 个变半径点，所添加的每个可变半径点将显示拖动手柄和点手柄，如图 6-30 所示。可变半径点将标识为 V 半径 1、V 半径 2 等，并且同样出现在对话框和动态输入框中。

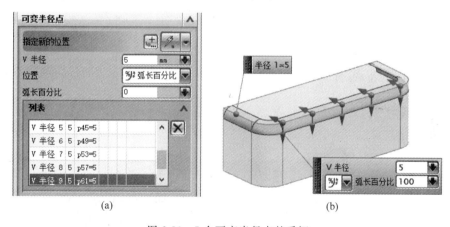

(a)　　　　　　　　　　　　　　　　　　　　　(b)

图 6-30　5 个可变半径点的手柄

（3）为可变半径点指定新的半径值，如图 6-31 所示。

① 选择第 1 个变半径点，在【V 半径】文本框输入 5，在【位置】下拉列表中选择【弧长百分比】选项，在【弧长百分比】文本框输入 100。

② 选择第 2 个变半径点，在【V 半径】文本框输入 8，在【位置】下拉列表中选择【弧长百分比】选项，在【弧长百分比】文本框输入 75。

③ 选择第 3 个变半径点，在【V 半径】文本框输入 12，在【位置】下拉列表中选择【弧长百分比】选项，在【弧长百分比】文本框输入“50”。

④ 选择第 4 个变半径点，在【V 半径】文本框输入 8，在【位置】下拉列表中选择【弧长百分比】选项，在【弧长百分比】文本框输入 75。

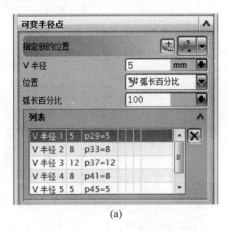
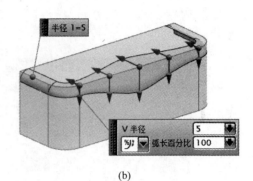

(a)   (b)

图 6-31   设置边变半径值

⑤ 选择第 5 个变半径点,在【V 半径】文本框输入 5,在【位置】下拉列表中选择【弧长百分比】选项,在【弧长百分比】文本框输入 0。

(4) 完成倒角。单击【确定】按钮,创建带有可变半径点的圆角特征,如图 6-32 所示。

步骤三:存盘

选择【文件】|【保存】命令,保存文件。

图 6-32   可变半径点的圆角

3. 步骤点评

对于步骤二:关于变半径点的点评如下。

变半径倒圆角的技巧,首先设定恒定半径倒圆角,再设定变半径点,修改半径。

6.2.3   随堂练习

随堂练习 3

随堂练习 4

6.3   创建拔模、抽壳

本节知识点:

(1) 拔模的方法。

(2) 抽壳的方法。

6.3.1 拔模

使用拔模命令 ⬡ 可对一个部件上的一组或多组面应用斜率(从指定的固定对象开始)。

1. 基本操作步骤

(1)选择拔模类型。

(2)确定脱模方向。

(3)选择固定面。

(4)确定要拔模的面。

(5)确定拔模角度。

(6)单击【应用】或【确定】按钮。

2. 拔模的四种类型

(1)从平面 如果拔模操作需要通过部件的横截面在整个面旋转过程中都是平的,则可使用此类型。这是默认拔模类型,如图 6-33 所示。

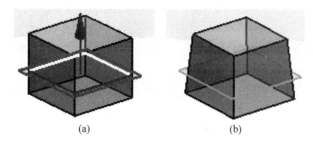

(a)　　　　　　　　　　(b)

图 6-33 拔模面围绕基准平面定义的截面旋转

(2)从边 如果拔模操作需要在整个面旋转过程中保留目标面的边缘,则可使用此类型,如图 6-34 所示。

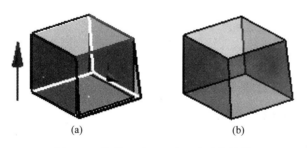

(a)　　　　　　　　　　(b)

图 6-34 拔模面基于两个固定边缘旋转

(3)与面相切 如果拔模操作需要在拔模操作后保持要拔模的面与邻近面相切,则可使用此类型。此处,固定边缘未被固定,而是移动的,以保持选定面之间的相切约束,如图 6-35所示。

(4)至分型边 如果拔模操作需要在整个面旋转过程中保持通过部件的横截面是平的,并且要求根据需要在分型边缘处创建凸出边,则可使用此类型,如图 6-36 所示。

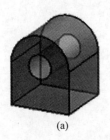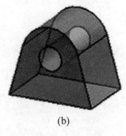

(a)　　　　　　　　(b)

图 6-35　拔模移动侧面以保持与顶部相切

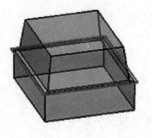

图 6-36　拔模在基准平面定义的分型边缘处创建凸出边

6.3.2　抽壳

使用抽壳命令  可根据壁厚指定的值抽空实体或在其四周创建壳体，如图 6-37 所示。

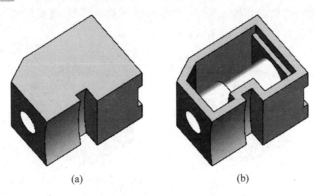

(a)　　　　　　　　(b)

图 6-37　抽壳前和抽壳后的实体

基本操作步骤：

（1）选择抽壳类型。

（2）确定要穿透的面。

（3）确定壳厚度。

（4）单击【应用】或【确定】按钮。

6.3.3　拔模、壳应用实例

创建模型，如图 6-38 所示。

1. 关于本零件设计理念的考虑

（1）零件成对称。

（2）内外拔模角均为 6°。

（3）抽壳壁厚为 1mm。

建模步骤如图 6-39 所示。

2. 操作步骤

步骤一：新建文件，创建毛坯

（1）建文件"Ashtray.prt"。

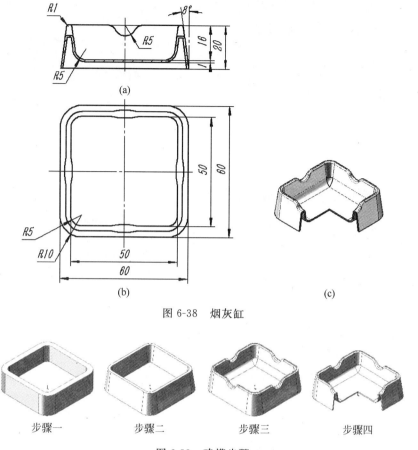

图 6-38　烟灰缸

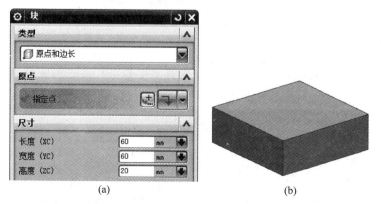

步骤一　　　　步骤二　　　　步骤三　　　　步骤四

图 6-39　建模步骤

（2）选择【插入】|【设计特征】|【长方体】命令，出现【块】对话框。

① 默认指定点。

② 在【尺寸】组的【长度】文本框输入 60，在【宽度】文本框输入 60，在【高度】文本框输入 20。如图 6-40 所示，单击【确定】按钮，创建长方体。

（a）　　　　　　　　　　　　　（b）

图 6-40　创建基体

（3）单击【主页】选项卡中【特征】区域的【基准平面】按钮 ▢，出现【基准平面】对话框，选择两个面，如图 6-41 所示，单击【应用】按钮，创建两个面的二等分基准面 1。

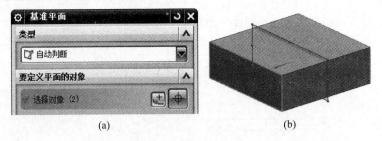

图 6-41　二等分基准面 1

（4）选择两个面，如图 6-42 所示，单击【确定】按钮，创建两个面的二等分基准面 2。

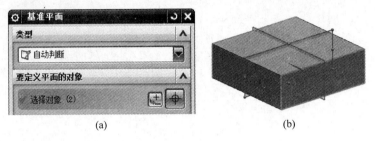

图 6-42　二等分基准面 2

（5）单击【主页】选项卡中【特征】区域的【腔体】按钮，出现【腔体】对话框。

① 单击【矩形】按钮，如图 6-43 所示。

② 出现【矩形腔体】对话框（提示行提示：选择平的放置面），在图形区域选择放置面，如图 6-44 所示。

图 6-43　选择腔体类型

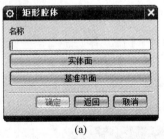 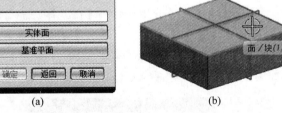

图 6-44　选择放置面

③ 出现【水平参考】对话框（提示行提示：选择水平参考），在图形区域选择水平方向，如图 6-45 所示。

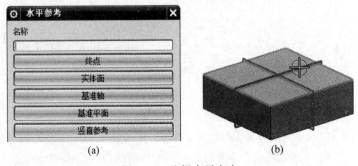

图 6-45　选择水平方向

④ 出现【矩形腔体】对话框,在【长度】文本框输入50,在【宽度】文本框输入 50,在【深度】文本框输入 16,如图 6-46 所示,单击【确定】按钮。

⑤ 出现【定位】对话框。

a. 提示行提示:选择定位方法。单击【线到线】按钮工。

b. 提示行提示:选择目标边/基准。在图形区域选择目标边。

c. 提示行提示:选择工具边。在图形区域选择工具边,如图 6-47 所示。

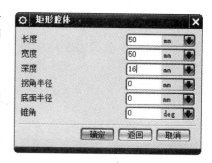

图 6-46 【矩形腔体】对话框

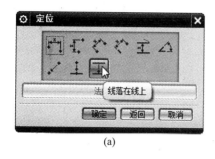

(a)

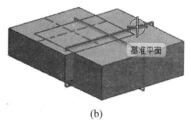

(b)

图 6-47 线到线定位

⑥ 出现【定位】对话框。

a. 提示行提示:选择定位方法。单击【线到线】按钮工。

b. 提示行提示:选择目标边/基准。在图形区域选择目标边。

c. 提示行提示:选择工具边。在图形区域选择工具边,如图 6-48 所示。

图 6-48 线到线定位

(6) 单击【主页】选项卡中【特征】区域的【边倒圆】按钮,出现【边倒圆】对话框。

① 在【要倒圆的边】组,激活【选择边】,在图形区选择内四边,在【半径 1】文本框输入 5,如图 6-49 所示。

(a)

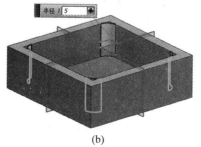

(b)

图 6-49 内倒圆角

② 单击【添加新集】按钮,完成【半径 1】边集,在图形区选择外四边,在【半径 2】文本框输入 10,如图 6-50 所示,单击【确定】按钮。

(a)

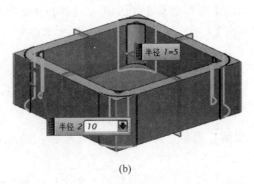
(b)

图 6-50　外倒圆角

步骤二：创建拔模

单击【主页】选项卡中【特征】区域的【拔模】按钮，出现【拔模】对话框。

(1) 从【类型】列表选择【从平面或曲面】选项。

(2) 在【脱模方向】组，激活【指定矢量】，在图形区指定 OZ 轴为脱模方向。

(3) 在【拔模参考】组的【拔模方法】列表选择【固定面】选项，激活【选择固定面】，在图形区选择【底面】。

(4) 在【要拔模的面】组，激活【选择面】，在图形区选择块四周面，在【角度 1】文本框输入 8，如图 6-51 所示，单击【应用】按钮。

(a)

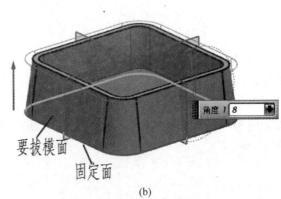
(b)

图 6-51　外拔模

(5) 在【拔模参考】组的【拔模方法】列表选择【固定面】选项，激活【选择固定面】，在图形区选择【上表面】。

(6) 在【要拔模的面】组，激活【选择面】，在图形区选择块内四周面，在【角度 1】文本框输入 8，如图 6-52 所示，单击【确定】按钮。

步骤三：切口

(1) 单击【主页】选项卡中【特征】区域的【孔】按钮，出现【孔】对话框。

① 从【类型】列表中选择【常规孔】选项。

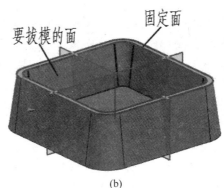

(a)　　　　　　　　　　　　(b)

图 6-52　内拔模

② 激活【位置】组(提示行提示：选择要草绘的平面或指定点)，单击【点】按钮，在图形区域选择边中心点为孔的中心。

③ 在【方向】组中的【孔方向】列表中选择【沿矢量】选项，确定孔方向。

④ 在【形状和尺寸】组中的【成形】列表中选择【简单】选项。

⑤ 在【尺寸】组中的【直径】文本框输入 10，从【深度限制】列表中选择【贯通体】选项。

如图 6-53 所示，单击【确定】按钮。

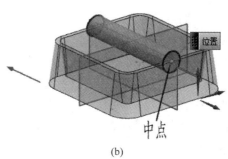

(a)　　　　　　　　　　　　(b)

图 6-53　切口

(2) 按统一方法建立其他切口，如图 6-54 所示。

(3) 单击【主页】选项卡中【特征】区域的【边倒圆】按钮，出现【边倒圆】对话框，在【要倒圆的边】组中激活【选择边】，在图形区选择边，在【半径 1】文本框输入 1，如图 6-55 所示。

图 6-54 切口

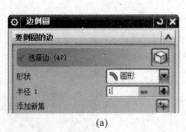

(a)

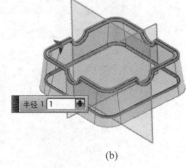

(b)

图 6-55 倒角

步骤四：创建壳

单击【主页】选项卡中【特征】区域的【抽壳】按钮 ![icon]，出现【抽壳】对话框。

（1）从【类型】列表中选择【移除面，然后抽壳】选项。

（2）激活【要穿透的面】，选择要移除面底面。

（3）在【厚度】组的【厚度】文本框输入 1。

如图 6-56 所示，单击【确定】按钮，创建等厚度抽壳特征。

(a)

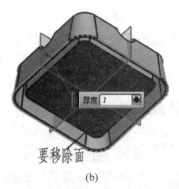

(b)

图 6-56 创建等厚度抽壳特征

步骤五：移动层

（1）将基准面移到 61 层。

（2）将 61 层设为【不可见】。

建模完成后如图 6-57 所示。

步骤六：存盘

选择【文件】|【保存】命令，保存文件。

3. 步骤点评

（1）对于步骤二：关于拔模角的正反

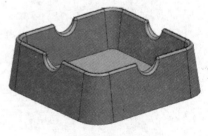

图 6-57 完成建模

如果要拔模的面的法向指向拔模方向，则拔模角为正，反之，则拔模角为负。

（2）对于步骤二：关于拔模面的选择

在一个拔模特征中，可以指定多个拔模角并将每个角指定给一组面。还可使用选择意图选项选择拔模操作所需的面或边缘。例如，可选择所有相切面。

（3）对于步骤四：关于抽壳壁厚

改变抽壳壁厚，查看效果。

6.3.4　随堂练习

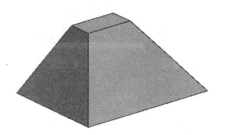 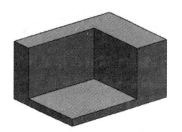

随堂练习 5　　　　　　　　　随堂练习 6

6.4　创建筋板

本节知识点：

创建筋板的方法。

6.4.1　筋板

筋给实体添加薄壁支撑。筋是从开环或闭环绘制的轮廓中生成的特殊类型拉伸特征。

1．筋的厚度方向

筋的厚度方向有两种形式，分别为对称和非对称，如图 6-58 所示。

（1）对称　按截面曲线对称偏置筋板厚度。

（2）非对称　将筋板厚度偏置到截面曲线的一侧。

2．筋的拉伸方向

筋的拉伸方向可以分为垂直于剖切平面和平行于剖切平面两种，如图 6-59 所示。

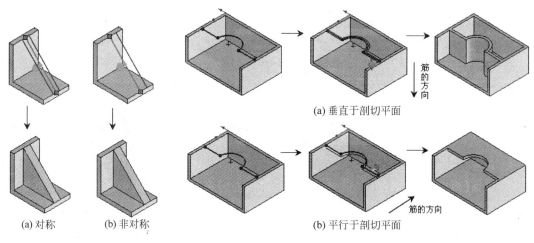

（a）对称　　（b）非对称

图 6-58　筋的厚度方向的两种形式

（a）垂直于剖切平面

（b）平行于剖切平面

图 6-59　【筋的拉伸方向】的两种形式

3. 筋的延伸方向

当筋沿垂直于剖切平面创建时,如果草图未完全与实体边线接触,系统会自动将草图延伸至实体边,如图 6-60 所示。

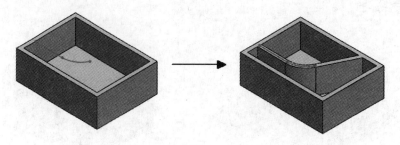

图 6-60　筋的延伸方向

6.4.2　筋板应用实例

建立如图 6-61 所示底座模型。

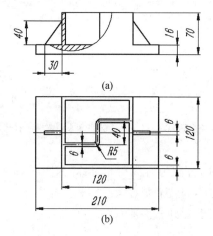

图 6-61　底座

1. 关于本零件设计理念的考虑

(1) 零件成对称。

(2) 采用变厚度抽壳。

(3) 建立对称筋板。

建模步骤如图 6-62 所示。

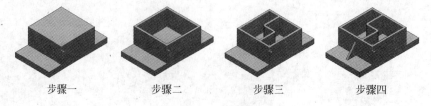

步骤一　　　　步骤二　　　　步骤三　　　　步骤四

图 6-62　建模步骤

2. 操作步骤

步骤一：新建文件，创建毛坯

（1）新建文件"Base.prt"。

（2）选择【插入】|【设计特征】|【长方体】命令，出现【块】对话框。

① 默认指定点。

② 在【尺寸】组的【长度】文本框输入 120，在【宽度】文本框输入 210，在【高度】文本框输入 16。

如图 6-63 所示，单击【确定】按钮，创建长方体。

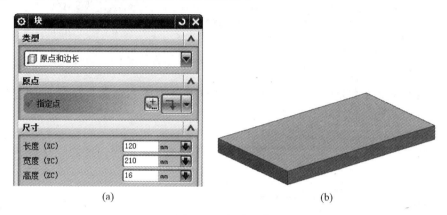

(a)　　　　　　　　　　　　(b)

图 6-63　创建基体

（3）单击【主页】选项卡中【特征】区域的【基准平面】按钮 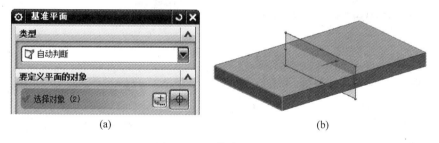，出现【基准平面】对话框，选择两个面，如图 6-64 所示，单击【应用】按钮，创建两个面的二等分基准面 1。

(a)　　　　　　　　　　　　(b)

图 6-64　二等分基准面 1

（4）选择两个面，如图 6-65 所示，单击【确定】按钮，创建两个面的二等分基准面 2。

(a)　　　　　　　　　　　　(b)

图 6-65　二等分基准面 2

（5）单击【主页】选项卡中【特征】区域的【垫块】按钮 ，出现【垫块】对话框。

① 单击【矩形】按钮，如图 6-66 所示。

② 出现【矩形垫块】对话框(提示行提示:选择平的放置面),在图形区域选择放置面,如图 6-67 所示。

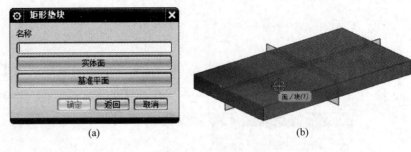

图 6-66　选择垫块类型   图 6-67　选择放置面

③ 出现【水平参考】对话框(提示行提示:选择水平参考),在图形区域选择水平方向,如图 6-68 所示。

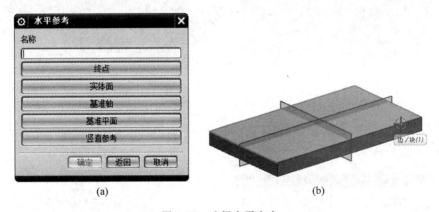

图 6-68　选择水平方向

④ 出现【矩形垫块】对话框,在【长度】文本框输入 120,在【宽度】文本框输入 120,在【高度】文本框输入 54,如图 6-69 所示。

⑤ 出现【定位】对话框。

a. 将模型切换成静态线框形式。

b. 提示行提示:选择定位方法。单击【线到线】按钮工。

c. 提示行提示:选择目标边/基准。在图形区域选择目标边。

图 6-69　【矩形垫块】对话框

d. 提示行提示:选择工具边。在图形区域选择工具边,如图 6-70 所示。

⑥ 出现【定位】对话框。

a. 提示行提示:选择定位方法。单击【线落在线上】按钮工。

b. 提示行提示:选择目标边/基准。在图形区域选择目标边。

c. 提示行提示:选择工具边。在图形区域选择工具边,如图 6-71 所示。

步骤二:抽壳

单击【主页】选项卡中【特征】区域的【抽壳】按钮,出现【抽壳】对话框。

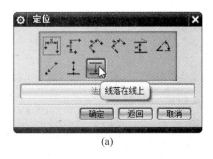
(a)

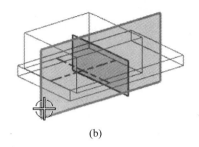
(b)

图 6-70　线到线定位

（1）从【类型】列表中选择【移除面，然后抽壳】选项。

（2）激活【要穿透的面】组的【选择面】，选择要移除面上表面。

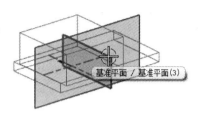

（3）在【厚度】组的【厚度】文本框输入 6。

（4）在【备选厚度】组，激活【选择面】，选择底面。

（5）在【厚度 1】文本框输入 16。

图 6-71　线到线定位

如图 6-72 所示，单击【确定】按钮，创建多厚度抽壳特征。

(a)

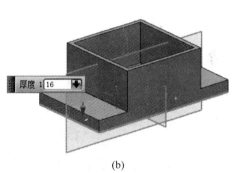
(b)

图 6-72　抽壳

步骤三：建立筋板

（1）在上表面绘制草图，如图 6-73 所示。

（2）选择【插入】|【设计特征】|【筋板】命令，出现【筋板】对话框。

① 在【截面】组，激活【选择曲线】，从图形区选择新建草图曲线。

② 在【壁】组，选中【垂直于剖切平面】单选按钮。

③ 从【尺寸】列表中选择【对称】选项。

④ 在【厚度】文本框输入 6。

⑤ 选中【合并筋板和目标】复选框。

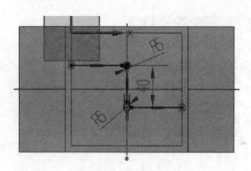

图 6-73　绘制草图

如图 6-74 所示，单击【确定】按钮。

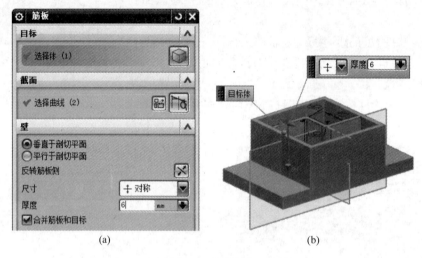

（a）　　　　　　　　　　　　（b）

图 6-74　创建筋

（3）在基准面 2 绘制草图，如图 6-75 所示。

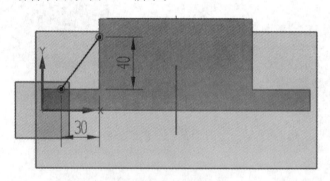

图 6-75　绘制草图

（4）选择【插入】|【设计特征】|【筋板】命令，出现【筋板】对话框。

① 在【截面】组，激活【选择曲线】，从图形区选择新建草图曲线。

② 在【壁】组，选中【平行于剖切平面】单选按钮。

③ 从【尺寸】列表中选择【对称】选项。

④ 在【厚度】文本框输入 6。

⑤ 选中【合并筋板和目标】复选框。

如图 6-76 所示,单击【确定】按钮。

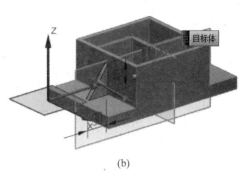

(a)   (b)

图 6-76　创建筋

步骤四:建立镜像

选择【插入】|【关联复制】|【镜像特征】命令,出现【镜像特征】对话框。

(1) 在【要镜像的特征】组中激活【选择特征】,在图形区选择【筋板】。

(2) 在【镜像平面】组的【平面】列表选择【现有平面】选项,在图形区选取镜像面。

如图 6-77 所示,单击【确定】按钮,建立镜像特征。

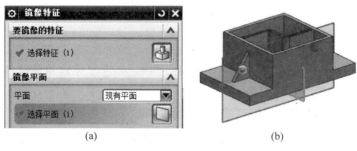

(a)   (b)

图 6-77　镜像筋

步骤五:存盘

选择【文件】|【保存】命令,保存文件。

3. 步骤点评

(1) 对于步骤三:关于筋的草图

筋的草图可以简单,也可以复杂;既可以简单到只有一条直线来形成筋的中心,也可以复杂到详细描述筋的外形轮廓。根据所绘制筋草图的不同,所创建的筋特征既可以垂直于剖切平面,也可以平行于剖切平面。

(2) 对于步骤三:关于截面曲线

截面曲线必须来自草图环境中的曲线。

(3) 对于步骤三:关于筋板特征的镜像

筋板特征做镜像操作,选择特征时必须包括创建筋板的草图。

6.4.3 随堂练习

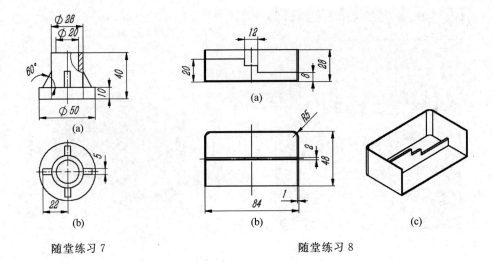

随堂练习 7　　　　　　　　　　随堂练习 8

6.5 创建阵列、镜像

本节知识点：

(1) 阵列的方法。

(2) 镜像的方法。

6.5.1 阵列

使用阵列特征命令可创建特征的阵列(线性、圆形、多边形等)，并通过各种选项来定义阵列边界、实例方位、旋转方向和变化。

(1) 可以使用多种阵列布局来创建阵列特征，如图 6-78 所示。

线性　　多边形　　沿　　参考

圆形　　螺旋式　　常规

图 6-78　阵列布局

(2) 可以使用阵列特征填充指定的边界，如图 6-79 所示。

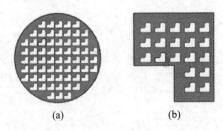

(a)　　　　　　　(b)

图 6-79　使用阵列特征填充指定的边界

（3）对于线性布局，可以指定在一个或两个方向对称的阵列。还可以指定多个列或行交错排列，如图 6-80 所示。

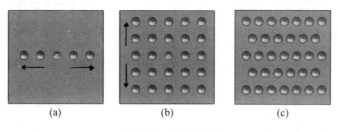

图 6-80　线性布局

（4）对于圆形或多边形布局，可以选择辐射状阵列，如图 6-81 所示。

（5）通过使用表达式指定阵列参数，可以定义阵列增量。

可以将阵列参数值导出至电子表格并按位置进行编辑，编辑结果将传回到阵列定义。可以明确地选择各实例点对阵列特征进行转动、抑制和变化操作，如图 6-82 所示。

（6）可以控制阵列的方向，如图 6-83 所示。

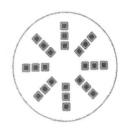

图 6-81　辐射状阵列

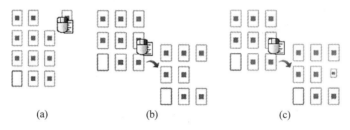

图 6-82　辐射状阵列

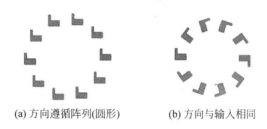

(a) 方向遵循阵列(圆形)　　(b) 方向与输入相同

图 6-83　控制阵列的方向

6.5.2　镜像

使用镜像特征命令，可以用通过基准平面或平面镜像选定特征的方法来创建对称的模型。当编辑镜像特征时，可以重新定义镜像平面以及添加和移除特征，如图 6-84 所示。

6.5.3　阵列、镜像特征应用实例

创建盖板，如图 6-85 所示。

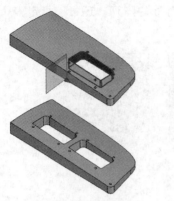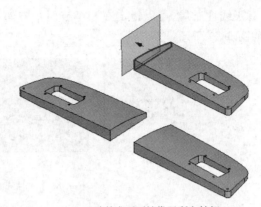

(a) 已选择拉伸和孔阵列而且   (b) 已跨基准平面镜像了所有特征
已跨基准平面进行镜像

图 6-84　镜像特征

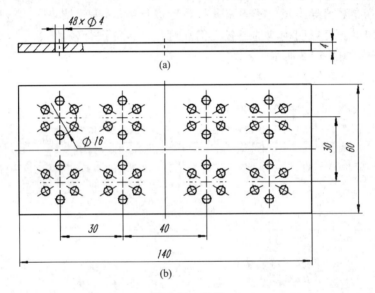

图 6-85　盖板

1. 关于本零件设计理念的考虑

(1) 零件成对称。

(2) 采用圆周阵列、线性阵列和镜像。

(3) 板厚 4mm，孔直径 4mm。

建模步骤如图 6-86 所示。

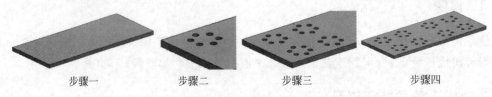

步骤一　　　　步骤二　　　　步骤三　　　　步骤四

图 6-86　建模步骤

2. 操作步骤

步骤一：新建文件，创建毛坯

（1）新建文件"Cover.prt"。

（2）选择【插入】|【设计特征】|【长方体】命令，出现【块】对话框。

① 默认指定点。

② 在【尺寸】组的【长度】文本框输入 60，在【宽度】文本框输入 140，在【高度】文本框输入 4。

如图 6-87 所示，单击【确定】按钮，创建长方体。

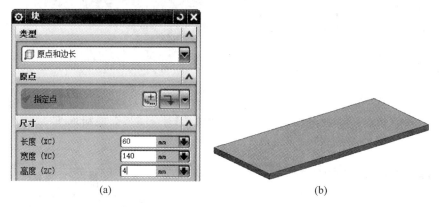

(a)   (b)

图 6-87　创建基体

步骤二：圆周阵列

（1）单击【主页】选项卡中【特征】区域的【基准平面】按钮 ，出现【基准平面】对话框，选择两个面，如图 6-88 所示，单击【应用】按钮，创建两个面的二等分基准面 1。

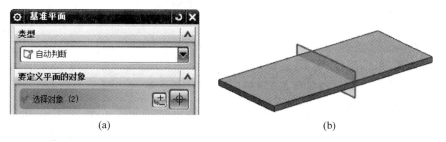

(a)   (b)

图 6-88　二等分基准面 1

（2）选择两个面，如图 6-89 所示，单击【应用】按钮，创建两个面的二等分基准面 2。

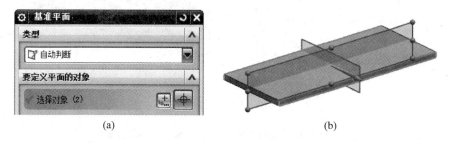

(a)   (b)

图 6-89　二等分基准面 2

（3）在图形区选择二等分基准面 1，在【偏置】组的【距离】文本框输入 50，如图 6-90 所示，单击【应用】按钮，创建等距基准面 1。

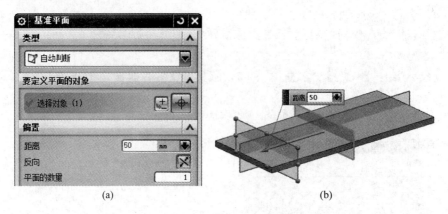

(a) (b)

图 6-90 等距基准面 1

（4）在图形区选择二等分基准面 2，在【偏置】组的【距离】文本框输入 15，如图 6-91 所示，单击【确定】按钮，创建等距基准面 2。

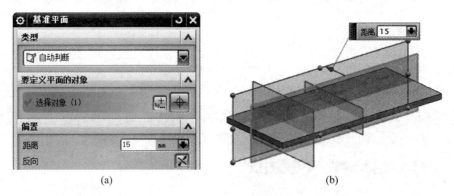

(a) (b)

图 6-91 等距基准面 2

（5）单击【主页】选项卡中【特征】区域的【基准轴】按钮 ↑ ，出现【基准轴】对话框，如图 6-92 所示，单击【确定】按钮，建立基准轴。

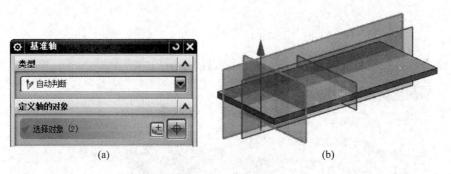

(a) (b)

图 6-92 基准轴

（6）单击【主页】选项卡中【特征】区域的【孔】按钮 ，出现【孔】对话框。

① 从【类型】列表中选择【常规孔】选项。

② 激活【位置】组中的【指定点】(提示行提示：选择要
草绘的平面或指定点)，单击【绘制草图】按钮 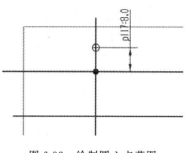，在图形
区域选择底面绘制圆心点草图，如图 6-93 所示，退出
草图。

③ 在【方向】组中的【孔方向】列表中选择【垂直于面】
选项。

④ 在【形状和尺寸】组中的【成形】列表中选择【简单】
选项。

图 6-93　绘制圆心点草图

⑤ 在【尺寸】组的【直径】文本框输入 4，从【深度限制】
列表选择【贯通体】选项。

如图 6-94 所示，单击【确定】按钮。

(a)

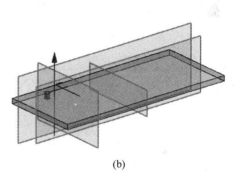

(b)

图 6-94　打孔

(7) 单击【主页】选项卡中【特征】区域的【阵列特征】按钮 ，出现【阵列特征】对话框。

① 在【要形成阵列的特征】组，激活【选择特征】，在图形区选择孔。

② 在【阵列定义】组的【布局】列表中选择【圆形】选项。

③ 在【旋转轴】组，激活【指定矢量】，在图形区选择基准轴 1，默认指定点。

④ 在【角度方向】组的【间距】列表选择【数量和节距】选项，在【数量】文本框输入 6，在【节
距角】文本框输入 360/6。

如图 6-95 所示，单击【确定】按钮。

步骤三：线性阵列

单击【主页】选项卡中【特征】区域的【阵列特征】按钮 ，出现【阵列特征】对话框。

① 在【要形成阵列的特征】组，激活【选择特征】，在图形区选择孔和圆周阵列。

② 在【阵列定义】组的【布局】列表选择【线性】选项。

③ 在【方向 1】组，从图形区域指定方向 1，从【间距】列表选择【数量和节距】选项，在【数
量】文本框输入 2，在【节距】文本框输入 30。

④ 在【方向 2】组，选中【使用方向 2】复选框，从图形区域指定方向 2，从【间距】列表选择

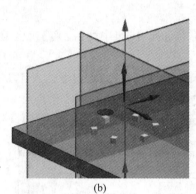

（a）　　　　　　　　　　　　　　　（b）

图 6-95　圆形阵列

【数量和节距】选项，在【数量】文本框输入 2，在【节距】文本框输入 30。

如图 6-96 所示，单击【确定】按钮。

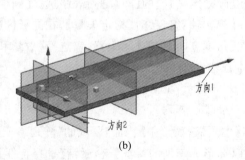

（a）　　　　　　　　　　　　　　　（b）

图 6-96　线性阵列

步骤四：镜像

选择【插入】|【关联复制】|【镜像特征】命令，出现【镜像特征】对话框。

（1）在【要镜像的特征】组，激活【选择特征】，在图形区选择【圆周阵列】和【线性阵列】。

（2）在【镜像平面】组的【平面】列表选择【现有平面】选项，在图形区选取镜像面。

如图 6-97 所示，单击【确定】按钮，建立镜像特征。

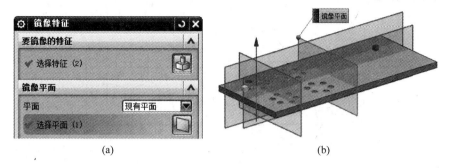

（a）　　　　　　　　　　　　　（b）

图 6-97　镜像

步骤五：移动层

（1）将基准面移到 61 层。

（2）将草图移到 21 层。

（3）将 61 层和 21 层设为【不可见】。

完成盖板建模后如图 6-98 所示。

图 6-98　盖板

步骤六：存盘

选择【文件】|【保存】命令，保存文件。

3. 步骤点评

（1）对于步骤二：关于旋转轴

激活【指定矢量】，选择建立的基准轴，可以默认基准轴与平面的交点作为【指定点】。

（2）对于步骤三：关于阵列方向

线性阵列方向通过矢量构造器设定。

6.5.4　随堂练习

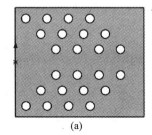

（a）

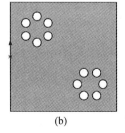

（b）

随堂练习 9

6.6 上机练习

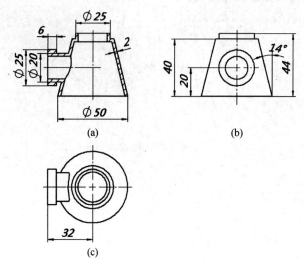

习题 1

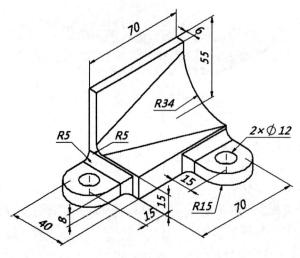

习题 2

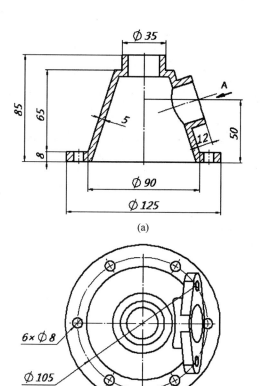

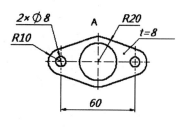

(a)

(b)

(c)

习题 3

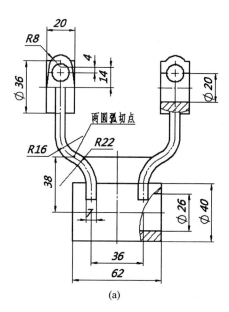

(a)

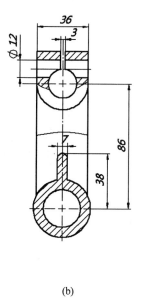

(b)

习题 4

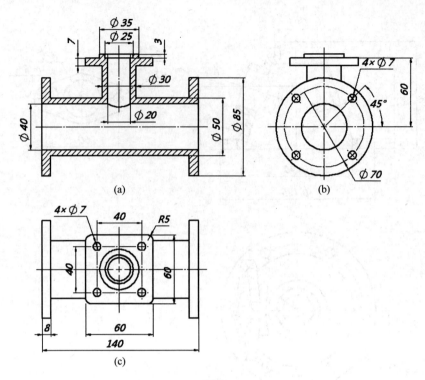

(a)

(b)

(c)

习题 5

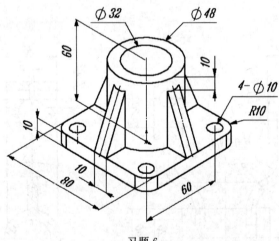

习题 6

第 7 章

表达式与部件族

在 NX 的实体模型设计中，表达式是非常重要的概念和设计工具。特征、曲线和草图的每个形状参数和定位参数都是以表达式的形式存储的。表达式的形式是一种辅助语句：变量＝值。等式左边为表达式变量，等式右边为常量、变量、算术语句或条件表达式。表达式可以建立参数之间的引用关系，是参数化设计的重要工具。通过修改表达式的值，可以很方便地修改和更新模型，这就是所谓的参数化驱动设计。

7.1 创建和编辑表达式

本节知识点：

(1) 表达式的概念。

(2) 表达式的运用。

7.1.1 表达式概述

可以使用表达式以参数化控制部件特征之间的关系或者装配部件间的关系。例如，可以用长度描述支架的厚度。如果托架的长度变了，它的厚度自动更新。表达式可以定义、控制模型的诸多尺寸，如特征或草图的尺寸。

表达式由两部分组成，等号左侧为变量名，右侧为组成表达式的字符串。表达式字符串经计算后将值赋予左侧的变量。表达式的变量名是由字母与数字组成的字符串，其长度小于或等于 32 个字符。

在 NX 中主要使用三种表达式，即算术表达式、条件表达式和几何表达式。

1. 算术表达式

表达式右边是通过算术运算符连接变量、常数和函数的算术式。

表达式中可以使用的基本运算符有＋(加)、－(减)、＊(乘)、/(除)、^(指数)、%(余数)，其中"－"可以作为负号使用。这些基本运算符的意义与数学中相应符号的意义是一致的。它们之间的相对优先级关系与数学中也是一致的，即先乘除、后加减，同级运算自左向右进行。当然，表达式的运算顺序可以通过圆括号"()"来改变。

例如：

```
p1 = 52
p20 = 20.000
Length = 15.00
Width = 10.0
Height = Length/3
Volume = Length * Width * Height
```

2. 条件表达式

所谓条件表达式,指的是利用 if/else 语法结构建立表达式,if/else 语法结构为

```
VAR = if (exprl) (expr2) else (expr3)
```

其意义是,如果表达式 exprl 成立,则 VAR 的值为 expr2,否则为 expr3。

例如：

```
width = if (1ength<100) (60) else(40)
```

其含义为,如果长度小于100,则宽度为60,否则宽度为40。

条件语句需要用到关系运算符,常用的关系运算符有>（大于）、>＝（大于等于）、<（小于）、<＝（小于等于）、＝＝（等于）、！＝（不等于）、&&（逻辑与）、||（逻辑或）、！（逻辑非）。

3. 几何表达式

表达式右边为测量的几何值,该值与测量的几何对象相关。几何对象发生了改变,几何表达式的值自动更新。几何表达式有以下 5 种类型。

（1）距离　指定两点之间、两对象之间,以及一点到一对象之间的最短距离。

（2）长度　指定一条曲线或一条边的长度。

（3）角度　指定两条线、边缘、平面和基准面之间的角度。

（4）体积　指定一实体模型的体积。

（5）面积和周长　指定一片体、实体面的面积和周长。

说明：在表达式中还可以使用注解,以说明该表达式的用途与意义等信息。使用方法是在注解内容前面加两条斜线符号"//"。

7.1.2　表达式应用实例

创建螺母 GB 6170—2000,如图 7-1 所示。

1. 关于本零件设计理念的考虑

（1）M12 的有关数据：$m＝10.8$；$S＝18$。

（2）采用多实体建模。

2. 操作步骤

步骤一：新建文件,创建表达式

（1）新建文件"Nut_mm. prt"。

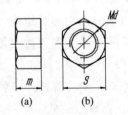

图 7-1　六角螺母的结构形式

（2）单击【工具】选项卡中【实用程序】区域的【表达式】按钮，出现【表达式】对话框。

① 在【名称】文本框输入表达式变量的名称 m,在【公式】文本框输入变量的值10.8,单击【接受编辑】按钮。

② 在【名称】文本框输入表达式变量的名称 d,在【公式】文本框输入变量的值12,单击【接

受编辑】按钮 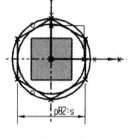。

③ 在【名称】文本框输入表达式变量的名称 S,在【公式】文本框输入变量的值 18,单击【接受编辑】按钮 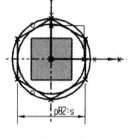。

如图 7-2 所示,单击【确定】按钮。

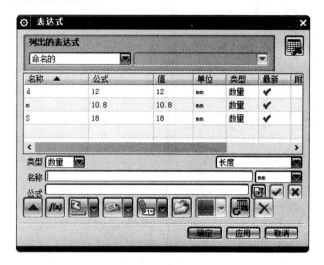

图 7-2 建立表达式

步骤二：创建基体

(1) 选择【插入】|【任务环境中的草图】命令,出现【创建草图】对话框,以 XC-ZC 坐标系平面作为草图放置平面,绘制如图 7-3 所示草图,然后退出草图绘制模式。

(2) 单击【主页】选项卡中【特征】区域的【拉伸】按钮 ,出现【拉伸】对话框。

① 在【截面】组,激活【选择曲线】,在图形区选取六边形草图。

② 在【极限】组的【结束】列表选择【值】选项,在【距离】文本框输入 m。

如图 7-4 所示,单击【应用】按钮,生成拉伸体。

图 7-3 草图

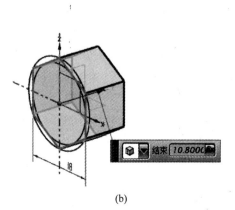

(a)   (b)

图 7-4 选取草图,设置拉伸参数

③ 在【截面】组中激活【选择曲线】,在图形区选取圆草图。

④ 在【限制】组的【结束】列表选择【值】选项,在【距离】文本框输入 10.8000mm。

⑤ 在【布尔】组的【布尔】列表选择【求交】选项。

⑥ 在【拔模】组的【拔模】列表选择【从起始限制】选项,在【角度】文本框输入-60。

如图 7-5 所示,单击【确定】按钮,生成拉伸体。

(a)

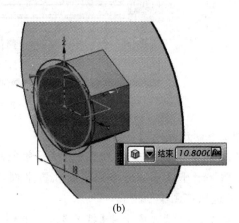
(b)

图 7-5　选取草图,设置拉伸参数

(3) 单击【主页】选项卡中【特征】区域的【孔】按钮 ,出现【孔】对话框。

① 从【类型】列表选择【螺纹孔】选项。

② 激活【位置】组中的【指定点】(提示行提示:选择要草绘的平面或指定点),单击【点】按钮 $^{+}_{+}$,在图形区域选择面圆心点为孔的中心。

③ 在【方向】组的【孔方向】列表选择【垂直于面】选项。

④ 在【形状和尺寸】组的【大小】列表选择【M12×1.75】选项;从【深度限制】列表选择【贯通体】选项。

如图 7-6 所示,单击【确定】按钮,生成孔。

步骤三:移动层

(1) 将草图移到 21 层。

(2) 将 21 层设为【不可见】。

完成建模后如图 7-7 所示。

步骤四:存盘

选择【文件】|【保存】命令,保存文件。

3.　步骤点评

对于步骤一:关于表达式的点评如下。

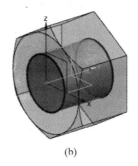

(a)   (b)

图 7-6 选取孔中心,设置螺纹孔的参数   图 7-7 完成建模

变量名必须以字母开始,可包含下划线"_",但要注意大小写是没有差别的,如 M1 与 ml 代表相同的变量名。

7.1.3 随堂练习

创建普通平键(GB 1095/1096—79)。

d	$b \times h$	l
20～30	8×7	18～90
30～38	10×8	22～110
38～44	12×8	28～140
44～50	14×9	36～160

(a)

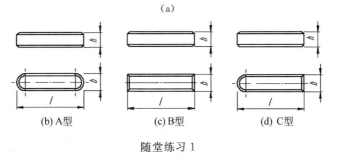

(b) A型   (c) B型   (d) C型

随堂练习 1

7.2　创建抑制表达式

本节知识点：
（1）抑制特征。
（2）抑制表达式控制特征。

7.2.1　抑制表达式概述

特征抑制与取消是一对对立的特征编辑操作。在建模中不需要改变的一些特征可以运用特征抑制命令隐去，这样命令操作时更新速度加快，而取消抑制特征操作则是对抑制的特征解除抑制。

抑制表达式是基于一个表达式的值显示或隐藏特征。当使用此功能时，系统自动创建抑制特征表达式，并相关于所选的特征。可在【表达式】对话框中编辑此表达式。

7.2.2　抑制表达式应用实例

应用抑制表达式控制是否需添加加强筋，如图 7-8 所示。

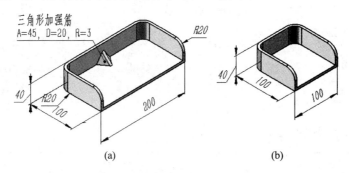

图 7-8　控制是否需添加加强筋

1. 关于本零件设计理念的考虑

当长度小于 120 时，不设计三角形加强筋。

2. 操作步骤

步骤一：新建文件，创建毛坯

（1）新建文件"Suppress.prt"。

（2）选择【插入】|【设计特征】|【长方体】命令，出现【块】对话框。

① 默认指定点。

② 在【尺寸】组的【长度】文本框输入 100，在【宽度】文本框输入 200，在【高度】文本框输入 40。

如图 7-9 所示，单击【确定】按钮，创建长方体。

（3）单击【主页】选项卡中【特征】区域的【边倒圆】按钮 ，出现【边倒圆】对话框。

① 在【要倒圆的边】组，激活【选择边】，选择一条边。

② 在【半径 1】文本框输入 10。

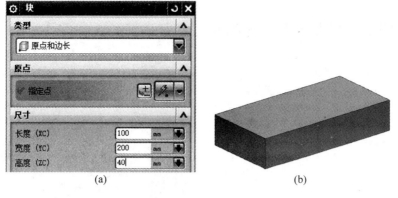

图 7-9　创建基体

如图 7-10 所示,单击【确定】按钮。

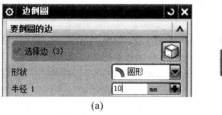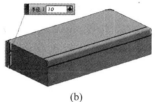

图 7-10　边倒圆

(4) 单击【主页】选项卡中【特征】区域的【抽壳】按钮 ,出现【抽壳】对话框。

① 从【类型】列表选择【移除面,然后抽壳】选项。

② 在【要穿透的面】组,激活【选择面】,选择要移除面。

③ 在【厚度】组的【厚度】文本框输入 5。

如图 7-11 所示,单击【确定】按钮,创建等厚度抽空特征。

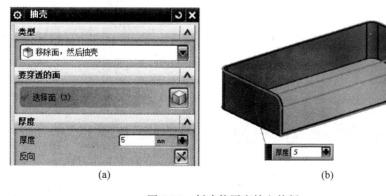

图 7-11　创建等厚度抽空特征

(5) 单击【主页】选项卡中【特征】区域的【三角形加强筋】按钮 ,出现【三角形加强筋】对话框。

① 在图形区分别选择欲添加加强筋的两个面。

② 从【方法】列表选择【沿曲线】选项,选中【弧长百分比】单选按钮,在文本框输入 50。

③ 在【角度】文本框输入 45,在【深度】文本框输入 20,在【半径】文本框输入 3。

如图 7-12 所示,单击【确定】按钮。

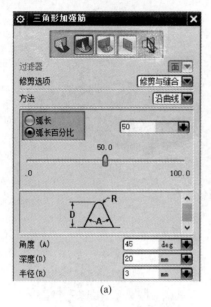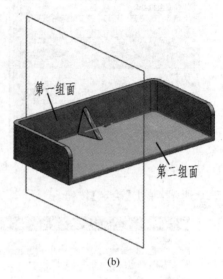

(a)　　　　　　　　　　　　　　　(b)

图 7-12　创建加强筋

步骤二:创建抑制表达式

(1)选择【编辑】|【特征】|【由表达式抑制】命令,出现【由表达式抑制】对话框。

① 在【表达式】组的【表达式选项】列表选择【为每个创建】选项。

② 在【选择特征】组的【选择特征】列表中选择【三角形加强筋(4)】。

如图 7-13 所示,单击【应用】按钮。

(2)检查表达式的建立

单击【显示表达式】按钮,在列表中检查表达式的建立,如图 7-14 所示。

图 7-13　【由表达式抑制】对话框

步骤三:重命名并测试新的表达式

单击【工具】选项卡中【实用程序】区域的【表达式】按钮 ═ ,出现【表达式】对话框。

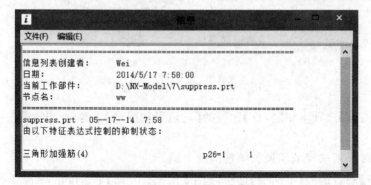

图 7-14　列表

(1) 查找创建的表达式 p34 并将其改名为 Show_Suppress。

(2) 将 Show_Suppress 的【值】由 1 改为 0。

如图 7-15 所示，单击【应用】按钮。

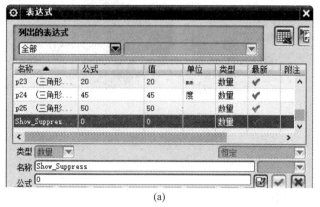 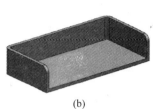

(a)   (b)

图 7-15 特征抑制后模型显示

步骤四：创建一个条件表达式，用已存在表达式控制 Show_Suppress

(1) 单击【工具】选项卡中【实用程序】区域的【表达式】按钮 ＝，出现【表达式】对话框。

① 选择 Show_Suppress（三角形加强筋(4) Suppression Status）。

② 在【公式】文本框输入 if (p11<120) (0) else (1)。

如图 7-16 所示，单击【接受编辑】按钮 ✔，单击【确定】按钮。

说明：p11 为长方体的宽。

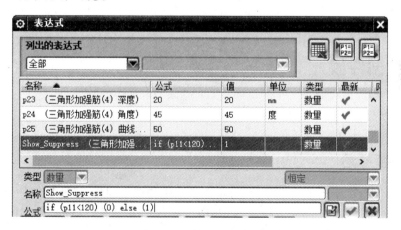

图 7-16 【表达式】对话框

(2) 改变 p11(块(1)宽度(YC))的值为 100，测试条件表达式，如图 7-17 所示。

步骤五：存盘

选择【文件】|【保存】命令，保存文件。

3. 步骤点评

对于步骤三：关于抑制表达式的值的点评如下。

当表达式的值为 0 时，特征被抑制。当表达式的值为"非 0"时（默认为 1），特征不被抑制。

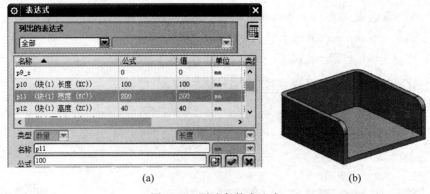

图 7-17　测试条件表达式

7.2.3　随堂练习

设计意图：当直径小于 60 时，不设计圆孔。

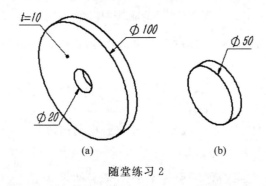

随堂练习 2

7.3　创建部件族

本节知识点：
创建部件族的方法。

7.3.1　部件族概述

在产品设计时，由于产品的系列化，肯定会带来零件的系列化，这些零件外形相似，但大小不等或材料不同，会存在一些微小的区别，在用户进行三维建模时，可以考虑使用 CAD 软件的一些特殊的功能来简化这些重复的操作。

NX 的部件族（Part Family）就是帮助客户来完成这样的工作，达到知识再利用的目的，大大节省了三维建模的时间。用户可以按照需求建立自己的部件家族零件，可以定义使用不同的材料，或其他的属性，定义不同的规格和大小，其定义过程使用了 Microsoft Excel 电子表格来帮助完成，内容丰富且使用简单。

7.3.2　创建部件族应用实例

1. 要求

创建螺母 GB 6170—86 的实体模型零件库，零件规格见表 7-1。

表 7-1 六角头螺母的规格

螺纹规格 d	m	S
$M12$	10.8	18
$M16$	14.8	24
$M20$	18	30
$M24$	21.5	36

2. 操作步骤

步骤一：打开文件

打开文件"Nut_mm. prt"。

步骤二：建立部件族参数电子表格

(1) 单击【工具】选项卡中【实用程序】区域的【部件族】按钮 ▦，出现【部件族】对话框。

① 在【可用的列】列表框中依次双击螺栓的可变参数 S、d、m，将这些参数添加到【部件族】对话框【选定的列】列表框中。

② 将【族保存目录】改为"D:\NX-Model\7\"，如图 7-18 所示。

图 7-18 【部件族】对话框

(2) 在【部件族电子表格】组，单击【编辑电子表格】按钮 ▦，系统启动 Microsoft Excel 程序，并生成一张工作表，如图 7-19 所示。

(3) 录入系列螺栓的规格，如图 7-20 所示。

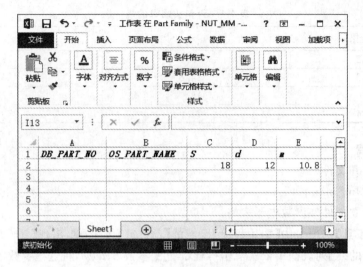

图 7-19　部件族参数电子表格

图 7-20　录入系列螺栓的规格

（4）选取工作表中的 2～5 行、A～E 列。Excel 程序中【加载项】命令组，选择【部件族】|【创建部件】命令，如图 7-21 所示。系统运行一段时间以后，出现【信息】对话框，显示所生成的系列零件，即零件库。

3. 步骤点评

对于步骤二：关于 NX 部件族的点评如下。

NX 部件族由模板部件、家族表格、家族成员三部分组成。

（1）模板部件　部件族基于此部件通过电子表格构建其他的系列化零件。本例中文件 Nut_mm.prt 为模板部件。

（2）家族表格　是用模板部件创建的电子表格，描述了模板部件的不同属性，可根据需要定义编辑。生成 Excel 文件为家族表格，其中

- *DB_PART_NO*：生成家族成员的序号。
- *OS_PART_NAME*：命名生成家族成员的名字。

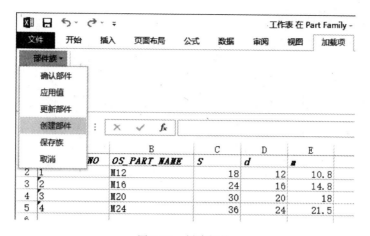

图 7-21　创建部件

（3）家族成员　从模板部件和家族表格中创建并与它们关联的只读部件文件。此部件文件只能通过家族表格修改数据。

本例中创建的成员有 M12、M16、M20、M24。

7.3.3　随堂练习

建立垫圈零件库。

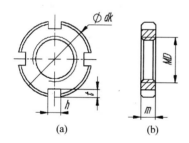

D	dk	m	h	t
10	20	6	4.3	2.6
12	22			
16	28			

(a)　　　　　　(b)　　　　　　　　　　(c)

随堂练习 3

7.4　上机练习

1. 建立垫圈零件库。

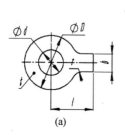

公制螺纹	单舌垫圈					
	d	D	t	L	b	r
6	6.5	18	0.5	15	6	3
10	10.5	26	0.8	22	9	5
16	17	38	1.2	32	12	6
20	21	45	1.2	36	15	8

(a)　　　　　　　　　　　　(b)

习题 1

2. 建立轴承压盖零件库。

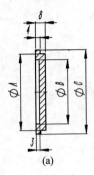

(a)

	A	B	C
1	62	52	68
2	47	37	52
3	30	20	35

(b)

习题 2

3. 建立垫圈零件库。

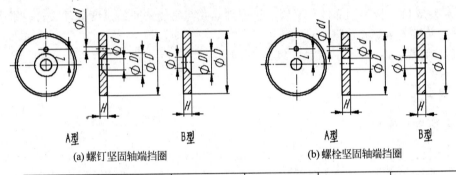

A型　　　　　B型　　　　　　　　A型　　　　　B型

(a) 螺钉坚固轴端挡圈　　　　　　　(b) 螺栓坚固轴端挡圈

轴径≤	D	H	L	d	$d1$
20	28	4	7.5	5.5	2.1
22	30	4	7.5		
25	32	5	10	6.6	3.2
28	35	5	10		

(c)

习题 3

第 **8** 章

装 配 建 模

装配过程就是在装配中建立各部件之间的连接关系。它是通过一定的配对关联条件在部件之间建立相应的约束关系，从而确定部件在整体装配中的位置。在装配中，部件的几何实体是被装配引用，而不是被复制，整个装配部件都保持关联性，不管如何编辑部件，如果其中的部件被修改，则引用它的装配部件会自动更新，以反映部件的变化。在装配中可以采用自顶向下或自底向上的装配方法或混合使用上述两种方法。

8.1　自底向上设计方法

知识点

（1）装配术语。

（2）引用集的概念。

（3）创建引用集和应用引用集的方法。

（4）自底向上设计方法。

（5）建立爆炸视图。

（6）移动组件。

8.1.1　术语定义

装配引入了一些新术语，其中部分术语定义如下：

1. 装配（Assembly）

一个装配是多个零部件或子装配的指针实体的集合。任何一个装配是一个包含组件对象的.prt文件。

2. 组件部件（Component Part）

组件部件是装配中的组件对象所指的部件文件，它可以是单个部件也可以是一个由其他组件组成的子装配。任何一个部件文件中都可以添加其他部件成为装配体，需要注意的是，组件部件是被装配件引用，而并没有被复制，实际的几何体是存储在组件部件中的。

3. 子装配（Subassembly）

子装配本身也是装配件，拥有相应的组件部件，而在高一级的装配中用作组件。子装配是一个相对的概念,任何一个装配部件可在更高级的装配中用作子装配。

4. 组件对象(Component Object)

组件对象是一个从装配件或子装配件连接到主模型的指针实体。每个装配件和子装配件都含有若干个组件对象。这些组件对象记录的信息有组件的名称、层、颜色、线型、线宽、引用集、配对条件等。

5. 单个零件(Piece Part)

单个零件就是在装配外存在的几何模型,它可以添加到装配中,但单个零件本身不能成为装配件,不能含有下级组件。

6. 装配上下文设计(Design in Context)

装配上下文设计是指在装配中参照其他部件对当前工作部件进行设计。用户在没有离开装配模型情况下,可以方便实现各组件之间的相互切换,并对其做出相应的修改和编辑。

7. 工作部件(Work Part)

工作部件是指用户当前进行编辑或建立的几何体部件。它可以是装配件中的任一组件部件。

8. 显示部件(Displayed Part)

显示部件是指当前在图形窗口显示的部件。当显示部件为一个零件时总是与工作部件相同。装配、子装配、组件对象及组件之间的相互关系如图 8-1 所示。

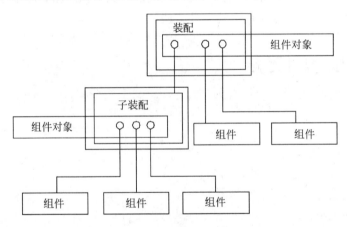

图 8-1　装配关系示意

8.1.2　引用集的概念

在组件部件建模时,考虑装配的应用问题,应按企业CAD 标准建立必需的引用集,如实体(Solid)。引用集不仅可以使装配件清晰显示,并可减少装配部件文件的大小。

1. 创建新的引用集

选择【格式】|【引用集】命令,出现【引用集】对话框。

(1) 单击【创建引用集】按钮 。

(2) 在【引用集名称】文本框输入 NEWREFERENCE。

(3) 激活【选择对象】,在图形区选择模型,如图 8-2所示。

图 8-2　【引用集】对话框

说明：引用集的名称，其长度不超过 30 个字符。

2. 查看当前部件中已经建立的引用集的有关信息

单击【信息】按钮 🛈 ，出现【信息】窗口，列出引用集的相关信息。

3. 删除引用集

在引用集列表框选中要删除的引用集，单击【删除】按钮 ❌ 即可。

4. 引用集的使用

在建立装配中，添加已存组件时，会有【引用集】下拉选项，如图 8-3 所示，用户所建立的引用集与系统默认的引用集都在此列表框中出现。用户可根据需要选择引用集。

5. 替换引用集

（1）在【装配导航器】中，还可以在不同的引用集之间切换，在选定的组件部件上，右击鼠标从快捷菜单中选择【替换引用集】命令，如图 8-4 所示。

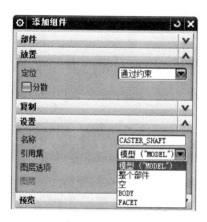

图 8-3　添加已存组件

图 8-4　替换引用集

（2）前后效果比较，如图 8-5 所示。

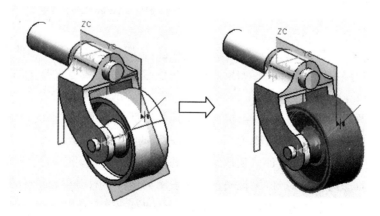

图 8-5　前后效果比较

8.1.3 装配导航器

装配导航器(Assemblies Navigtor)在资源窗口中以"树"形方式清楚地显示各部件的装配结构,也称之为"树形目录"。单击 NX 图形窗口左侧的图标 ,即可进入装配导航器,如图 8-6 所示。利用装配导航器,可快速选择组件并对组件进行操作,如工作部件、显示部件的切换、组件的隐藏与打开等。

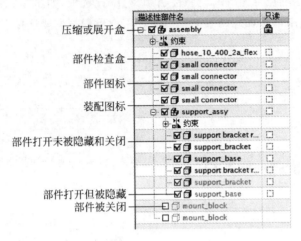

图 8-6 装配导航器

1. 节点显示

在装配导航器中,每个部件显示为一个节点,能够清楚地表达装配关系,可以快速与方便地对装配中的组件进行选择和操作。

每个节点包括图标、部件名称、检查盒等组件。如果部件是装配件或子装配件,前面还会有压缩/展开盒,"+"号表示压缩,"-"号表示展开。

2. 装配导航器图标

图标表示装配部件(或子装配件)的状态。如果图标是黄色,说明装配件在工作部件内。如果图标是灰色,说明装配件不在工作部件内。如果图标是灰色虚框,说明装配件是关闭的。

图标表示单个零件的状态。如果图标是黄色,说明该零件在工作部件内。如果图标是灰色,说明该零件不在工作部件内。如果图标是灰色虚框,说明该零件是关闭的。

3. 检查盒

每个载入部件前面都会有检查框,可用来快速确定部件的工作状态。

如果是 ☑,即带有红色对号,则说明该节点表示的组件是打开并且没有隐藏和关闭的。如果单击检查框,则会隐藏该组件以及该组件带有的所有子节点,同时检查框都变成灰色。

如果是 ☑,即带有灰色对号,则说明该节点表示的组件是打开但已经隐藏。

如果是 □,即不带有对号,则说明该节点表示的组件是关闭的。

4. 替换快捷菜单

如果将鼠标移动到一个节点或者选择多个节点,右击会出现快捷菜单,菜单的形式与选定的节点类型有关。

8.1.4 在装配中定位组件

利用装配约束在装配中定位组件。

选择【装配】|【组件】|【装配约束】命令,或单击【装配】选项卡中【组件位置】区域的【装配约束】按钮，出现【装配约束】对话框。

1. 接触对齐

接触对齐约束可约束两个组件,使其彼此接触或对齐。这是最常用的约束。

接触对齐是指约束两个面接触或彼此对齐,具体子类型又分为首选接触、接触、对齐和自动判断中心/轴。

(1)接触 两个面重合且法线方向相反,如图 8-7 所示。

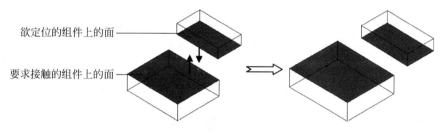

欲定位的组件上的面

要求接触的组件上的面

图 8-7 接触约束

(2)对齐 两个面重合且法线方向相同,如图 8-8 所示。

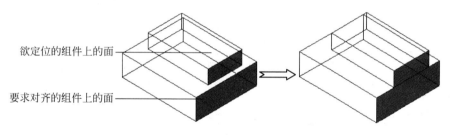

欲定位的组件上的面

要求对齐的组件上的面

图 8-8 对齐约束

另外,接触对齐还用于约束两个柱面(或锥面)轴线对齐。具体操作为:依次点选两个柱面(或锥面)的轴线,如图 8-9 所示。

(3)自动判断中心/轴 指定在选择圆柱面或圆锥面时,NX 将使用面的中心或轴而不是面本身作为约束,如图 8-10 所示。

2. 同心

同心约束约束两个组件的圆形边界或椭圆边界,以使中心重合,并使边界的面共面,如图 8-11 所示。

3. 距离

距离约束指定两个对象之间的最小 3D 距离。

4. 固定

固定约束将组件固定在其当前位置。要确保组件停留在适当位置且根据其约束其他组件时,此约束很有用。

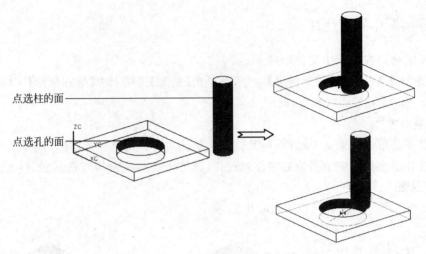

图 8-9　约束轴线对齐

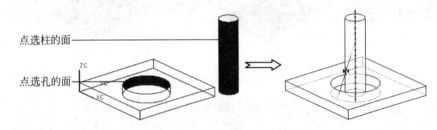

图 8-10　自动判断中心/轴

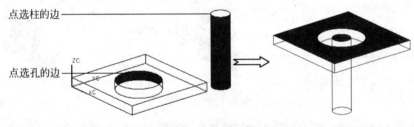

图 8-11　同心

5. 平行

平行约束用于使两个欲配对对象的方向矢量相互平行。可以平行配对操作的对象组合有直线与直线、直线与平面、轴线与平面、轴线与轴线（圆柱面与圆柱面）、平面与平面等，平行约束实例如图 8-12 所示。

6. 垂直

垂直约束定义两个对象的方向矢量为互相垂直。

7. 角度

角度约束定义两个对象之间的角度尺寸，如图 8-13 所示。

8. 中心

中心类型用于约束一个对象位于另两个对象的中心，或使两个对象的中心对准另两个对象的中心，因此又分为三种子类型：1 对 2、2 对 1 和 2 对 2。

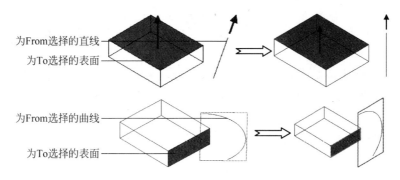

图 8-12　平行约束实例

（1）1 对 2　用于约束一个对象定位到另两个对象的对称中心上。如图 8-14 所示，欲将圆
柱定位到槽的中心，可以依次点选柱面的轴线、槽的两侧面，以实现 1 对 2 的中心约束。

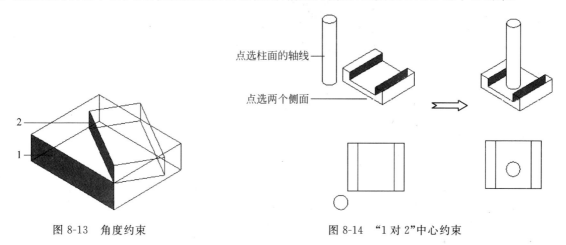

图 8-13　角度约束　　　　　　　　　　　　　图 8-14　"1 对 2"中心约束

（2）2 对 1　用于约束两个对象的中心对准另一个对象，与"1 对 2"的用法类似，所不同的
是，点选对象的次序为先点选需要对准中心的两个对象，再点选另一个对象。

（3）2 对 2　用于约束两个对象的中心对准另两个对象的中心。如图 8-15 所示，欲将块的
中心对准槽的中心，可以依次点选块的两侧面和槽的两侧面，以实现 2 对 2 的中心约束。

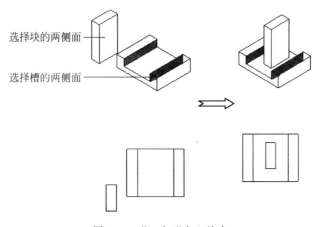

图 8-15　"2 对 2"中心约束

9. 胶合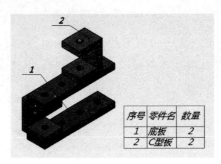

胶合类型一般用于焊接件之间,胶合在一起的组件可以作为一个刚体移动。

10. 适合

适合类型用于约束两个具有相等半径的圆柱面合在一起,比如约束定位销或螺钉到孔中。值得注意的是,如果之后半径变成不相等,那么此约束将失效。

8.1.5   自底向上设计方法建立装配实例

利用装配模板建立一新装配,添加组件,建立约束,如图 8-16 所示。

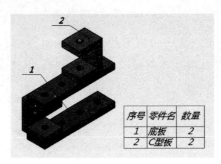

序号	零件名	数量
1	底板	2
2	C型板	2

图 8-16   从底向上设计装配组件

1. 操作步骤

步骤一:装配前准备——建立引用集

(1) 打开文件"Assm_Base. prt"。

(2) 创建新的引用集。选择【格式】|【引用集】命令,出现【引用集】对话框。

① 单击【创建引用集】按钮，在【引用集名称】文本框输入 ASM。

② 激活【选择对象】,在图形区选择基体和基准面,如图 8-17 所示。

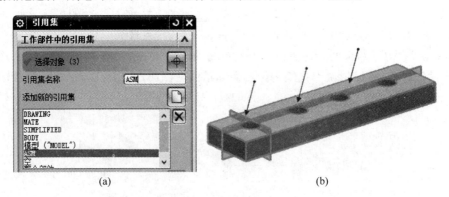

(a)   (b)

图 8-17   【引用集】对话框

说明:引用集的名称,其长度不超过 30 个字符。

(3) 分别按上述方法建立其他零件引用集。

步骤二:新建文件

新建装配文件"Assm_assembly. prt"。

步骤三:添加第一个组件 Assm_Base

(1) 单击【装配】选项卡中【组件】区域的【添加】按钮，出现【添加组件】对话框中。

① 在【部件】组,单击【打开】按钮 ,选择 Assm_Base,单击 OK 按钮。

② 在【放置】组的【定位】列表中选择【绝对原点】选项。

③ 在【设置】组的【引用集】列表中选择 ASM 选项。

④ 从【图层选项】列表中选择【工作的】选项。

如图 8-18 所示,单击【确定】按钮。

(a)　　　　　　　　(b)

图 8-18　添加第一个组件

(2) 单击【装配】选项卡中【组件】区域的【装配约束】按钮 ,出现【装配约束】对话框,从【类型】列表中选择【固定】选项,选择 Assm_Base,如图 8-19 所示,单击【确定】按钮。

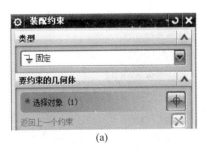
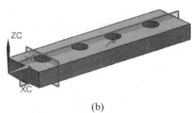

(a)　　　　　　　　(b)

图 8-19　【固定】约束 Assm_Base

步骤四:添加第二个组件 Assm_C

(1) 单击【装配】选项卡中【组件】区域的【添加】按钮 ,出现【添加组件】对话框。

① 单击【打开】按钮 ,选择 Assm_C.prt,单击 OK 按钮。

② 在【放置】组的【定位】列表中选择【通过约束】选项。

③ 在【设置】组的【引用集】列表中选择 ASM 选项。

④ 从【图层选项】列表中选择【工作的】选项。

如图 8-20 所示，单击【应用】按钮。

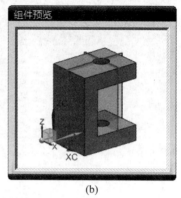

图 8-20 添加第二个组件

（2）出现【装配约束】对话框。

① 从【类型】列表中选择【接触对齐】选项。

② 在【要约束的几何体】组的【方位】列表中选择【自动判断中心/轴】选项。

③ 激活【选择两个对象】，在图形区选择 Assm_C 和 Assm_Base 的安装孔。

如图 8-21 所示，单击【应用】按钮。

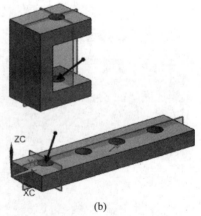

图 8-21 添加【自动判断中心/轴】约束

④ 从【类型】列表中选择【接触对齐】选项。

⑤ 在【要约束的几何体】组的【方位】列表中选择【接触】选项。

⑥ 激活【选择两个对象】，在图形区选择 Assm_C 和 Assm_Base 的接触面。

如图 8-22 所示，单击【应用】按钮。

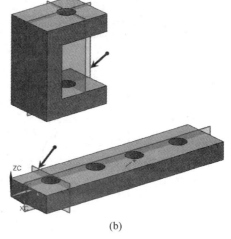

(a)   (b)

图 8-22　添加【接触】约束

⑦ 从【类型】列表中选择【接触对齐】选项。

⑧ 在【要约束的几何体】组的【子类型】列表中选择【接触】选项。

⑨ 激活【选择两个对象】,在图形区选择 Assm_C 和 Assm_Base 的接触面。

如图 8-23 所示,单击【确定】按钮。

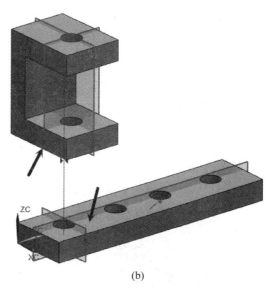

(a)   (b)

图 8-23　添加【接触】约束

步骤五:添加其他组件

按上述方法添加 Assm_C 和 Assm_Base,完成约束。

步骤六:替换引用集

(1) 在【装配导航器】中,选择 Assm_Base 右击,在快捷菜单中选择【替换引用集】|
MODEL 命令,将 Assm_Base 的引用集替换为 MODEL,如图 8-24 所示。

(2) 将其他零件都替换为 MODEL。

步骤七:爆炸图

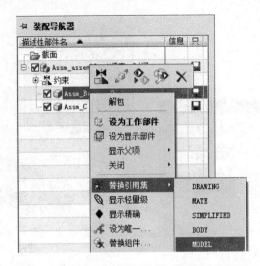

图 8-24　Assm_Base 的引用集替换为 MODEL

（1）创建爆炸图

单击【装配】选项卡中【爆炸图】区域的【新建爆炸图】按钮 ，出现【创建爆炸图】对话框，在【名称】文本框中取默认的爆炸图名称"Explosion 1"，用户亦可自定义其爆炸图名称，单击【确定】按钮，爆炸图"Explosion 1"即被创建。

（2）编辑爆炸图

单击【装配】选项卡中【爆炸图】区域的【编辑爆炸图】按钮 ，出现【编辑爆炸图】对话框。

① 左键选择组件 Assm_C。

② 单击鼠标中键，出现【WCS 动态坐标系】。

③ 拖动原点图标到合适位置。

如图 8-25 所示，单击【确定】按钮。

重复编辑爆炸图步骤，完成爆炸图创建，如图 8-26 所示。

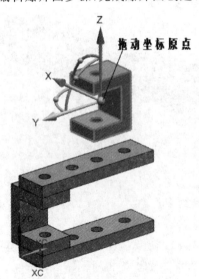

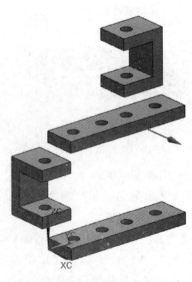

图 8-25　编辑爆炸视图步骤 1　　　　　图 8-26　编辑爆炸视图步骤 2

（3）隐藏爆炸图

选择【装配】|【爆炸图】|【隐藏爆炸图】命令，则爆炸效果不显示，模型恢复到装配模式。选择【装配】|【爆炸图】|【显示爆炸图】命令，则组件的爆炸状态。

步骤八：存盘

选择【文件】|【保存】命令，保存文件。

2. 步骤点评

（1）对于步骤一：关于引用集

所谓引用集，是用户在零部件中定义的部分几何对象。这部分对象就是要载入的对象。引用集可包含的对象有零部件的名称、原点、方向、几何实体、坐标系、基准平面、基准轴、图案对象、属性等。引用集本质上是一组命名的对象，当生成了引用集后，就可以单独装配到组件中。每个零部件可以有多个引用集，不同部件的引用集可以有相同的名称。

（2）对于步骤三：关于"自底向上"的装配方法

选择【装配】|【组件】|【添加组件】命令，出现【添加组件】对话框，可以向装配环境中引入一个部件作为装配组件。相应地，该种创建装配模型的方法即是前面所说的"自底向上"的方法。

（3）对于步骤三：关于组件在装配中的定位方式

组件在装配中的定位方式主要包括绝对定位和配对约束。

绝对定位是以坐标系作为定位参考，一般用于第一个组件的定位。

说明：添加的第一个组件作为固定部件，需要添加"固定"约束。

配对约束可以建立装配中各组件之间的参数化的相对位置和方位的关系，这种关系被称为配对条件，一般用于后续组件的定位。

8.1.6　随堂练习

（1）完成底板，C形板建模。

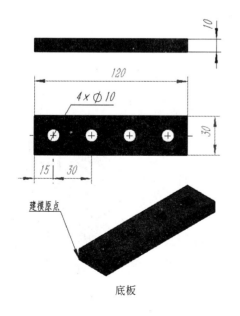

底板

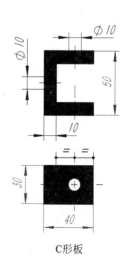

C形板

（2）完成装配。

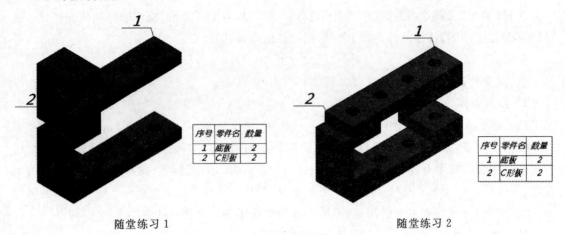

序号	零件名	数量
1	底板	2
2	C形板	2

随堂练习 1

序号	零件名	数量
1	底板	2
2	C形板	2

随堂练习 2

8.2　创建组件阵列

本节知识点：

（1）参考阵列。

（2）线性阵列。

（3）圆周阵列。

（4）镜像。

8.2.1　组件阵列

在装配中，需要在不同的位置装配同样的组件，如果一个个组件按照配对条件等装配起来，那么工作量非常大，而且都是重复的劳动。在单个零件设计中有特征阵列的功能，那么在装配的状态中，使用的就是组件阵列，与特征阵列不同的是，组件阵列是在装配状态下阵列组件。

有三类组件阵列：线性、圆形和参考。

8.2.2　组件阵列应用实例

根据法兰上孔的阵列特征创建螺栓的组件阵列，如图 8-27 所示。

1. 操作步骤

步骤一：打开文件

打开"Array_Assembly.prt"。

步骤二：参考阵列组件

单击【装配】选项卡中【组件】区域的【阵列组件】按钮，出现【阵列组件】对话框。

（1）在【要形成阵列的组件】组，激活【选择组件】，在图形区选择螺栓。

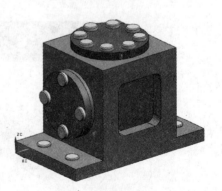

图 8-27　创建组件阵列

（2）在【阵列定义】组的【布局】列表中选择【参考】选项，如图 8-28 所示，单击【确定】按钮，完成参考特征阵列。

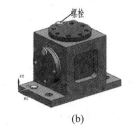

(a)　　　　　　　　　　(b)　　　　　　　　　　(c)

图 8-28　参考阵列组件

步骤三：线性阵列组件

单击【装配】选项卡中【组件】区域的【阵列组件】按钮 ，出现【阵列组件】对话框。

（1）在【要形成阵列的组件】组，激活【选择组件】，在图形区选择螺栓。

（2）在【阵列定义】组的【布局】列表中选择【线性】选项。

（3）在【方向 1】组，激活【指定矢量】，在图形区指定方向 1。

（4）从【间距】列表中选择【数量和节距】选项。

（5）在【数量】文本框输入 2，在【节距】文本框输入 56。

（6）选中【使用方向 2】复选框。

（7）在【方向 2】组，激活【指定矢量】，在图形区指定方向 2。

（8）从【间距】列表中选择【数量和节距】选项。

（9）在【数量】文本框输入 2，在【节距】文本框输入 170。

如图 8-29 所示，单击【确定】按钮。

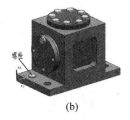
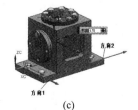

(a)　　　　　　　　　　(b)　　　　　　　　　　(c)

图 8-29　线性阵列组件

步骤四：圆形阵列

单击【装配】选项卡中【组件】区域的【阵列组件】按钮 ，出现【阵列组件】对话框。

(1) 在【要形成阵列的组件】组，激活【选择组件】，在图形区选择螺栓。

(2) 在【阵列定义】组的【布局】列表中选择【圆形】选项。

(3) 在【旋转轴】组，激活【指定矢量】，在图形区指定矢量。

(4) 激活【指定点】，在图形区指定点。

(5) 在【角度方向】组的【间距】列表中选择【数量和节距】选项。

(6) 在【数量】文本框输入 4，在【节距】文本框输入 360/4。

如图 8-30 所示，单击【确定】按钮。

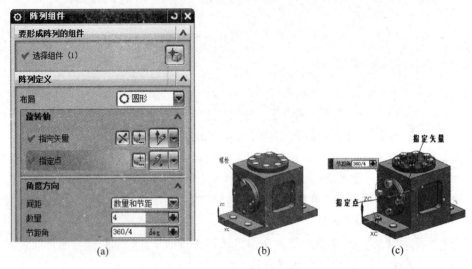

图 8-30　圆形阵列组件

步骤五：镜像装配

(1) 单击【装配】选项卡中【组件】区域的【镜像装配】按钮，出现【镜像装配向导】对话框，如图 8-31 所示。

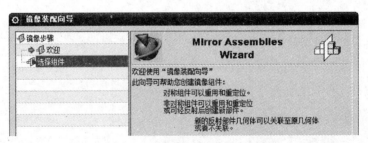

图 8-31　【镜像装配向导】对话框

(2) 单击【下一步】按钮，进入"选择镜像组件向导"，选择要镜像组件 Cover，如图 8-32 所示。

(3) 单击【下一步】按钮，进入"选择镜像基准面向导"，在图形区选择二等分面，如图 8-33 所示。

(4) 单击【下一步】按钮，进入"选择镜像类型向导"，在列表中选择 Cover 组件，单击【关联镜像】按钮 ，如图 8-34 所示。

图 8-32　选择镜像组件向导

图 8-33　选择镜像基准面向导

图 8-34　选择镜像类型向导

（5）单击【下一步】按钮，进入"查看镜像"，查看定位效果，如图 8-35 所示。

图 8-35　查看定位效果

（6）单击【完成】按钮，完成创建镜像组件操作，并关闭【镜像装配向导】。

步骤六：存盘

选择【文件】|【保存】命令，保存文件。

2．步骤点评

对于步骤二：关于参考阵列，【参考阵列】主要用于添加螺钉、螺栓以及垫片等组件到孔特征。创建的条件为：

（1）添加第一个组件时，定位条件必须选择【通过约束】。

（2）孔特征中除源孔特征外，其余孔必须是使用阵列命令创建的。

在此例中，第一个螺栓作为模板组件，阵列出的螺栓共享模板螺栓的配合属性。

8.2.3　随堂练习

随堂练习 3

随堂练习 4

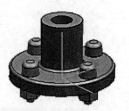

随堂练习 5

8.3　自顶向下设计方法

本节知识点：
（1）自顶向下设计方法。
（2）WAVE 技术。

8.3.1　自顶向下设计方法

所谓装配上下文设计，是指在装配设计过程中，对一个部件进行设计时参照其他的零部件。例如当对某个部件上的孔进行定位时，需要引用其他部件的几何特征来进行定位。自顶向下装配方法广泛应用于上下文设计中。利用该方法进行设计，装配部件为显示部件，但工作部件是装配中的选定组件，当前所做的任何工作都是针对工作部件的，而不是装配部件，装配部件中的其他零部件对工作部件的设计起到一定的参考作用。

在装配上下文设计中，如果需要某一组件与其他组件有一定的关联性，可用到 UG/WAVE 技术。该技术可以实现相关部件间的关联建模。利用 WAVE 技术可以在不同部件间建立链接关系。也就是说，可以基于一个部件的几何体或位置去设计另一个部件，二者存在几何相关性。它们之间的这种引用不是简单的复制关系，当一个部件发生变化时，另一个基于该部件的特征所建立的部件也会相应发生变化，二者是同步的。用这种方法建立关联几何对象可以减少修改设计的成本，并保持设计的一致性。

8.3.2　自顶向下设计方法建立装配实例

要求：

根据已存箱体去相关地建立一个垫片，如图 8-36 所示，要求垫片①来自于箱体中的父面②，若箱体中父面的大小或形状改变时，装配④中的垫片③也相应改变。

1. 操作步骤

步骤一：打开文件

打开文件"Wave_ Assembly.prt"，查看装配导航器，如图 8-37 所示。

步骤二：添加新组件

单击【装配】选项卡中【组件】区域的【新建】按钮 ，出现【新建组件文件】对话框。

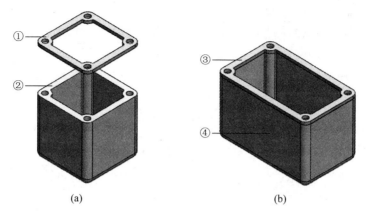

(a)　　　　　　　　　　　　　(b)

图 8-36　自顶向下设计方法建立装配实例

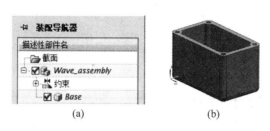

(a)　　　　　　　　　　　　　(b)

图 8-37　打开文件

（1）在【模板】选项卡中选择【模型】选项，在【名称】文本框输入"Washer.prt"，在【文件夹】中选择保存路径，单击【确定】按钮。

（2）出现【类选择】对话框，不做任何操作，单击【确定】按钮。

（3）展开【装配导航器】，如图 8-38 所示。

步骤三：设为工作部件

右击 Washer 组件，选择【设为工作部件】选项，如图 8-39 所示，将 Washer 组件设为工作部件。

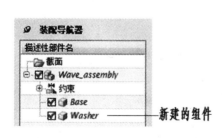

图 8-38　【装配导航器】对话框

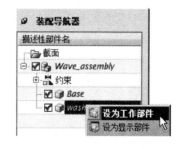

图 8-39　设为工作部件

步骤四：建立 WAVE 几何链接

单击【装配】选项卡中【常规】区域的【WAVE 几何链接器】按钮，出现【WAVE 几何链接器】对话框。

（1）从【类型】列表中选择【面】选项。

（2）在【面】组的【面选项】列表中选择【面链】选项，激活【选择面】，在图形区选择面，单击

【确定】按钮,创建【链接的面(1)】。

(3) 单击【部件导航器】,展开【模型历史记录】特征树,可以看到已创建的 WAVE 链接面【链接的面(1)】,如图 8-40 所示。

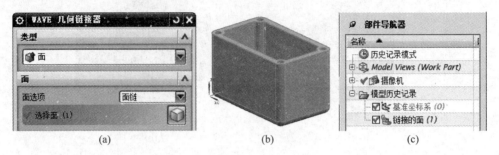

(a)　　　　　　　　　　　(b)　　　　　　　　　　　(c)

图 8-40　WAVE 面

步骤五:建立垫圈

(1) 单击【主页】选项卡中【特征】区域的【拉伸】按钮 ,出现【拉伸】对话框。

① 设置选择意图规则:片体边。

② 在图形区选择已创建的 WAVE 链接面【链接的面(1)】。

③ 从【结束】列表中选择【值】选项,在【距离】文本框输入 5mm。

如图 8-41 所示,单击【确定】按钮,创建垫片。

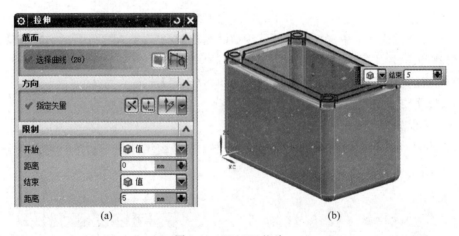

(a)　　　　　　　　　　　　　　(b)

图 8-41　WAVE 垫片

(2) 保存文件

① 展开【装配导航器】,右击 Wave_assembly 组件,选择【设为工作部件】选项,如图 8-42 所示。

② 选择【文件】|【保存】命令,保存文件。

(3) 修改箱体

① 展开【装配导航器】,右击 Base 组件,单击【设为工作部件】选项。

② 更改箱体形状。

③ 展开【装配导航器】,右击 Wave_assembly 组件,单击【设为工作部件】选项,如图 8-43 所示。

图 8-42　WAVE 垫片　　　　　　　　　图 8-43　WAVE 垫片

2. 步骤点评

（1）对于步骤二：关于创建新组件

NX 所提供的自顶向下装配方法主要有两种。

方法一：首先在装配中建立几何模型，然后创建一个新的组件，同时将该几何模型添加到该组件中，如图 8-44 所示。

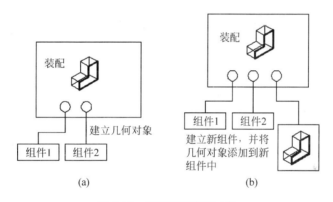

图 8-44　自顶向下装配方法

方法二：先建立包含若干空组件的装配体，此时不含有任何几何对象。然后，选定其中一个组件为当前工作部件，再在该组件中建立几何模型。并依次使其余组件成为工作部件，并建立几何模型，如图 8-45 所示。注意，既可以直接建立几何对象，也可以利用 WAVE 技术引用显示部件中的几何对象建立相关链接。

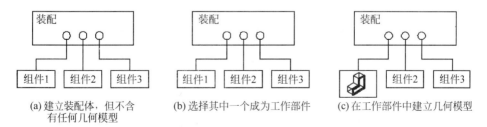

图 8-45　自顶向下装配方法

（2）对于步骤三：关于工作部件和显示部件

显示部件是指当前在图形窗口里显示的部件。工作部件是指用户正在创建或编辑的部件,它可以是显示部件或包含在显示的装配部件里的任何组件部件。当显示单个部件时,工作部件也就是显示部件。

（3）对于步骤四：关于 WAVE 几何链接技术

在一个装配内,可以使用 WAVE 中的 WAVE Geometry Linker（WAVE 几何链接器）从一个部件相关地复制几何对象到另一个部件中。在部件之间相关地复制几何对象后,即使包含了链接对象的部件文件没有被打开,这些几何对象也可以被建模操作引用。几何对象可以向上链接、向下链接或者跨装配链接,而且并不要求被链接的对象一定存在。

8.3.3　随堂练习

随堂练习 6

随堂练习 7

8.4　上机练习

要求：利用装配模板建立一新装配,添加组件,建立约束。

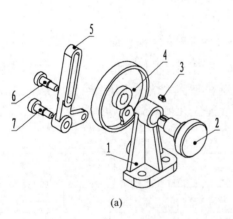

(a)

7	Rotating_shaft1	1
6	Rotating_shaft2	1
5	Swin_arm	1
4	Crank	1
3	Key	1
2	Gear	1
1	Support	1
编号	零件名称	数量

(b)

习题 1

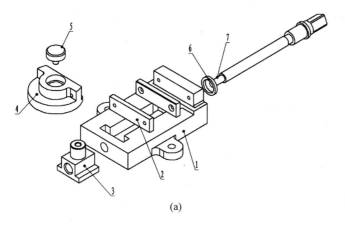

7	Screw_rod	1
6	Washer	1
5	Bolt	1
4	Active_jaw	1
3	Nut	1
2	Jaw	1
1	Work_bench	1
编号	零件名称	数量

(a)　　　　　　　(b)

习题 2

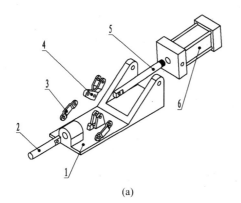

6	Casing	1
5	Piston	1
4	Link1	1
3	Link2	1
2	Plunger	1
1	Bracket	1
编号	零件名称	数量

(a)　　　　　　　(b)

习题 3

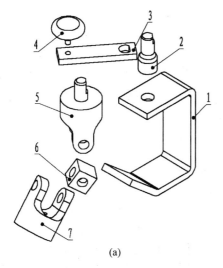

7	Yoke_female	1
6	Spider	1
5	Yoke_male	1
4	Knob	1
3	Arm	1
2	Shaft	1
1	Bracket	1
编号	零件名称	数量

(a)　　　　　　　(b)

习题 4

第 9 章

工程图的构建

　　绘制产品的平面工程图是从模型设计到生产的一个重要环节,也是从概念产品到现实产品的一座桥梁和描述语言。因此,在完成产品的零部件建模、装配建模及其工程分析之后,一般要绘制其平面工程图。

9.1　物体外形的表达——视图

　　本节知识点:
　　建立基本视图、向视图、局部视图和斜视图的方法。

9.1.1　视图

　　视图通常有基本视图、向视图、局部视图和斜视图。

1. 基本视图

　　表示一个物体可有六个基本投射方向,如图 9-1 所示中的 A、B、C、D、E、F 方向,相应地有六个基本投影面垂直于六个基本投射方向。物体向基本投影面投射所得视图称为基本视图。

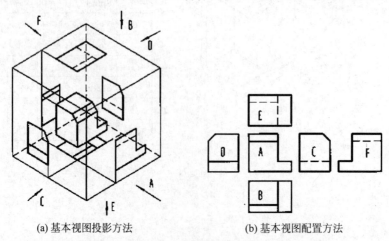

(a) 基本视图投影方法　　　　　　　　　(b) 基本视图配置方法

图 9-1　六个基本视图的形成及投影面的展开方法

画六个基本视图时应注意：

（1）六个基本视图的投影对应关系，符合"长对正、高平齐、宽相等"的投影关系。即主、俯、仰、后视图等长；主、左、右、后视图等高；左、右、俯、仰视图等宽的"三等"关系。

（2）六个视图的方位对应关系，仍然反映物体的上、下、左、右、前、后的位置关系。尤其注意左、右、俯、仰视图靠近主视图的一侧代表物体的后面，而远离主视图的那侧代表物体的前面，后视图的左侧对应物体右侧。

（3）在同一张图样内按上述关系配置的基本视图，一律不标注视图名称。

（4）在实际制图时，应根据物体的形状和结构特点，按需要选择视图。一般优先选用主、俯、左三个基本视图，然后再考虑其他视图。在完整、清晰地表达物体形状的前提下，使视图数量为最少，力求制图简便。

2. 向视图

向视图是可自由配置的视图。

向视图的标注形式：在视图上方标注"×"（"×"为大写拉丁字母），在相应视图附近用箭头指明投射方向，并标注相同的字母，如图 9-2 所示。

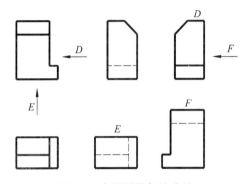

图 9-2　向视图的标注方法

3. 局部视图

如只需表示物体上某一部分的形状时，可不必画出完整的基本视图，而只把该部分局部结构向基本投影面投射即可。这种将物体的某一部分向基本投影面投射所得的视图称为局部视图，如图 9-3 所示。

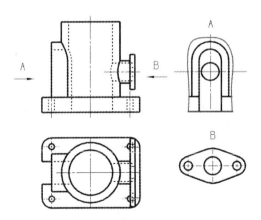

图 9-3　局部视图的画法与标注

由于局部视图所表达的只是物体某一部分的形状,故需要画出断裂边界,其断裂边界用波浪线表示(也可用双折线代替波浪线)。但应注意以下几点:

(1) 波浪线不应与轮廓线重合或在轮廓线的延长线上。

(2) 波浪线不应超出物体轮廓线,不应穿空而过。

(3) 若表示的局部结构是完整的,且外形轮廓线封闭时,波浪线可省略不画。

画局部视图时,一般在局部视图上方标出视图的名称"×",在相应的视图附近用箭头指明投射方向,并注上同样的大写拉丁字母。

4. 斜视图

当机件具有倾斜结构,如图 9-4 所示,在基本视图上就不能反映该部分的实形,同时也不便标注其倾斜结构的尺寸。为此,可设置一个平行于倾斜结构的垂直面作为新投影面,将倾斜结构向该投影面投射,即可得到反映其实形的视图。这种将物体向不平行于基本投影面的平面投射所得的视图称为斜视图。

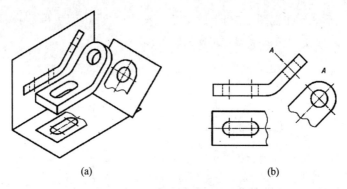

(a)　　　　　　　　　　　　(b)

图 9-4　斜视图的产生与配置

斜视图主要是用来表达物体上倾斜部分的实形,故其余部分不必全部画出,断裂边界用波浪线表示,如图 9-4 所示。当所表示的结构是完整的,且外形轮廓线封闭时,波浪线可省略不画。

9.1.2　视图应用实例

按要求完成如下操作。

(1) 建立基本视图,如图 9-5 所示。

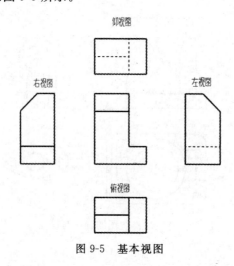

图 9-5　基本视图

（2）建立向视图，如图 9-6 所示。

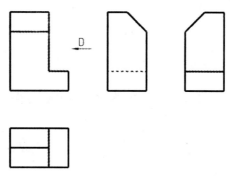

图 9-6　向视图

（3）建立局部视图，如图 9-7 所示。

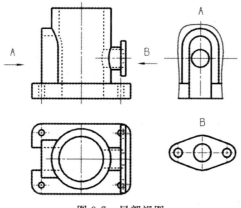

图 9-7　局部视图

（4）建立斜视图，如图 9-8 所示。

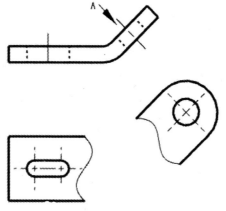

图 9-8　斜视图视图

1．操作步骤

步骤一：建立基本视图

（1）新建工程图

选择【文件】|【新建】命令，出现【新建】对话框。

① 选择【图纸】选项卡,在【模板】列表框中选定【A3-无视图】模板。

② 在【名称】文本框输入 Base_View _dwg. prt。

③ 在【文件夹】文本框输入 D:\NX-Model\10\study\1\。

④ 在【要创建图纸的部件】组的【名称】文本框输入 Base_View。

如图 9-9 所示,单击【确定】按钮,进入制图环境。

图 9-9　新建工程图

（2）添加基本视图

单击【主页】选项卡中【视图】区域的【基本视图】按钮，出现【基本视图】对话框。

① 在【模型视图】组的【要使用的模型视图】列表中选择【右视图】选项。

② 在【比例】组的【比例】列表中选择【1：2】选项。

③ 在图纸区域左上角指定一点,添加【主视图】。

④ 向右拖动鼠标,指定一点,添加【左视图】。

⑤ 向左拖动鼠标,指定一点,添加【右视图】。

⑥ 向下垂直拖动鼠标,指定一点,添加【俯视图】。

⑦ 向上垂直拖动鼠标,指定一点,添加【仰视图】。

如图 9-10 所示。单击中键完成基本视图的添加。

注：选中【右视图】,按 Del 键删除；选中【仰视图】,按 Del 键删除,为做向视图准备。

步骤二：建立向视图

（1）添加向视图

选择右视图,将其拖到左边,即为向视图,如图 9-11 所示。

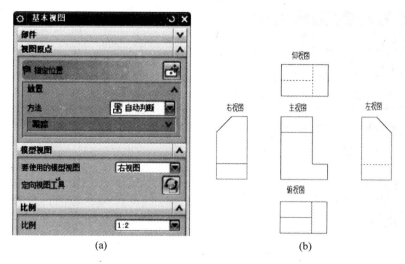

(a)　　　　　　　　　　　　　(b)

图 9-10　添加基本视图

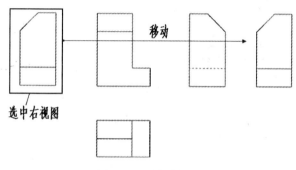

图 9-11　添加向视图

（2）在相应视图附近用箭头指明投射方向

选择【GC 工具箱】|【注释】|【方向箭头】命令 ⟋，出现【方向箭头】对话框。

① 在【选项】组，选中【创建】单选按钮。

② 在【位置】组的【类型】列表中选择【与 XC 成一角度】选项。

③ 在【角度】文本框输入 180，在【文本】文本框输入 D。

④ 激活【起点】，在图形区选择点。

如图 9-12 所示，单击【确定】按钮，在相应视图附近用箭头指明投射方向，标注字母。

（3）视图上方标注

选择字母 D，按下 Ctrl 键，拖动到向视图上方，复制字母 D，完成整个向视图绘制，如图 9-13 所示。

步骤三：建立局部视图

（1）打开文件

打开"Partial_View_dwg.prt"。

（2）创建右视图中的局部视图

① 右击右视图，在快捷菜单选择【活动草图视图】命令。

② 单击【主页】选项卡中【草图】区域的【直线】按钮 ⟋，绘制直线。

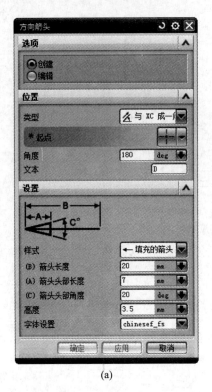

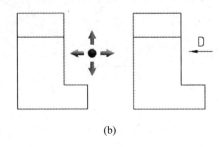

(a)　　　　　　　　　(b)

图 9-12　添加方向箭头

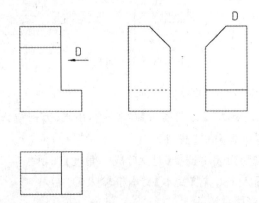

图 9-13　完成整个向视图

③ 单击【主页】选项卡中【草图】区域的【艺术样条】按钮 ，出现【艺术样条】对话框。

a. 在【类型】列表中选择【通过点】选项。

b. 在【参数化】组的【次数】文本框输入 3，取消【封闭】复选框。

c. 在右视图中绘制曲线。

如图 9-14 所示，单击【确定】按钮。

④ 单击【主页】选项卡中【草图】区域的【完成草图】按钮 。

⑤ 选中右视图，选择【编辑】|【视图】|【视图边界】命令 ，出现【视图边界】对话框。

a. 选择【断裂线/局部放大图】选项。

b. 设置锚点位置。

c. 选中封闭曲线。

单击【确定】按钮,如图 9-15 所示。

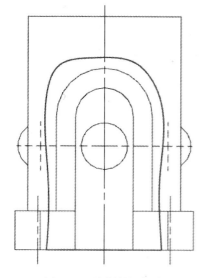

图 9-14 绘制封闭曲线

(a)

(b)

图 9-15 右视图中的局部视图

（3）创建左视图中的局部视图

① 选中左视图,右击,在快捷菜单中选择【边界】命令 ,出现【视图边界】对话框。

a. 选择【手工生成矩形】选项。

b. 默认锚点位置。

c. 在左视图绘制矩形。

如图 9-16 所示,创建局部视图。

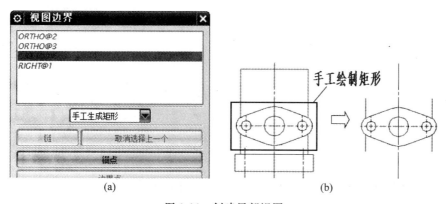

(a)   (b)

图 9-16 创建局部视图

② 选中左视图,选择【编辑】|【视图】|【视图相关编辑】命令 ,出现【视图相关编辑】对话框,单击【擦除对象】按钮 ,选中要擦除的线,如图 9-17 所示,单击【确定】按钮,完成创建局部视图。

步骤四：建立斜视图。

（1）打开文件

打开"Oblique_View_dwg.prt"。

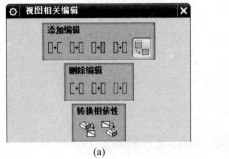
(a)

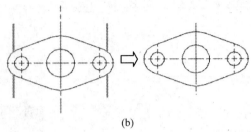
(b)

图 9-17　左视图中的局部视图

（2）添加投影视图

选择主视图，单击【主页】选项卡中【视图】区域的【投影视图】按钮 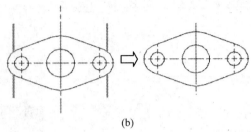，出现【投影视图】对话框。

① 在【父视图】组，激活【选择视图】，在图形区选择主视图。

② 在【铰链线】组的【矢量选项】列表中选择【自动判断】选项。

③ 向右下拖动鼠标，指定一点，添加【斜视图】，如图 9-18 所示。

(a)

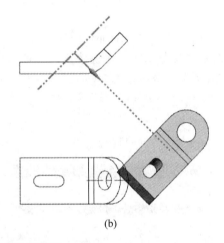
(b)

图 9-18　创建局部视图

（3）创建局部视图

单击【主页】选项卡中【视图】区域的【断开视图】按钮 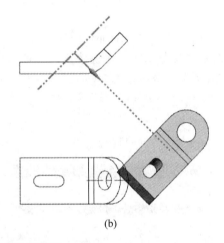，出现【断开视图】对话框。

① 从【类型】列表中选择【单侧】选项。

② 在【主模型视图】组，激活【选择视图】，选择 ORTHO@2。

③ 在【方向】组，激活【指定矢量】，在图形区指定方向。

④ 在【断裂线】组，激活【指定锚点】，在图中选择锚点。

⑤ 在【设置】组的【样式】列表中选择【 ～～～～ 】选项，在【幅值】文本框输入 6，在【延伸 1】文本框输入 0，在【延伸 2】文本框输入 0，选中【显示断裂线】复选框。

如图 9-19 所示，单击【应用】按钮。

（4）同样办法创建局部视图，如图 9-20 所示。

2. 步骤点评

（1）对于步骤一：关于主视图

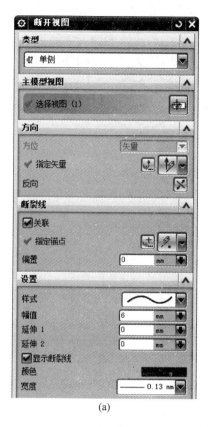

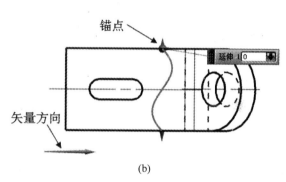

(a)　　　　　　　　　　　　　　　　　(b)

图 9-19　创建局部视图

对国家标准的图,建议选择右视图作为主视图。

（2）对于步骤四：关于锚点

锚点固定在模型上的一个位置到图纸上的一个特定位置。用于锚定细节视图中的内容到图纸上,当模型改变时保持视图和它的内容不从图上漂移,如图 9-21 所示。

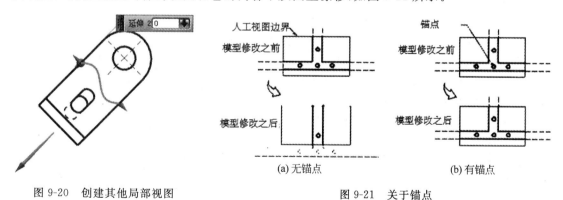

图 9-20　创建其他局部视图　　　　　　　图 9-21　关于锚点

9.1.3　随堂练习

在 A3 幅面绘制立体的基本视图,在 A4 幅面绘制向视图。

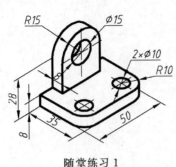

随堂练习 1

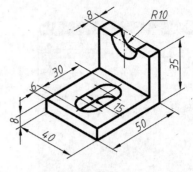

随堂练习 2

9.2 物体内形的表达——剖视图

本节知识点:
(1) 创建全剖视图的方法。
(2) 创建半剖视图的方法。
(3) 创建局部剖视图的方法。
(4) 创建阶梯剖视图的方法。
(5) 创建旋转剖视图的方法。
(6) 编辑装配剖视图的方法。

9.2.1 剖视图的种类

1. 全剖视图

用剖切平面,将机件全部剖开后进行投影所得到的剖视图,称为全剖视图(简称全剖视),如图 9-22 所示。全剖视图一般用于表达外部形状比较简单,内部结构比较复杂的机件。

2. 半剖视图

当机件具有对称平面时,在垂直于对称平面的投影面上投影得到的视图,可以对称中心线为界,一半画成剖视图,一半画成视图,这样的图形称为半剖视图。

半剖视图既充分地表达了机件的内部结构,又保留了机件的外部形状,因此它具有内外兼顾的特点。但半剖视图只适宜于表达对称的或基本对称的机件,如图 9-23 所示。

3. 局部剖视图

将机件局部剖开后进行投影得到的剖视图称为局部剖视图。局部剖视图也是在同一视图上同时表达内外形状的方法,并且用波浪线作为剖视图与视图的界线,如图 9-24 所示。

4. 阶梯剖视图

用两个或多个互相平行的剖切平面把机件剖开的方法,称为阶梯剖,所画出的剖视图,称为阶梯剖视图。它适宜于表达机件内部结构的中心线排列在两个或多个互相平行的平面内的情况,如图 9-25 所示。

5. 旋转剖视图

用两个相交的剖切平面(交线垂直于某一基本投影面)剖开机件的方法称为旋转剖,所画出的剖视图,称为旋转剖视图。适用于有明显回转轴线的机件,而轴线恰好是两剖切平面的交线,并且两剖切平面一个为投影面平行面,一个为投影面垂直面,采用这种剖切方法画剖视图时,先假想按剖切位置剖开机件,然后将被剖切的结构及其有关部分绕剖切平面的交线旋转到与选定投影面平行后再投射,如图 9-26 所示。

9.2.2 剖视图应用实例

按要求完成如下操作:

(1)建立全剖视图,如图 9-22 所示。

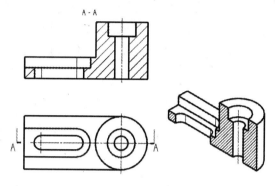

图 9-22 全剖视图

(2)半剖视图,如图 9-23 所示。

(3)局部剖视图,如图 9-24 所示。

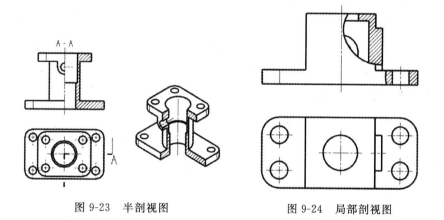

图 9-23 半剖视图   图 9-24 局部剖视图

(4)阶梯剖视图,如图 9-25 所示。

(5)旋转剖视图,如图 9-26 所示。

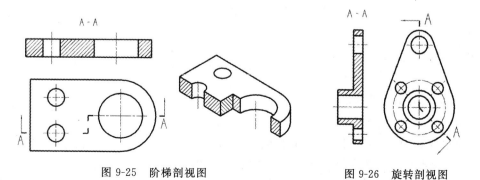

图 9-25 阶梯剖视图   图 9-26 旋转剖视图

1．操作步骤

步骤一：建立全剖视图

（1）打开文件

打开"Full_Section_View_dwg.prt"。

（2）建立全剖视图

单击【主页】选项卡中【视图】区域的【剖视图】按钮 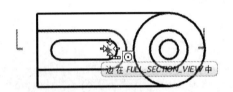。

① 选择父视图。选择要剖视的视图 ORTHO@2，出现【剖视图】工具条。

② 定义剖切位置。移动鼠标到视图，捕捉轮廓线圆心点，如图 9-27 所示。

③ 确定剖视图的中心。移动鼠标到指定位置，右击选择【锁定对齐】选项，锁定方向，如图 9-28 所示。

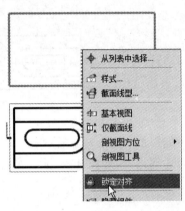

图 9-27　捕捉轮廓线圆心点　　　　图 9-28　移动鼠标到指定位置

说明：单击【反向】按钮 ，调整方向。

④ 单击鼠标，创建全剖视图，如图 9-29 所示。

（3）创建轴测全剖视图

步骤①～③同建立全剖视图。

④ 单击【剖视图】工具条中的【预览】按钮 ，出现【剖视图】预览对话框。

a．选择【着色】选项。

b．单击【锁定方位】按钮。

c．单击【切削】按钮，预览无误。

如图 9-30 所示，单击【确定】按钮。

⑤ 移动到指定位置，单击鼠标，创建轴测全剖视图，如图 9-31 所示。

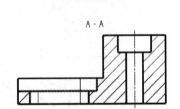

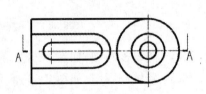

图 9-29　创建全剖视图

步骤二：建立半剖视图

（1）打开文件

打开"Half_Section_View_dwg.prt"。

（2）建立半剖视图

单击【主页】选项卡中【视图】区域的【半剖视图】按钮 。

① 选择父视图。选择要剖视的视图 TOP@1，出现【半剖视图】工具条。

单击切削　　单击锁定方位

选择着色

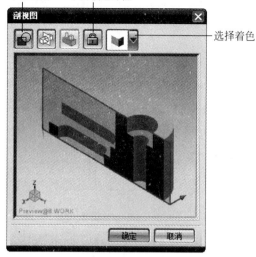

图 9-30　【剖视图】预览

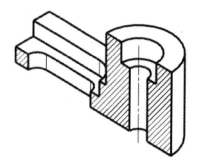

图 9-31　创建轴测全剖视图

② 定义剖切位置。移动鼠标到视图,捕捉轮廓线圆心,如图 9-32 所示。

③ 定义折弯线位置。移动鼠标到视图,捕捉半剖位置轮廓线中点,如图 9-33 所示。

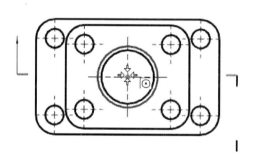

图 9-32　捕捉轮廓线中点

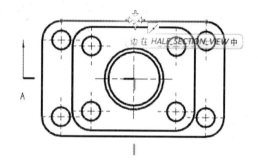

图 9-33　捕捉半剖位置轮廓线中点

说明:单击【反向】按钮　,调整方向。

④ 确定剖视图的中心。移动鼠标到指定位置,单击右键,选择【锁定对齐】选项,锁定方向,如图 9-34 所示。

⑤ 单击鼠标,创建半剖视图,如图 9-35 所示。

（3）创建轴测半剖视图

步骤①～③同建立阶梯剖视图。

④ 单击【剖视图】工具条中的【预览】按钮　,出现【剖视图】预览对话框。

a. 选择【着色】选项。

b. 单击【锁定方位】按钮。

c. 单击【切削】按钮,预览无误。

如图 9-36 所示,单击【确定】按钮。

⑤ 移动到指定位置,单击鼠标,创建轴测半剖视图,如图 9-37 所示。

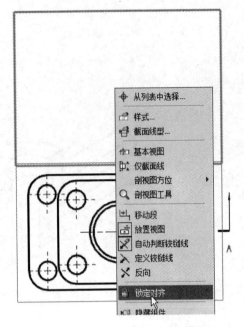

图 9-34　移动鼠标到指定位置

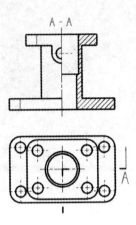

图 9-35　创建半剖视图

图 9-36　【剖视图】预览

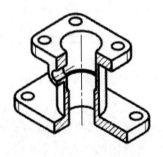

图 9-37　创建轴测半剖视图

步骤三：局部剖视图

（1）打开文件

打开"Break-Out_View_dwg.prt"。

（2）建立局部剖视图

① 右击主视图，在快捷菜单选择【活动草图视图】命令。

② 单击【草图工具】工具栏上的【艺术样条】按钮 ，出现【艺术样条】对话框。

a. 在【类型】列表中选择【通过点】选项。

b. 在【参数化】组的【次数】文本框输入 3，选择【封闭】复选框。

c. 在右视图中绘制封闭曲线，如图 9-38 所示。

单击【主页】选项卡中【草图】区域的【完成草图】按钮。

③ 单击【主页】选项卡中【视图】区域的【局部剖】按钮，出现【局部剖】对话框。

a. 选择生成局部视图的视图。选中主视图。

b. 定义基点。在主视图选择基点，如图 9-39 所示。

c. 定义拉伸矢量。默认矢量方向，如图 9-40 所示。

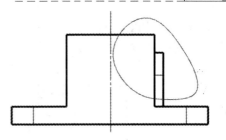

图 9-38 绘制封闭曲线

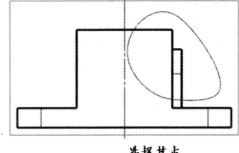

(a)　　　　　　　　　　(b)

图 9-39 定义基点

说明：单击【矢量反向】按钮，调整方向。

d. 选择截断线。在图形区选择截断线，如图 9-41 所示。

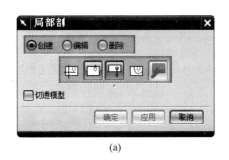

图 9-40 定义矢量

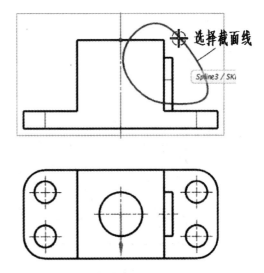

图 9-41 选择截断线

单击【应用】按钮,如图 9-42 所示,创建局部剖视图。

④ 按同样方法创建另一处局部剖视图,图 9-43 所示。

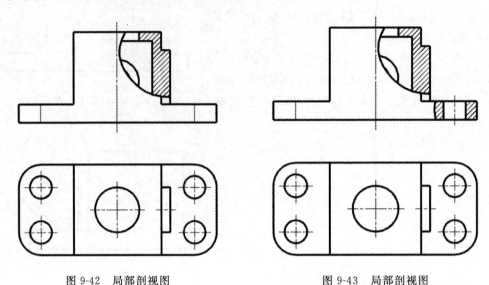

图 9-42　局部剖视图　　　　　　　　　　图 9-43　局部剖视图

步骤四:阶梯剖视图

(1) 打开文件

打开"Stepped_ Section_View _dwg. prt"。

(2) 建立阶梯剖视图

单击【主页】选项卡中【视图】区域的【剖视图】按钮 ⊡ 。

① 选择父视图。选择要剖视的视图 TOP@1,出现【剖视图】工具条。

② 定义剖切位置。移动鼠标到视图,捕捉轮廓线圆心点,如图 9-44 所示。

③ 确定剖视图的中心。移动鼠标到指定位置,右击选择【锁定对齐】选项,锁定方向,单击【反向】按钮 ✗ ,调整方向,如图 9-45 所示。

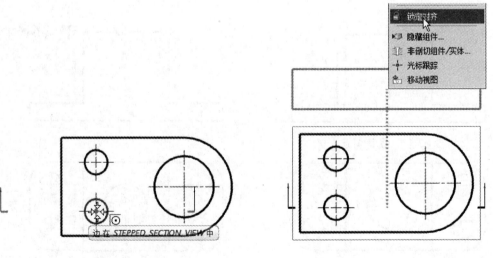

图 9-44　捕捉轮廓线圆心点　　　　　　　图 9-45　移动鼠标到指定位置

④ 定义段的新位置。单击【剖视图】工具条上的【添加段】按钮,在视图上确定各剖切段,如图 9-46 所示。

说明: 单击【反向】按钮 ,调整方向。

⑤ 单击中键,结束添加线段,移动鼠标到指定位置,单击鼠标,创建阶梯剖视图,如图 9-47 所示。

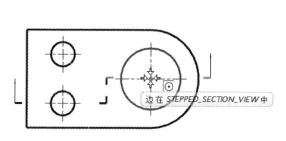

图 9-46 捕捉轮廓线中点

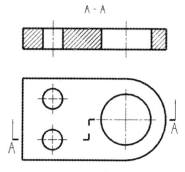

图 9-47 创建阶梯剖视图

(3) 创建轴测阶梯剖视图

步骤①~④同建立阶梯剖视图。

⑤ 单击【剖视图】工具条中的【预览】按钮 ,出现【剖视图】预览对话框。

a. 选择【着色】选项。

b. 单击【锁定方位】按钮。

c. 单击【切削】按钮,预览无误。

如图 9-48 所示,单击【确定】按钮。

⑥ 移动到指定位置,单击鼠标,创建轴测阶梯剖视图,如图 9-49 所示。

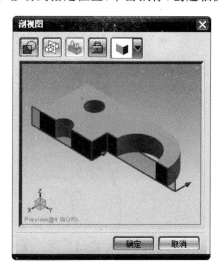

图 9-48 【剖视图】预览

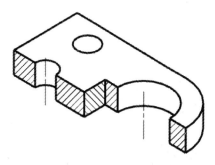

图 9-49 创建轴测阶梯剖视图

步骤五:旋转剖视图

(1) 打开文件

打开"Revolved_ Section_View _dwg.prt"。

（2）建立旋转剖视图

单击【主页】选项卡中【视图】区域的【旋转剖视图】按钮 。

① 选择父视图。选择要剖视的视图 TOP@1，出现【旋转剖视图】工具条。

② 定义旋转点。移动鼠标到视图，捕捉轮廓线圆心点，如图 9-50 所示。

③ 定义线段新位置。移动鼠标到视图，捕捉轮廓线圆心点，如图 9-51 所示。

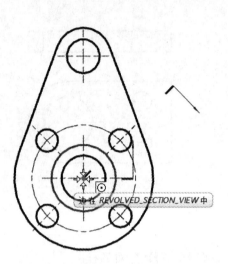

图 9-50　定义旋转点

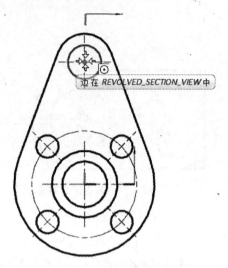

图 9-51　定义线段新位置

④ 定义线段新位置。移动鼠标到视图，捕捉轮廓线中点，如图 9-52 所示。

说明：单击【反向】按钮 ，调整方向。

⑤ 确定剖视图的中心。移动鼠标到指定位置，右击选择【锁定对齐】选项，锁定方向，如图 9-53 所示。

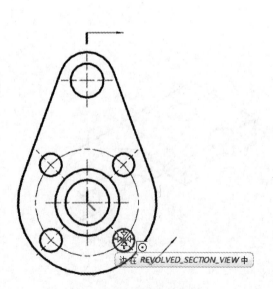

图 9-52　定义线段新位置

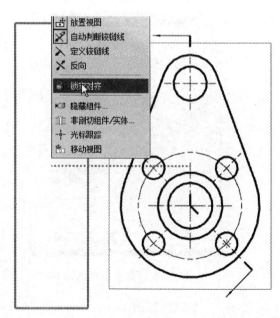

图 9-53　移动鼠标到指定位置

⑥ 单击鼠标,创建旋转剖视图,如图 9-54 所示。

步骤六：装配剖视图

（1）打开文件

打开"Counter _dwg.prt"。

（2）建立编辑装配剖视图

选择【编辑】|【视图】|【视图中剖切】命令,出现【视图中剖切】对话框。

① 在【视图】组,激活【选择视图】,在图形区选择需编辑视图。

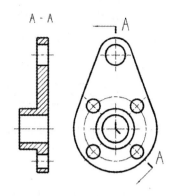

图 9-54　创建旋转剖视图

② 在【体或组件】组,激活【选择对象】,在图形区选择非剖切部分。

③ 在【操作】组,选中【变成非剖切】单选按钮。

如图 9-55 所示,单击【确定】按钮。

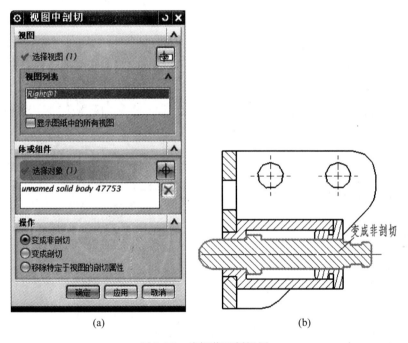

(a)　　　　　　　　　　　　　(b)

图 9-55　编辑装配剖视图

（3）完成设置的装配剖视图,如图 9-56 所示。

2. 步骤点评

对于步骤一：关于剖视图符号标记的点评如下。

在工程实践中,常常需要创建各类剖视图,NX 提供了 4 种剖视图的创建方法,其中包括全剖视图、半剖视图、旋转剖视图和其他剖视图。在创建剖视图时常出现的符号如图 9-57 所示。

（1）箭头段　用于指示剖视图的投影方向。

（2）折弯段　用在剖切线转折处,不指示剖切位置,只起过渡剖切线作用,主要用于阶梯剖、旋转剖中连接。

（3）剖切段　剖切线的一部分,用来用作剖切平面。

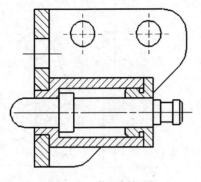

图 9-56 装配剖视图

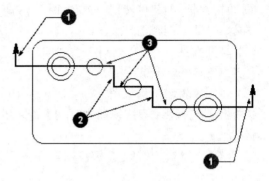

图 9-57 剖视图符号标记

9.2.3 随堂练习

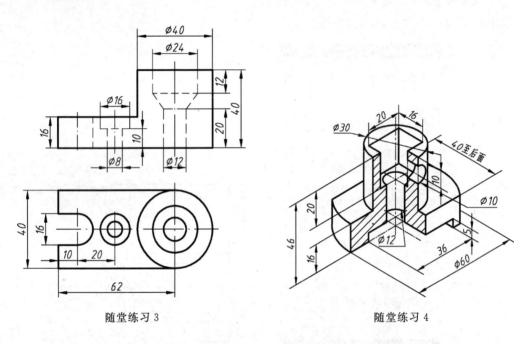

随堂练习 3   随堂练习 4

9.3 断面图、断裂视图和局部放大视图

本节知识点：
(1) 创建移出断面的方法。
(2) 创建重合断面的方法。
(3) 创建断裂视图的方法。
(4) 创建局部放大视图的方法。

9.3.1 断面图、断裂视图和局部放大视图概述

1. 移出断面图

画在视图轮廓之外的断面图称为移出断面图。如图 9-58 所示断面即为移出断面。

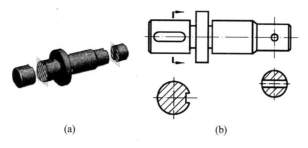

图 9-58 移出断面图

移出断面的画法：

（1）移出断面的轮廓线用粗实线画出，断面上画出剖面符号。移出断面应尽量配置在剖切平面的延长线上，必要时也可以画在图纸的适当位置。

（2）当剖切平面通过由回转面形成的圆孔、圆锥坑等结构的轴线时，这些结构应按剖视画出，如图 9-59 所示。

（3）当剖切平面通过非回转面，会导致出现完全分离的断面时，这样的结构也应按剖视画出，如图 9-60 所示。

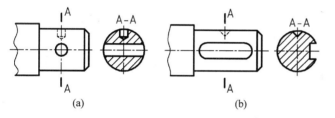

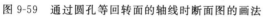

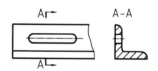

图 9-59 通过圆孔等回转面的轴线时断面图的画法　　　图 9-60 断面分离时的画法

2. 重合断面图

画在视图轮廓之内的断面图称为重合断面图。如图 9-61 所示的断面即为重合断面。

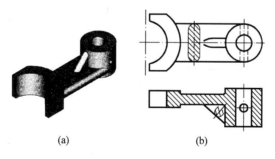

图 9-61 重合断面图

为了使图形清晰，避免与视图中的线条混淆，重合断面的轮廓线用细实线画出。当重合断面的轮廓线与视图的轮廓线重合时，仍按视图的轮廓线画出，不应中断。

3. 断裂视图

较长的零件，如轴、杆、型材、连杆等，且沿长度方向的形状一致或按一定规律变化时，可以断开后缩短绘制。

4. 局部放大图

机件上某些细小结构在视图中表达的还不够清楚,或不便于标注尺寸时,可将这些部分用大于原图形所采用的比例画出,这种图称为局部放大图,如图 9-62 所示。

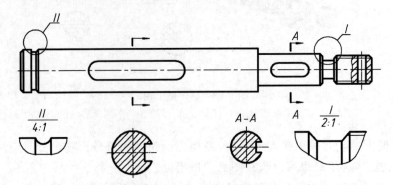

图 9-62 局部放大图

局部放大图的标注方法:在视图上画一细实线圆,标明放大部位,在放大图的上方注明所用的比例,即图形大小与实物大小之比(与原图上的比例无关),如果放大图不止一个时,还要用罗马数字编号以示区别。

注意:局部放大图可画成视图、剖视图、断面图,它与被放大部位的表达方法无关。局部放大图应尽量配置在被放大部位的附近。

9.3.2 断面图、断裂视图和局部放大视图应用实例

按要求完成如下操作:

(1) 建立移出断面图,如图 9-63 所示。

(2) 建立重合断面,如图 9-64 所示。

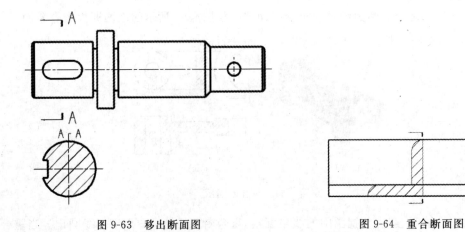

图 9-63 移出断面图   图 9-64 重合断面图

(3) 建立断裂视图,如图 9-65 所示。

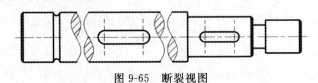

图 9-65 断裂视图

（4）建立局部放大视图，如图 9-66 所示。

1．操作步骤

步骤一：移出断面

（1）打开文件

打开"Out_of_Section_dwg. prt"。

（2）建立全剖视图

单击【主页】选项卡中【视图】区域的【剖视图】按
钮 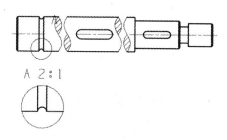。

图 9-66　局部放大视图

① 选择父视图。选择要剖视的视图 RIGHT@1，出现【剖视图】工具条。

② 定义剖切位置。移动鼠标到视图，捕捉轮廓线中心点，如图 9-67 所示。

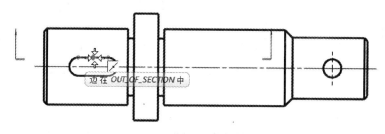

图 9-67　捕捉轮廓线圆心点

③ 确定剖视图的中心。移动鼠标到指定位置，右击选择【锁定对齐】选项，锁定方向，单击鼠标，创建全剖视图，如图 9-68 所示。

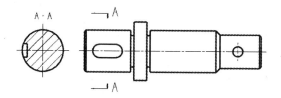

图 9-68　创建全剖视图

④ 双击剖面视图 *A-A*，出现【设置】对话框。展开【文本】|【方向和位置】，出现【方向和位置】组。

a．选择【截面】|【设置】选项，出现【格式】组。

b．在【格式】组中取消【显示背景】复选框。

单击【确定】按钮。

⑤ 移动剖面视图 *A-A* 位置，如图 9-69 所示。

步骤二：重合断面

（1）打开文件

打开"Superposition_of_Section_dwg. prt"。

（2）建立全剖视图

单击【主页】选项卡中【视图】区域的【剖视图】按钮 。

① 选择父视图。选择要剖视的视图 RIGHT@1，出现【剖视图】工具条。

② 定义剖切位置。移动鼠标到视图，捕捉轮廓线上点，确定剖视图的位置。

③ 确定剖视图的中心。移动鼠标到指定位置，右击选择【锁定对齐】选项，锁定方向。

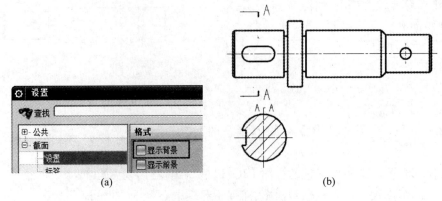

(a)　　　　　　　　　　　　　　　　　　(b)

图 9-69　移动剖面视图

④ 单击鼠标，如图 9-70 所示，创建全剖视图。

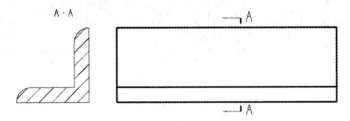

图 9-70　创建全剖视图

⑤ 将剖面视图 *A-A* 移动到主视图，隐藏标记，如图 9-71 所示。

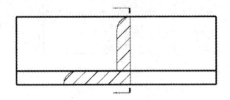

图 9-71　重合断面

步骤三：断裂视图

（1）打开文件

打开"Broken_View_dwg.prt"。

（2）创建断开视图

单击【主页】选项卡中【视图】区域的【断开视图】按钮 ，出现【断开视图】对话框。

① 在【类型】列表中选择【常规】选项。

② 选择视图，保证【启动捕捉点】按钮 激活，并且【点在曲线上】按钮 处于激活状态。

③ 在【设置】组的【样式】列表中选择【实心杆状断裂】选项 。

④ 在【断裂线 1】组，激活【指定锚点】，选择断裂线 1 锚点。

⑤ 在【断裂线 2】组，激活【指定锚点】，选择断裂线 2 锚点，如图 9-72 所示。

⑥ 单击【应用】按钮，如图 9-73 所示。

⑦ 重复步骤③～⑤，如图 9-74 所示。

步骤四：局部放大视图

(a)

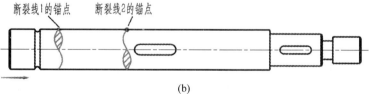

(b)

图 9-72 选择断裂曲线终点

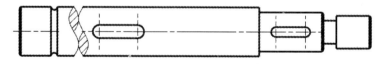

图 9-73 建立断裂视图

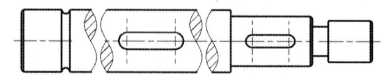

图 9-74 建立断裂视图

（1）打开文件

打开"Detail_View_dwg.prt"。

（2）定义局部放大视图

单击【主页】选项卡中【视图】区域的【局部放大图】按钮 ，出现【局部放大图】对话框。

① 从【类型】列表中选择【圆形】选项。

② 在【边界】组，激活【指定中心点】，在左侧沟槽下端中心位置拾取圆心。

③ 激活【边界的】，拖动光标，以适当的大小拾取半径。

④ 在【比例】组的【比例】列表中选择 2：1 选项。

⑤ 在左侧沟槽正下方放置局部放大图。

如图 9-75 所示，单击中键结束局部放大视图的操作。

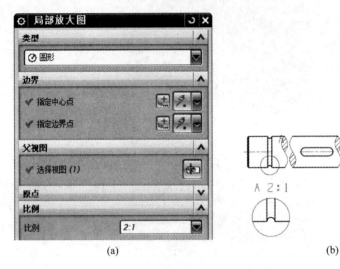

（a）   （b）

图 9-75 局部放大图

2. 步骤点评

对于步骤一：关于局部放大图比例的点评如下。

在【比例】组的【比例】列表中选择【比率】选项，在其下面文本框输入自定义比例，如图 9-76 所示。

图 9-76 自定义比例

9.3.3 随堂练习

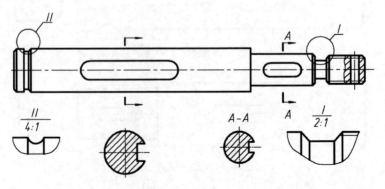

随堂练习 5

9.4　零件图上的尺寸标注

本节知识点：
(1) 创建中心线的方法。
(2) 各种类型的尺寸标注的方法。

9.4.1　标注组合体尺寸的方法

标注尺寸时，先对组合体进行形体分析，选定长度、宽度、高度三个方向尺寸基准，如图 9-77 所示，逐个形体标注其定形尺寸和定位尺寸，再标注总体尺寸，最后检查并进行尺寸调整。

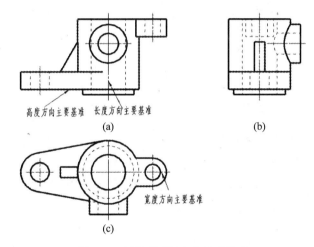

图 9-77　形体分析，确定尺寸基准

9.4.2　尺寸标注应用实例

创建中心线与各种类型的尺寸标注，如图 9-78 所示。

1. 操作步骤

步骤一：打开文件，创建中心线

(1) 打开"Dim_View_dwg. prt"。

(2) 创建中心标记

单击【主页】选项卡中【注释】区域的【中心标记】按钮 ⊕，出现【中心标记】对话框，在 RIGHT@1 上选择圆，如图 9-79 所示，单击【应用】按钮，完成其他中心标记。

(3) 创建 2D 中心线

单击【主页】选项卡中【注释】区域的【2D 中心线】按钮 ⊞，出现【2D 中心线】对话框，从【类型】列表中选择【从曲线】选项，在 RIGHT@1 上选择两边线，如图 9-80 所示，单击【应用】按钮，完成其他 2D 中心线。

步骤二：标注定形尺寸

(1) 使用自动判断的尺寸标注竖直尺寸

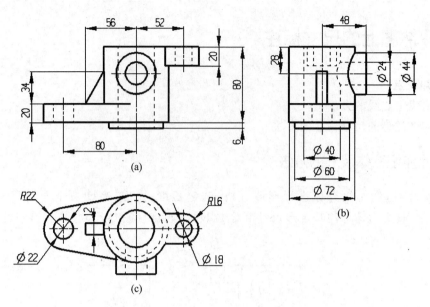

图 9-78 创建各种类型的尺寸标注

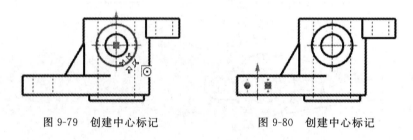

图 9-79 创建中心标记   图 9-80 创建中心标记

单击【主页】选项卡中【尺寸】区域的【快速】按钮 ▨，出现【快速尺寸】对话框，在【测量】组的【方法】列表中选择【自动判断】选项，标注竖直尺寸，如图 9-81 所示。

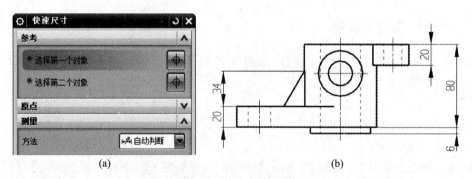

图 9-81 标注竖直尺寸

（2）使用直径尺寸标注孔的直径

单击【主页】选项卡中【尺寸】区域的【快速】按钮 ▨，出现【快速尺寸】对话框，在【测量】组的【方法】列表中选择【直径】选项，标注孔的直径，如图 9-82 所示。

（3）使用半径尺寸标注半径

单击【主页】选项卡中【尺寸】区域的【快速】按钮 ▨，出现【快速尺寸】对话框，在【测量】组的【方法】列表中选择【径向】选项，标注半径，如图 9-83 所示。

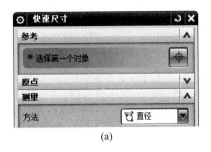
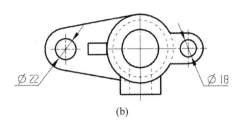

(a) (b)

图 9-82 标注孔的直径

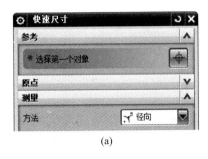
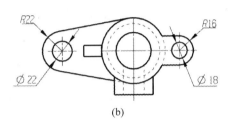

(a) (b)

图 9-83 标注半径尺寸

（4）使用圆柱形标注圆柱直径尺寸

单击【主页】选项卡中【尺寸】区域的【快速】按钮，出现【快速尺寸】对话框，在【测量】组的【方法】列表中选择【圆柱形】选项，标注圆柱直径尺寸，如图 9-84 所示。

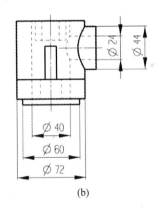

(a) (b)

图 9-84 使用圆柱形标注圆柱直径尺寸

步骤三：标注定位尺寸

单击【主页】选项卡中【尺寸】区域的【快速】按钮，标注个定位尺寸，如图 9-85 所示。

2．步骤点评

对于步骤二：关于标注文本方位的点评如下。

在尺寸编辑状态，右击尺寸，在快捷菜单选择【设置】命令，出现【设置】对话框。

（1）选择【文本】|【方向和位置】选项，出现【方向和位置】组。

（2）在【方向和位置】组的【方位】列表中选择【水平文本】选项。

（3）从【位置】列表中选择【文本在短划线上方】。

如图 9-86 所示，单击【关闭】按钮。

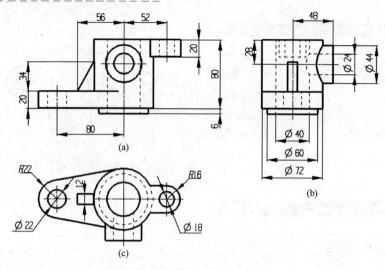

图 9-85　标注定位尺寸，并调整尺寸

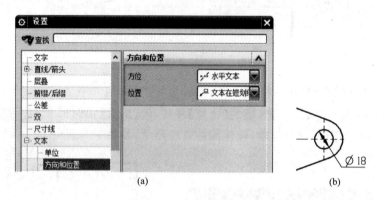

图 9-86　文本方位

9.4.3　随堂练习

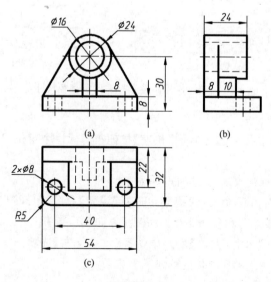

随堂练习 6

9.5 零件图上的技术要求

本节知识点：
（1）创建拟合符号和公差的方法。
（2）表面结构标注的方法。
（3）几何公差标注的方法。
（4）创建技术要求的方法。

9.5.1 零件图的技术要求

零件图上的技术要求主要包括尺寸公差、表面形状和位置公差、表面粗糙度和技术要求。

1. 极限与配合的标注

（1）极限与配合在零件图中的标注

在零件图中，线性尺寸的公差有三种标注形式：一是只标注上、下偏差；二是只标注公差带代号；三是既标注公差带代号，又标注上、下偏差，但偏差值用括号括起来。标注极限与配合时应注意以下几点：

① 上、下偏差的字高比尺寸数字小一号，且下偏差与尺寸数字在同一水平线上。

② 当公差带相对于基本尺寸对称时，即上、下偏差互为相反数时，可采用"±"加偏差的绝对值的注法，如 $\phi30\pm0.016$（此时偏差和尺寸数字为同字号）。

③ 上、下偏差的小数位必须相同、对齐，当上偏差或下偏差为零时，用数字"0"标出。小数点后末位的"0"一般不必注写，仅当为凑齐上下偏差小数点后的位数时，才用"0"补齐。

（2）极限与配合在装配图中的标注

在装配图上一般只标注配合代号。配合代号用分数形式表示，分子为孔的公差带代号，分母为轴的公差带代号。对于与轴承等标准件相配的孔或轴，则只标注非基准件（配合件）的公差带符号。如轴承内圈孔与轴的配合，只标注轴的公差带代号；外圈的外圆与箱体孔的配合，只标注箱体孔的公差带代号。

2. 表面形状和位置公差的标注

形位公差采用代号的形式标注，代号由公差框格和带箭头的指引线组成。

3. 表面结构要求在图样中的标注方法

表面结构符号中注写了具体参数代号及数值等要求后即称为表面结构代号。表面结构的要求在图样中的标注就是表面结构代号在图样中的标注。具体注法如下：

（1）表面结构要求对每一表面一般只注一次，并尽可能注在相应的尺寸及其公差的同一视图上。除非另有说明，所标注的表面结构要求是对完工零件表面要求。

（2）表面结构的注写和读取方向与尺寸的注写和读取方向一致。表面结构要求可标注在轮廓线上，其符号应从材料外指向并接触表面。必要时，表面结构也可用带箭头或黑点的指引线引出标注。

（3）在不致引起误解时，表面结构要求可以标注在给定的尺寸线下。

（4）表面结构要求可标注在几何公差框格的上方。

（5）圆柱和棱柱的表面结构要求只标注一次。如果每个棱柱表面有不同的表面结构要求,则应分别单独标注。

9.5.2 零件图的技术要求填写实例

零件图上的技术要求,如图 9-87 所示。

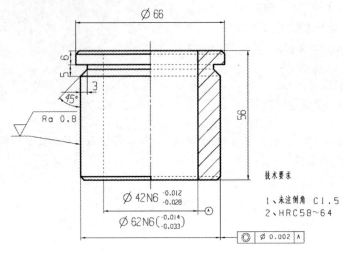

图 9-87 钻套

1. 操作步骤

步骤一:打开文件,创建拟合符号和公差

(1) 打开文件

打开"Drill_Bush_dwg. prt"。

(2) 双击 $\phi42$ 尺寸,出现【尺寸编辑】对话框。

① 设置公差形式,选择【双向公差】选项 。

② 输入上下偏差 $\begin{array}{c} 0.05 \\ -0.025 \end{array}$ 。

如图 9-88 所示,单击中键确定操作。

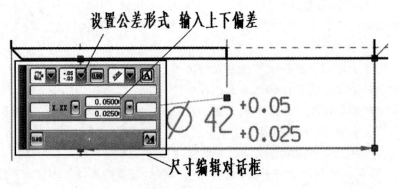

图 9-88 双向公差

(3) 选择【GC 工具箱】|【尺寸】|【尺寸公差配合优先级】命令,出现【尺寸公差配合优先级】对话框。

① 在【注释】组中激活【选择尺寸】,选择 ϕ62 尺寸。

② 在【尺寸公差配合优先级】组的【公差配合表类型】列表选择【基孔制】选项。

③ 在公差表中单击" * N6"。

④ 在【注释】组的【拟合公差样式】列表中选择 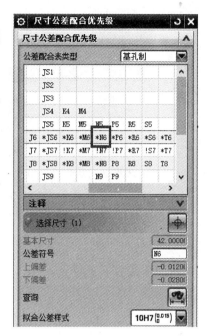 选项。

图 9-89 拟合公差

如图 9-89 所示,单击【确定】按钮。

步骤二:表面结构标注

单击【主页】选项卡中【注释】区域的【表面粗糙度符号】按钮 √,出现【表面粗糙度】对话框。

(1) 在【属性】组的【除料】列表中选择【修饰符,需要除料】选项。

(2) 在【切除(f1)】文本框中输入 Ra 0.8。

(3) 在【原点】组,激活【指定位置】,在图形区拾取边上一点,向左拖动,移动到合适位置,定位粗糙度符号,如图 9-90 所示。

步骤三:几何公差

(1) 单击【主页】选项卡中【注释】区域的【基准特征符号】按钮 A,出现【基准特征符号】对话框。

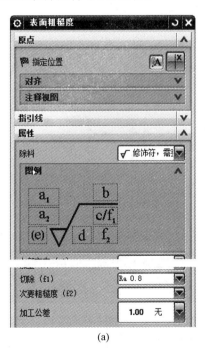

(a)

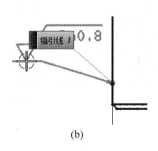

(b)

图 9-90 创建表面粗糙度符号

① 在【基准标识符】组的【字母】文本框输入 A。

② 在【原点】组,激活【指定位置】,在其上面适当位置拾取一点,向右拖动,如图 9-91 所示,单击左键。

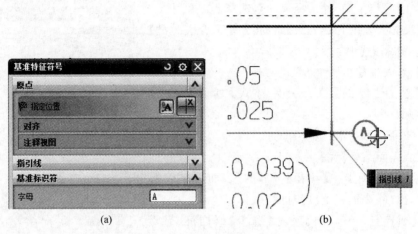

图 9-91　创建基准特征符号

（2）单击【主页】选项卡中【注释】区域的【特征控制框】按钮 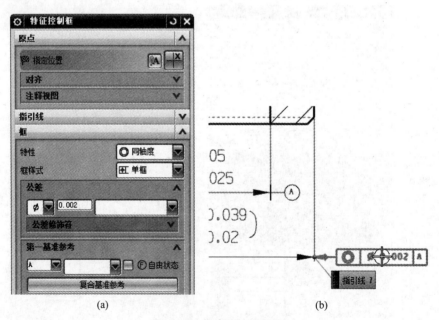，出现【特征控制框】对话框。

① 在【框】组的【特性】列表选取【同轴度】选项。

② 从【公差】列表选取 ϕ 选项，在文本框输入 0.002。

③ 从【第一基准参考】列表选取 A 选项。

④ 在【原点】组，激活【指定位置】，在其上面适当位置拾取一点，向右拖动，如图 9-92 所示，单击左键。

图 9-92　创建特征控制框

步骤四：技术要求

选择【GC 工具箱】|【注释】|【技术要求库】命令，出现【技术要求】对话框。

（1）在【文本输入】组的【从已有文本输入】文本框输入"技术要求　未注倒角 C1.5 HRC58～64"

（2）在【原点】组，激活【指定位置】，在适当位置拾取一点作为指定位置，拾取另一点作为指定终点，如图 9-93 所示，单击左键。

(a)　　　　　　　　　　(b)

图 9-93　技术要求

2. 步骤点评

对于步骤四：关于技术要求的填写的点评如下。

可以在【技术要求库】中先预选相应的要求，然后在【从已有文本输入】文本框中修改。

9.5.3　随堂练习

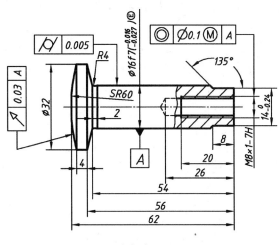

随堂练习 7

9.6　标题栏、明细表

本节知识点：
(1) 填写属性。
(2) 属性同步。
(3) 导入属性。
(4) 导入明细表属性。
(5) 自动标注零件序号。

9.6.1　装配图中零部件的序号及明细栏

1. 一般规定

(1) 装配图中所有零、部件都必须编写序号。

(2) 装配图中，一个部件可只编写一个序号，同一装配图中，尺寸规格完全相同的零、部件，应编写相同的序号。

(3) 装配图中的零、部件的序号应与明细栏中的序号一致标注一个完整的序号，一般应有三个部分：指引线、水平线(或圆圈)及序号数字。也可以不画水平线或圆圈。

2. 序号的标注形式

(1) 指引线　指引线用细实线绘制，应自所指部分的可见轮廓内引出，并在可见轮廓内的起始端画一圆点。

(2) 水平线或圆圈　水平线或圆圈用细实线绘制，用以注写序号数字。

(3) 序号数字　在指引线的水平线上或圆圈内注写序号时，其字高比该装配图中所注尺寸数字高度大一号，也允许大两号，当不画水平线或圆圈，在指引线附近注写序号时，序号字高必须比该装配图中所标注尺寸数字高度大两号。

3. 序号的编排方法

序号在装配图周围按水平或垂直方向排列整齐，序号数字可按顺时针或逆时针方向依次增大，以便查找。

在一个视图上无法连续编写完全部所需序号时，可在其他视图上按上述原则继续编写。

4. 明细栏的填写

(1) 明细栏直接画在装配图中时，明细栏中的序号应按自下而上的顺序填写，以便发现有漏编的零件时，可继续向上填补。如果是单独附页的明细栏，序号应按自上而下的顺序填写。

(2) 明细栏中的序号应与装配图上编号一致，即一一对应。

(3) 代号栏用来注写图样中相应组成部分的图样代号或标准号。

(4) 明细栏规格尺寸，如图 9-94 所示。

9.6.2　标题栏、明细表填写实例

按要求完成如下操作：
(1) 填写标题栏，如图 9-95 所示。
(2) 填写明细栏，如图 9-96 所示。

| 02 | | | | | | | |
| 01 | | | | | | | |

(a) 明细栏(数据)

序号	代 号	名 称	数量	材 料	单件	总计	备 注
					重量		
8	40	44	8	38	22		

180

(b) 明细栏(表头)

图 9-94　明细栏

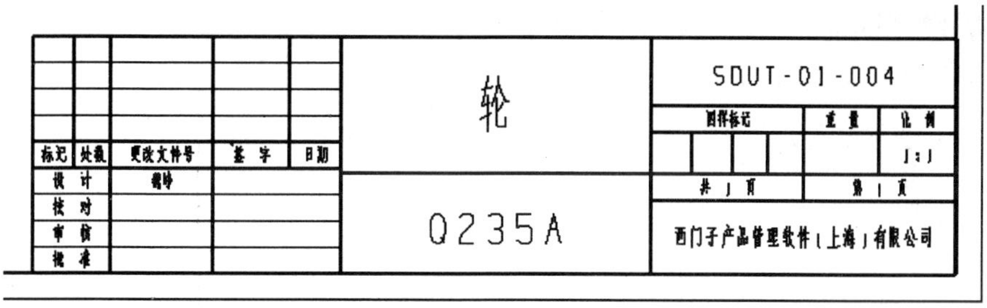

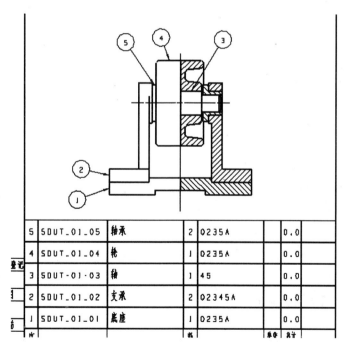

图 9-95　标题栏

图 9-96　明细栏

1. 操作步骤

步骤一：标题栏

（1）打开文件

打开"Wheel_dwg. prt"。

（2）创建属性值

选择【GC 工具箱】|【GC 数据规范】|【属性工具】命令，出现【属性工具】对话框。

① 在【属性】列表中选择【图号】，在对应【值】列上出现文本输入栏，输入 SDUT-01-004，如图 9-97 所示。

② 按照上一步的方法，分别输入【名称】为轮、【设计】为魏峥、【第 X 页】为 1、【共 X 页】为1、【比例】为 1:2 等选项，如图 9-98 所示。

图 9-97　【属性工具】对话框

图 9-98　设置零件属性

③ 单击【应用】按钮，标题栏显示如图 9-99 所示。

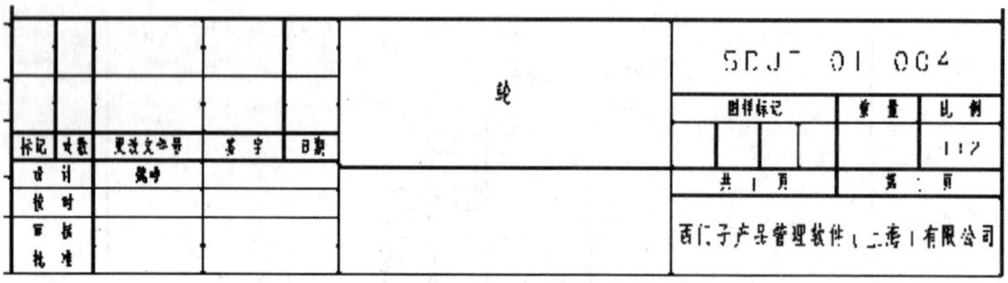

图 9-99　填写属性

（3）添加新的属性

选择【文件】|【属性】命令，出现【显示部件属性】对话框。

① 在【部件属性】列表中选择【无类别】选项。

② 在【标题/别名】文本输入框输入材料，在【值】文本输入框输入 Q235A。

③ 单击【添加新的属性】按钮 ，如图 9-100 所示，单击【确定】按钮退出对话框。

（4）导入材料属性

① 选择【格式】|【图层设置】命令，出现【图层设置】对话框，把 170 层设为可选，单击【确定】按钮，如图 9-101 所示。

② 在标题栏中选择材料显示区，右击选择【导入】|【属性】命令，出现【导入属性】对话框。

③ 从【导入】列表中选择【工作部件属性】选项。

④ 在【属性】列表中选择【材料】选项，如图 9-102 所示。

⑤ 单击【应用】按钮，新的属性值添加进标题栏中，如图 9-103 所示。

⑥ 选择【格式】|【图层设置】命令，出现【图层设置】对话框，把 170 层设为仅可见，单击【确定】按钮。

图 9-100 添加新的属性

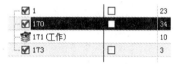

图 9-101 图层设置

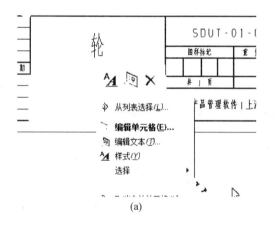

(a)

(b)

图 9-102 导入属性

图 9-103 导入新的属性

步骤二：编辑明细栏

（1）打开文件

打开"Wheel_Asm_dwg. prt"。

（2）导入材料属性

① 选择【格式】|【图层设置】命令，出现【图层设置】对话框，把 170 层设为可选，单击【确定】按钮。

② 在明细栏中选择【材料】的单元格，右击选择【选择】|【列】命令，如图 9-104 所示，选择【材料】这一列。

③ 在选择的【材料】这一列中右击选择【设置】选项，如图 9-105 所示。

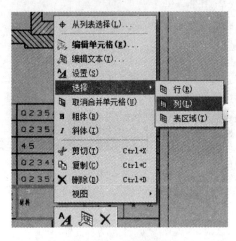

图 9-104　选择【列】

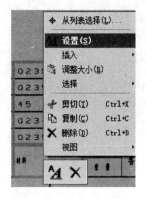

图 9-105　选择【设置】选项

④ 出现【设置】对话框，展开【列】，出现【内容】组，单击【属性名称】按钮 ，如图 9-106 所示。

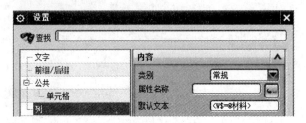

图 9-106　【设置】对话框

⑤ 出现【属性名称】对话框，在列表中选择【材料】选项，如图 9-107 所示。单击【确定】确定返回到【设置】对话框。

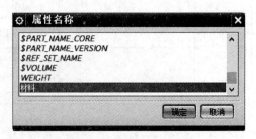

图 9-107　【属性名称】对话框

⑥ 在【设置】对话框中，单击【确定】按钮，明细栏中【材料】一列导入各个部件的【材料】属性值，如图 9-108 所示。

⑦ 选择明细栏区域,右击选择【设置】选项,如图 9-109 所示。

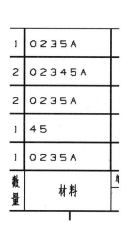

图 9-108 导入【材料】属性值

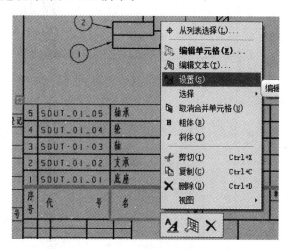

图 9-109 选择明细栏区域

⑧ 出现【设置】对话框,展开【公共】|【单元格】,出现【适合方法】组,取消【自动调整行的大小】、【自动调整文本大小】复选框,如图 9-110 所示。

图 9-110 设置【适合方法】

⑨ 单击【文字】选项,出现【文字参数】组,设置文字为 chinesef_fs,在【宽高比】文本框输入0.67,如图 9-111 所示,单击【确定】按钮。

图 9-111 设置文字样式

⑩ 选择【格式】|【图层设置】命令,出现【图层设置】对话框,把 170 层设为仅可见,单击【确定】按钮。

（3）自动标注零件序号

① 选择【GC 工具箱】|【制图工具】|【编辑零件明细表】按钮，出现【编辑零件明细表】对话框。

② 在【选择明细表】组，激活【选择明细表】。

③ 选中欲调整行，单击【向上】按钮 ⬆ 或【向下】按钮 ⬇ ，调整明细表顺序，如图 9-112 所示。

图 9-112　编辑零件明细表-调整顺序

④ 单击【更新件号】按钮 ⬙ ，重新排序件号，如图 9-113 所示。

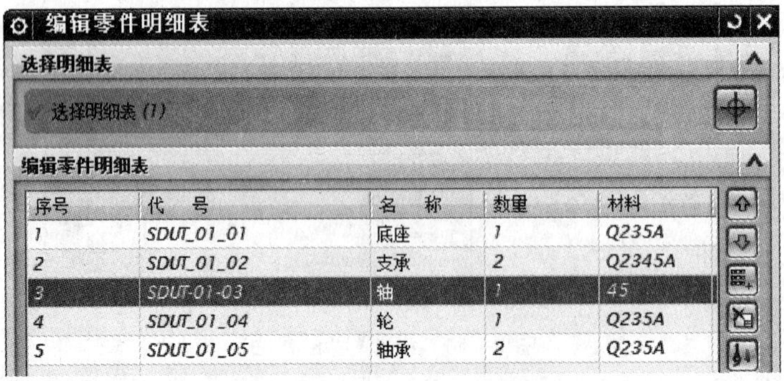

图 9-113　编辑零件明细表-更新件号

⑤ 单击【表】工具栏上的【自动符号标注】按钮 ⑨ ，出现【零件明细表自动符号标注】对话框，选择图形区的明细栏，如图 9-114 所示。

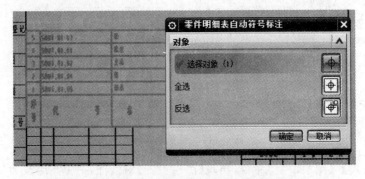

图 9-114　【零件明细表自动符号标注】对话框

⑥ 单击【确定】按钮。按照明细栏在视图上自动标注对应的序号,如图 9-115 所示。

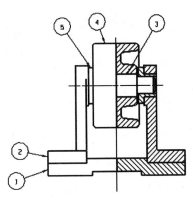

图 9-115　自动标注序号

2. 步骤点评

对于步骤一:关于修改模板的点评如下。

UG NX 9.0 中有自带的图框,其中零件名称、材料、重量(赋值重量)、零件图号、页码、页数、比例、设计都可以在【GC 工具箱】|【属性工具】|【属性】中填写,而且在装配时有关联性,但它自带的图框中的字体(中文:chinesef_fs,标注:blockfont)以及公司名称(西门子产品管理软件(上海)有限公司)要修改,但调入图框用 GC 工具箱填写属性时,这些项目是选不中的,这是因为设置了图层仅可见的。

修改方法:

(1) 用 NX 9.0 打开图框模板的源文件。这些文件的位置在 X:\Program Files\Siemens\NX 9.0\LOCALIZATION\prc\simpl_chinese\startup。

(2) 选择【格式】|【图层设置】命令,出现【图层设置】对话框,把 170 层设为可选,单击【确定】按钮。

(3) 选中需修改的单元格,右击选择【设置】命令,修改文本,更改字体及字体大小。

(4) 选择【格式】|【图层设置】命令,出现【图层设置】对话框,把 170 层设为仅可见,单击【确定】按钮。

9.6.3　随堂练习

建立螺栓连接装配工程图和螺母零件工程图,完成明细表,标题栏设置。

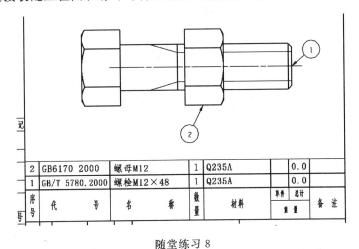

2	GB6170 2000	螺母M12	1	Q235A	0.0	
1	GB/T 5780.2000	螺栓M12×48	1	Q235A	0.0	
序号	代　号	名　称	数量	材料	单件重量 总计	备注

随堂练习 8

9.7　上机练习

创建模型完成工程图。

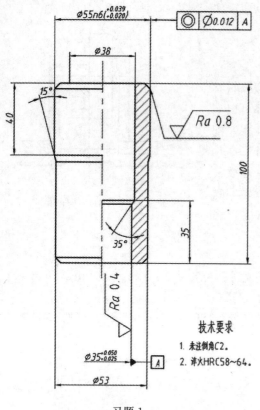

技术要求

1. 未注倒角C2。
2. 淬火HRC58~64。

习题 1

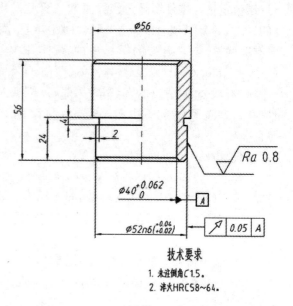

技术要求

1. 未注倒角C1.5。
2. 淬火HRC58~64。

习题 2

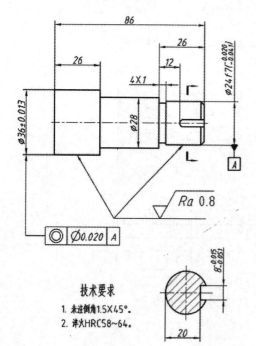

技术要求

1. 未注倒角1.5×45°。
2. 淬火HRC58~64。

习题 3

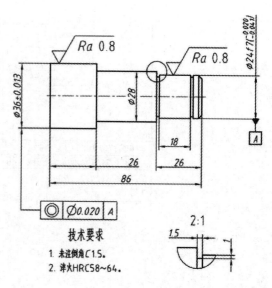

技术要求

1. 未注倒角C1.5。
2. 淬火HRC58~64。

习题 4

第10章

实　　训

10.1　实训一　体素特征和布尔操作

10.1.1　实训目的

运用体素特征,建立如图 10-1 所示模型。

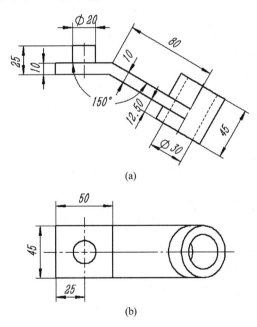

(a)

(b)

图 10-1　体素特征和布尔操作

10.1.2　实训步骤

1. 建模要求

（1）体素特征。

（2）操纵工作坐标系。

（3）布尔操作。

建模步骤如图 10-2 所示。

步骤一　　步骤二　　　　步骤三　　　　步骤四　　　　步骤五

图 10-2　建模步骤

2. 操作步骤

步骤一：新建零件，建立块 1

（1）新建零件"Link. prt"。

（2）选择【插入】|【设计特征】|【长方体】命令，出现【块】对话框。

① 默认指定点。

② 在【尺寸】组的【长度】文本框输入 45，在【宽度】文本框输入 50，在【高度】文本框输入 10。

如图 10-3 所示，单击【确定】按钮，在坐标系原点(0,0,0)创建长方体。

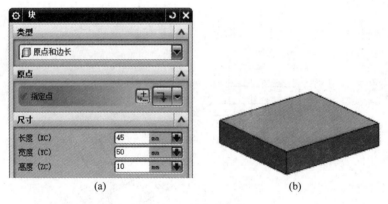

(a)　　　　　　　　　　　　　　　(b)

图 10-3　创建长方体

步骤二：变换工作坐标系，建立块 2

（1）改变工作坐标系。选择【格式】|WCS|【动态】命令。

① 选择上顶面边缘的右端点，如图 10-4(a)所示。

② 双击 ZC 轴，改变方向，如图 10-4(b)所示。

③ 绕 XC 轴旋转 30°，如图 10-4(c)所示。

按鼠标中键。

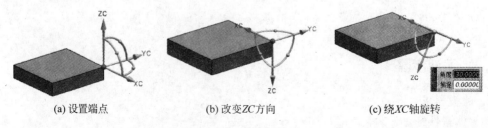

(a) 设置端点　　　　　(b) 改变ZC方向　　　　　(c) 绕XC轴旋转

图 10-4　改变坐标系

（2）选择【插入】|【设计特征】|【长方体】命令，出现【块】对话框。

① 默认指定点。

② 在【长度】文本框输入 45，在【宽度】文本框输入 80，在【高度】文本框输入 10。

如图 10-5 所示，单击【确定】按钮。

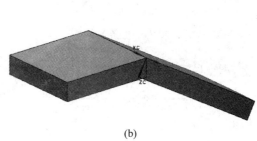

| (a) | (b) |

图 10-5 创建长方体

（3）选择【插入】|【组合】|【求和】命令，出现【求和】对话框。

① 在【目标】组，激活【选择体】，在图形区选取目标实体。

② 在【工具】组，激活【选择体】，在图形区选取一个工具实体。

如图 10-6 所示，单击【确定】按钮。

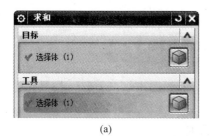
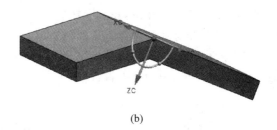

| (a) | (b) |

图 10-6 布尔操作

步骤三：变换工作坐标系，建立圆柱 1

（1）改变工作坐标系。选择【格式】|WCS|【动态】命令。

① 选择上顶面边缘的中点，并确定 ZC 轴方向，如图 10-7(a)所示。

② 选择移动手柄，出现动态输入框，要求输入 20，如图 10-7(b)所示，按鼠标中键。

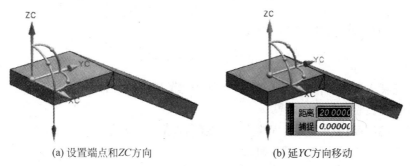

(a) 设置端点和ZC方向　　(b) 延YC方向移动

图 10-7 改变坐标系

（2）选择【插入】|【设计特征】|【圆柱】命令，出现【圆柱】对话框。

① 默认指定矢量，默认指定点。

② 在【尺寸】组的【直径】文本框输入 20，在【高度】文本框输入 15。

如图 10-8 所示，单击【确定】按钮。

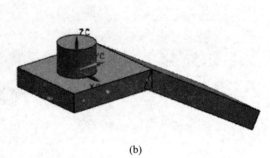

(a)　　　　　　　　　　(b)

图 10-8　创建圆柱体

（3）选择【插入】|【组合体】|【求和】命令，出现【求和】对话框。

① 在【目标】组中，激活【选择体】，在图形区选取目标实体。

② 在【工具】组中，激活【选择体】，在图形区选取一个工具实体。

单击【确定】按钮。

步骤四：变换工作坐标系，建立圆柱 2

（1）改变工作坐标系的原点。选择【格式】|WCS|【动态】命令。

① 选择下顶面边缘的中点，并确定 ZC 轴方向，如图 10-9(a)所示。

② 选择移动手柄，出现动态输入框，要求输入－12.5，如图 10-9(b)所示，按鼠标中键。

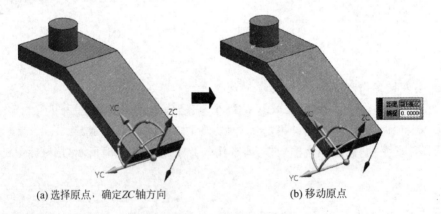

(a) 选择原点，确定ZC轴方向　　　　　　(b) 移动原点

图 10-9　改变坐标系

（2）选择【插入】|【设计特征】|【圆柱】命令，出现【圆柱】对话框。

① 默认指定矢量，默认指定点。

② 在【尺寸】组的【直径】文本框输入 45，在【高度】文本框输入 45。

如图 10-10 所示，单击【确定】按钮。

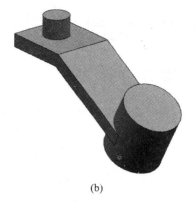

(a)
(b)

图 10-10 创建圆柱体

(3) 选择【插入】|【组合】|【求和】命令,出现【求和】对话框。

① 在【目标】组中,激活【选择体】,在图形区选取目标实体。

② 在【工具】组中,激活【选择体】,在图形区选取一个工具实体。

单击【确定】按钮。

步骤五:建立圆柱 3

(1) 选择【插入】|【设计特征】|【圆柱】命令,出现【圆柱】对话框。

① 默认指定矢量,默认指定点。

② 在【直径】文本框输入 30,在【高度】文本框输入 45。

如图 10-11 所示,单击【确定】按钮。

(2) 选择【插入】|【组合体】|【求差】命令,出现【求差】对话框。

① 在【目标】组中,激活【选择体】,在图形区选取目标实体。

② 在【工具】组中,激活【选择体】,在图形区选取一个工具实体。

如图 10-12 所示,单击【确定】按钮。

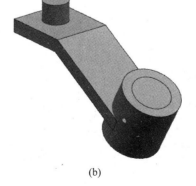

(a)
(b)

图 10-11 创建圆柱体
图 10-12 布尔运算

步骤六:存盘

选择【文件】|【保存】命令,保存文件。

10.2　实训二　绘制草图

10.2.1　实训目的

熟练掌握二维草图的绘制方法与技巧,建立图 10-13 所示草图。

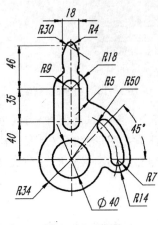

图 10-13　草图

10.2.2　实训步骤

1. 草图分析

（1）尺寸分析

① 尺寸基准如图 10-14(a)所示。

② 定位尺寸如图 10-14(b)所示。

③ 定形尺寸如图 10-14(c)所示。

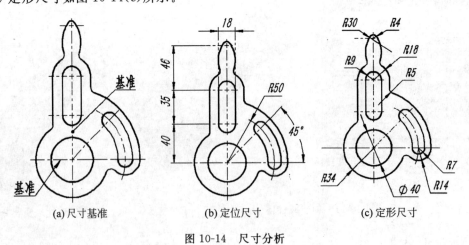

(a)尺寸基准　　　　　(b)定位尺寸　　　　　(c)定形尺寸

图 10-14　尺寸分析

（2）线段分析

① 已知线段如图 10-15(a)所示。

② 中间线段如图 10-15(b)所示。

③ 连接线段如图 10-15(c)所示。

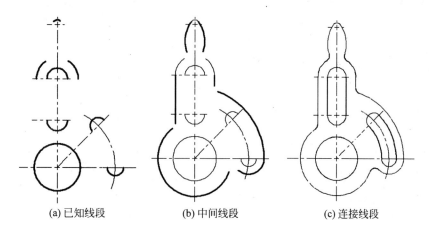

(a) 已知线段　　　　　(b) 中间线段　　　　　(c) 连接线段

图 10-15　线段分析

2. 操作步骤

步骤一：新建文件

新建文件"Knob. prt"。

步骤二：设置草图工作图层

选择【格式】|【图层设置】命令，出现【图层设置】对话框，设置第 21 层为草图工作层。

步骤三：新建草图

选择【插入】|【任务环境中的草图】命令，出现【创建草图】对话框。

(1) 在【草图平面】组的【平面方法】列表中选择【现有平面】选项，在绘图区选择一个附着平面(XOY)。

(2) 在【草图方向】组的【参考】列表中选择【水平】选项，在绘图区选择 OX 轴。

(3) 在【草图原点】组，激活【指定点】选项，在绘图区选择原点。

单击【确定】按钮，进入草图环境，草图生成器自动使视图朝向草图平面，并启动【轮廓】命令。

步骤四：命名草图

在【草图名称】下拉列表框中输入 SKT_21_knob。

步骤五：绘制草图

(1) 画基准线

利用【主页】选项卡【曲线】区域的【直线】功能创建直线，利用【主页】选项卡【约束】区域的【转换至/自参考对象】功能将直线转换为构造线，接着利用【主页】选项卡【约束】区域的【几何约束】功能添加几何约束，利用【主页】选项卡【约束】区域的【快速尺寸】功能添加尺寸约束，如图 10-16 所示。

(2) 画已知线段

利用【主页】选项卡【曲线】区域的【直线】功能创建直线，利用【主页】选项卡【曲线】区域的【圆】○功能创建圆,接着利用【主页】选项卡【约束】区域的【几何约束】✍功能添加几何约束,利用【主页】选项卡【约束】区域的【快速尺寸】功能添加尺寸约束,如图 10-17 所示。

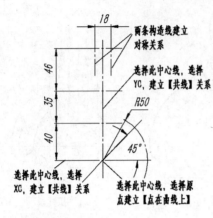

图 10-16　画基准线

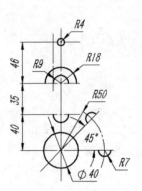

图 10-17　画已知线段

(3) 明确中间线段的连接关系,画出中间线段

利用【主页】选项卡【曲线】区域的【圆】○功能创建圆,接着利用【主页】选项卡【约束】区域的【几何约束】✍功能添加几何约束,利用【主页】选项卡【约束】区域的【快速尺寸】功能添加尺寸约束,如图 10-18 所示。

(4) 明确连接线段的连接关系,画出连接线段

利用【主页】选项卡【曲线】区域的【直线】╱功能创建直线,利用【主页】选项卡【曲线】区域的【圆】○功能创建圆,接着利用【主页】选项卡【约束】区域的【几何约束】✍功能添加几何约束,利用【主页】选项卡【约束】区域的【快速尺寸】功能添加尺寸约束,如图 10-19 所示。

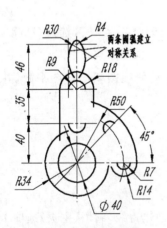

图 10-18　画中间线段

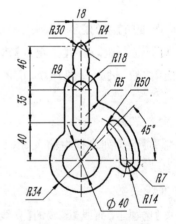

图 10-19　画连接线段

步骤六:结束草图绘制

单击【主页】选项卡中【草图】区域的【完成草图】按钮。

步骤七:存盘

选择【文件】|【保存】命令,保存文件。

10.3 实训三 拉伸操作建模

10.3.1 实训目的

应用拉伸创建模型,如图 10-20 所示。

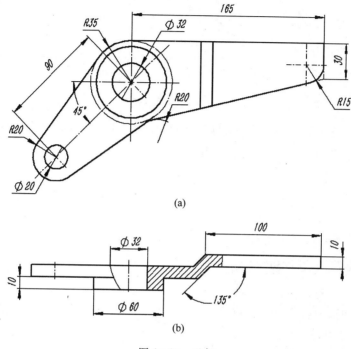

(a)

(b)

图 10-20 叉架

10.3.2 实训步骤

1. 建模理念

采用布尔求交完成毛坯建模。建模步骤如图 10-21 所示。

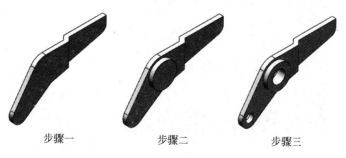

步骤一   步骤二   步骤三

图 10-21 建模步骤

2. 操作步骤

步骤一：新建文件,建立毛坯

(1) 新建文件"Fork.prt"。

（2）在 ZOY 基准面绘制草图，如图 10-22 所示。

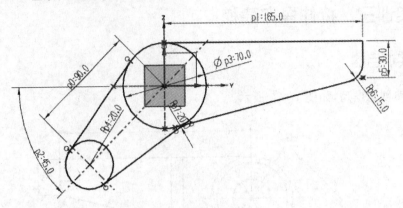

图 10-22　绘制草图

（3）单击【主页】选项卡中【特征】区域的【拉伸】按钮 ，出现【拉伸】对话框。

① 设置选择意图规则：单条曲线，在相交处停止 。

② 在【截面】组中激活【选择曲线】，选择曲线。

③ 在【极限】组中的【结束】列表中选择【值】选项，在【距离】文本框输入 20。

④ 在【布尔】组的【布尔】列表中选择【无】选项。

如图 10-23 所示，单击【确定】按钮。

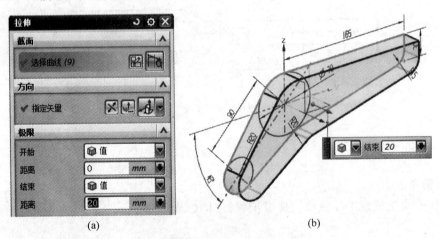

图 10-23　拉伸基体 1

（4）在上表面绘制草图，如图 10-24 所示。

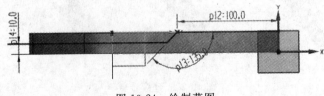

图 10-24　绘制草图

（5）单击【主页】选项卡中【特征】区域的【拉伸】按钮 ，出现【拉伸】对话框。

① 设置选择意图规则：自动判断曲线。

② 在【截面】组中激活【选择曲线】,选择曲线。

③ 在【极限】组中的【结束】列表中选择【值】选项,在【距离】文本框输入 130。

④ 在【布尔】组的【布尔】列表中选择【无】选项。

如图 10-25 所示,单击【确定】按钮。

 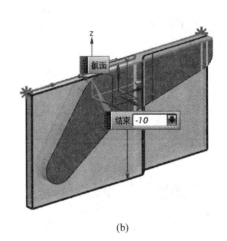

(a)　　　　　　　　　　(b)

图 10-25　拉伸基体 2

(6) 选择【插入】|【组合】|【求交】命令,出现【求交】对话框。

① 在【目标】组中激活【选择体】,在图形区选取拉伸基体 1。

② 在【刀具】组中激活【选择体】,在图形区选取选择拉伸基体 2。

如图 10-26 所示,单击【确定】按钮。

 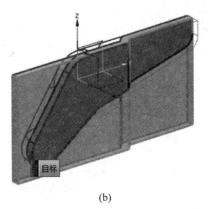

(a)　　　　　　　　　　(b)

图 10-26　组合实体

步骤二:建立凸台

单击【主页】选项卡中【特征】区域的【凸台】按钮 ,出现【凸台】对话框。

（1）在【直径】文本框输入 60，在【高度】文本框输入 10。

（2）提示行提示：选择平的放置面。在图形区域选择端面为放置面。

如图 10-27 所示，单击【确定】按钮。

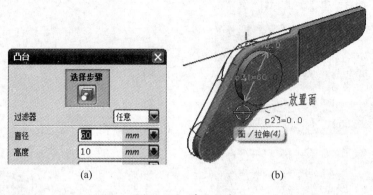

(a)   (b)

图 10-27   建立凸台

（3）出现【定位】对话框（提示行提示：选择定位方法或为垂线选择目标边/基准），单击
【点到点】按钮 ✏（提示行提示：选择目标对象），在图形区选择端面边缘，如图 10-28 所示。

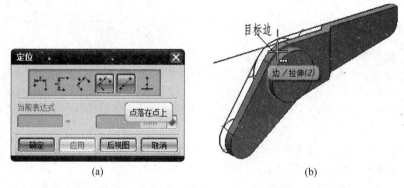

(a)   (b)

图 10-28   定位

（4）出现【设置圆弧的位置】对话框（提示行提示：选择圆弧上点），单击【圆弧中心】按钮，
如图 10-29 所示。

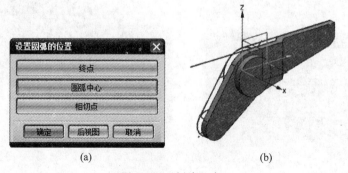

(a)   (b)

图 10-29   创建凸台

步骤三：打孔

（1）单击【主页】选项卡中【特征】区域的【孔】按钮 ▣，出现【孔】对话框。

① 从【类型】列表中选择【常规孔】选项。

② 激活【位置】组,单击【点】按钮,选择面圆心点为孔的中心。

③ 在【方向】组中的【孔方向】列表中选择【垂直于面】选项。

④ 在【形状和尺寸】组中的【成形】列表中选择【简单】选项。

⑤ 在【尺寸】组中,输入【直径】值为 32,从【深度限制】列表中选择【贯通体】选项。

如图 10-30 所示,单击【确定】按钮。

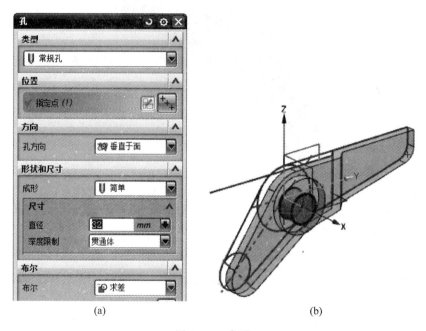

(a)   (b)

图 10-30   打孔

(2) 采用同样方法创建孔 2,如图 10-31 所示。

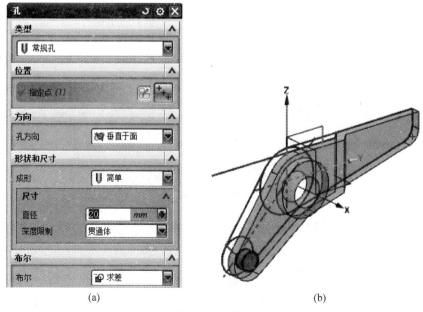

(a)   (b)

图 10-31   孔 2

步骤四：移动层

（1）将草图移到 21 层。

（2）将 21 层设为【不可见】。

如图 10-32 所示。

图 10-32 叉架

步骤五：存盘

选择【文件】|【保存】命令，保存文件。

10.4 实训四 建立基准面、基准轴

10.4.1 实训目的

熟练掌握基准面、基准轴的创建方法，设计如图 10-33 所示模型。

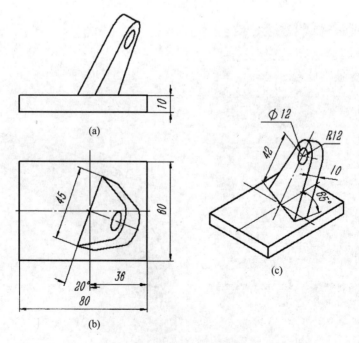

图 10-33 基准面、基准轴应用

10.4.2 实训步骤

1. 建模理念

（1）底板为对称。

（2）斜块底部中点落在底板中心线上。

建模步骤如图 10-34 所示。

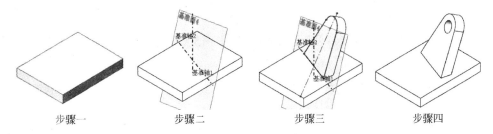

| 步骤一 | 步骤二 | 步骤三 | 步骤四 |

图 10-34 建模步骤

2. 操作步骤

步骤一：新建文件，建立毛坯

（1）新建文件"Relative _Datum_ Axis. prt"。

（2）选择【插入】|【设计特征】|【长方体】命令，出现【块】对话框。

① 默认指定点。

② 在【尺寸】组的【长度】文本框输入 60，在【宽度】文本框输入 80，在【高度】文本框输入 10。

如图 10-35 所示，单击【确定】按钮，创建长方体。

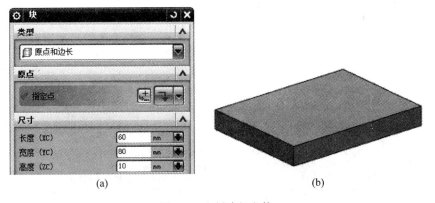

(a)　　　　　　　　　　　　　(b)

图 10-35 创建长方体

步骤二：创建基准面

（1）单击【主页】选项卡中【特征】区域的【基准平面】按钮，出现【基准平面】对话框，选择实体模型的两个面，创建二等分基准面，如图 10-36 所示，单击【应用】按钮。

（2）选择后表面，在【偏置】组中的【距离】文本框输入 36，创建等距基准面，如图 10-37 所示，单击【确定】按钮。

（3）单击【主页】选项卡中【特征】区域的【基准轴】按钮，出现【基准轴】对话框，选择新建的两基准面，建立基准轴，如图 10-38 所示，单击【确定】按钮。

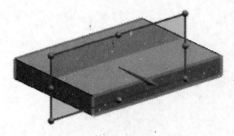

图 10-36　创建二等分基准面

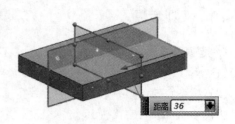

图 10-37　创建等距基准面

（4）单击【主页】选项卡中【特征】区域的【基准平面】按钮 ，出现【基准平面】对话框。

① 选择基准轴和新建等距基准面。

② 在【角度】组中的【角度】文本框输入 20。

如图 10-39 所示，单击【确定】按钮。

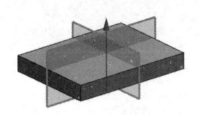

图 10-38　建立基准轴

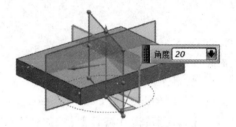

图 10-39　建立斜基准面

（5）单击【主页】选项卡中【特征】区域的【基准轴】按钮 ↑，出现【基准轴】对话框，选择新建基准面和上表面，建立基准轴，如图 10-40 所示，单击【确定】按钮。

（6）单击【主页】选项卡中【特征】区域的【基准平面】按钮 □，出现【基准平面】对话框。

① 选择基准轴和上表面。

② 在【角度】组中的【角度】文本框输入 65。

如图 10-41 所示，单击【确定】按钮。

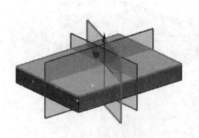

图 10-40　建立基准轴

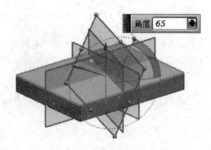

图 10-41　建立倾斜基准面

（7）将所建辅助基准面移到 61 层，并隐藏 61 层，如图 10-42 所示。

步骤三：建立斜支撑

（1）选择基准面，绘制草图，如图 10-43 所示。

（2）单击【主页】选项卡中【特征】区域的【拉伸】按钮 ，出现【拉伸】对话框。

① 设置选择意图规则：单条曲线，在相交处停止。

② 在【截面】组，激活【选择曲线】，在图形区选择截面曲线。

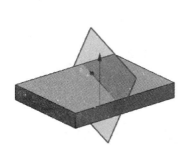

图 10-42 隐藏基准面

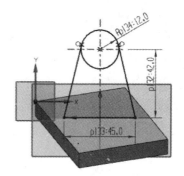

图 10-43 绘制草图

③ 在【限制】组的【结束】列表中选择【值】选项,在【距离】文本框输入 10。

④ 在【布尔】组的【布尔】列表中选择【求和】选项,在图形区选择求和体。

如图 10-44 所示,单击【确定】按钮。

(a)

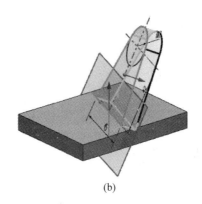
(b)

图 10-44 创建斜支撑

步骤四:打孔

单击【主页】选项卡中【特征】区域的【孔】按钮 ,出现【孔】对话框。

(1) 从【类型】列表中选择【常规孔】选项。

(2) 激活【位置】组,单击【点】按钮 ,选择面圆心点为孔的中心。

(3) 在【方向】组中的【孔方向】列表中选择【垂直于面】选项。

(4) 在【形状和尺寸】组中的【成形】列表中选择【简单】选项。

(5) 在【尺寸】组中,输入【直径】值为 12,从【深度限制】列表中选择【贯通体】选项。

(6) 在【布尔】组中的【布尔】列表中选择【求差】选项。

如图 10-45 所示,单击【确定】按钮。

步骤五:移到层

(1) 将草图移到 21 层,将基准面、基准轴移到 61 层。

(2) 将 61 层,21 层设为【不可见】。

建模完成后如图 10-46 所示。

步骤六：存盘。

选择【文件】|【保存】命令，保存文件。

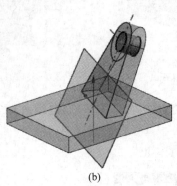

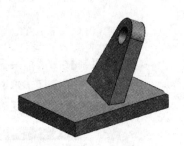

图 10-45　创建孔

图 10-46　完成建模

10.5　实训五　设计特征建模

10.5.1　实训目的

应用设计特征创建轴模型，如图 10-47 所示。

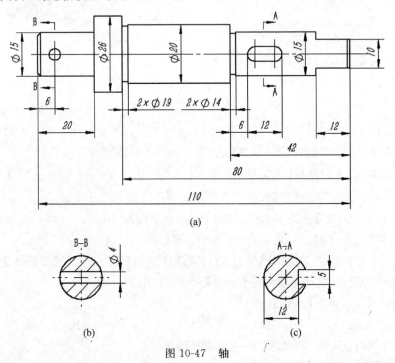

图 10-47　轴

10.5.2 实训步骤

1. 建模理念

(1) 采用体素特征与设计特征参数化完成建模。

(2) 倒角 $1 \times 45°$。

建模步骤如图 10-48 所示。

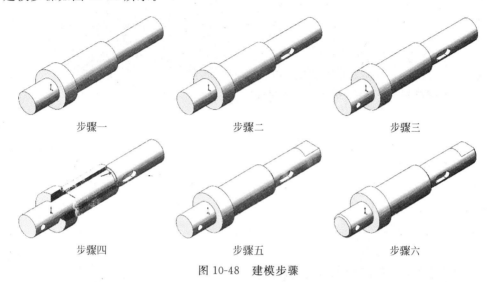

步骤一　　　　　　　步骤二　　　　　　　步骤三

步骤四　　　　　　　步骤五　　　　　　　步骤六

图 10-48　建模步骤

2. 操作步骤

步骤一: 新建文件, 创建毛坯

(1) 新建文件"Axle.prt"。

(2) 选择【插入】|【设计特征】|【圆柱】命令, 出现【圆柱】对话框。

① 在【轴】组, 激活【指定矢量】, 在图形区选择 OY 轴。

② 在【直径】文本框输入 26, 在【高度】文本框输入 10。

如图 10-49 所示, 单击【确定】按钮。

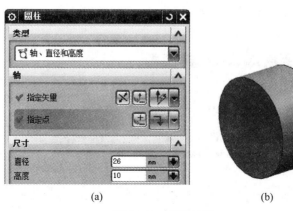

(a)　　　　　　　　　　　　(b)

图 10-49　创建轴肩

(3) 单击【主页】选项卡中【特征】区域的【凸台】按钮 ，出现【凸台】对话框。

① 在【直径】文本框输入 15, 在【高度】文本框输入 20。

② 提示行提示：选择平的放置面。在图形区域选择端面为放置面。

如图 10-50 所示，单击【应用】按钮。

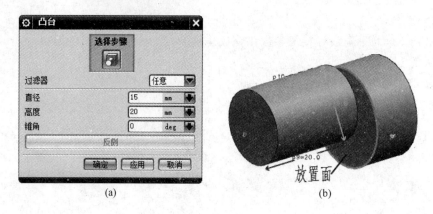

图 10-50　建立凸台

③ 出现【定位】对话框。

a. 提示行提示：选择定位方法或为垂线选择目标边/基准，平的放置面。单击【点到点】按钮 。

b. 提示行提示：选择目标对象。在图形区选择端面边缘，如图 10-51 所示。

图 10-51　定位

c. 出现【设置圆弧的位置】对话框（提示行提示：选择圆弧上点），单击【圆弧中心】按钮，如图 10-52 所示。

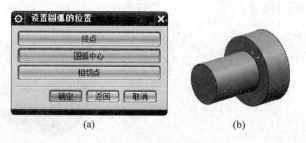

图 10-52　建立轴段

（4）按同样方法分别建立其他轴段，如图 10-53 所示。

步骤二：建立键槽

（1）单击【主页】选项卡中【特征】区域的【基准平面】按钮 □ ，出现【基准平面】对话框。

图 10-53　建立毛坯

① 选择圆柱表面,自动建立相切基准面,单击【应用】按钮,建立基准面 1。

② 选择新建基准面 1,选择圆柱表面,单击【应用】按钮,建立基准面 2。

③ 选择新建基准面 2,选择圆柱表面,单击【应用】按钮,建立基准面 3。

④ 选择基准面 1,选择基准面 3,单击【应用】按钮,建立二等分基准面 4。

⑤ 选择端面,在【距离】文本框输入 0,单击【应用】按钮,建立等距为 0 的基准面 5。

⑥ 选择端面,在【距离】文本框输入 0,单击【应用】按钮,建立等距为 0 的基准面 6。

⑦ 选择另一端面,在【距离】文本框输入 0,单击【确定】按钮,建立等距为 0 的基准面 7,如图 10-54 所示。

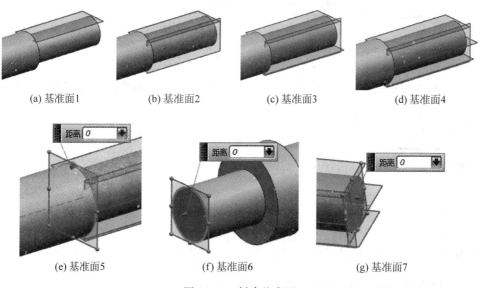

(a) 基准面1　　(b) 基准面2　　(c) 基准面3　　(d) 基准面4

(e) 基准面5　　　(f) 基准面6　　　(g) 基准面7

图 10-54　创建基准面

(2) 单击【主页】选项卡中【特征】区域的【键槽】按钮 ▣,出现【键槽】对话框。

① 选中【矩形槽】单选按钮,取消【通过槽】复选框,单击【确定】按钮,如图 10-55 所示。

② 出现【矩形键槽】对话框(提示行提示:选择平的放置面),在图形区域选择放置面,如图 10-56 所示,单击【接受默认边】按钮。

③ 出现【水平参考】对话框(提示行提示:选择水平参考),在图形区域选择水平方向,如图 10-57 所示。

图 10-55　选择键槽类型

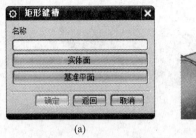
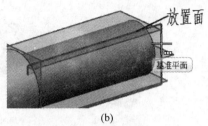

图 10-56　选择放置面

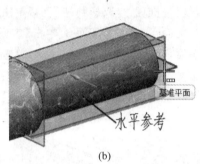

图 10-57　选择水平方向

④ 出现【矩形键槽】对话框,在【长度】文本框输入 12,在【宽度】文本框输入 5,在【深度】文本框输入 3,如图 10-58 所示,单击【确定】按钮。

⑤ 出现【定位】对话框。

a. 提示行提示:选择定位方法。单击【线到线】按钮工。

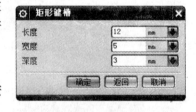

图 10-58　【矩形键槽】对话框

b. 提示行提示:选择目标边/基准。在图形区域选择目标边。

c. 提示行提示:选择工具边。在图形区域选择工具边,如图 10-59 所示。

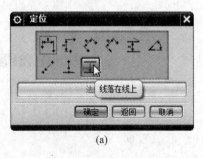
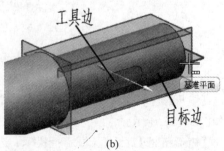

图 10-59　定位

⑥ 出现【定位】对话框。

a. 提示行提示:选择定位方法。单击【垂直】按钮.

b. 提示行提示：选择目标边/基准。在图形区域选择目标边。

c. 提示行提示：选择工具边。在图形区域选择工具边，如图 10-60 所示。

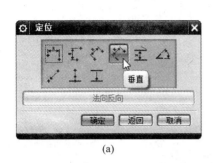
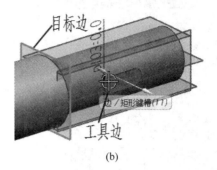

图 10-60　定位

⑦ 出现【设置圆弧的位置】对话框。

a. 单击【相切点】按钮。

b. 出现【创建表达式】对话框，在 p12 文本框输入 6。

如图 10-61 所示，单击【确定】按钮。

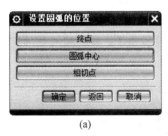
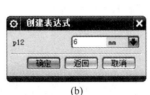
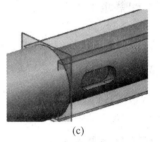

图 10-61　定位

步骤三：钻孔

单击【主页】选项卡中【特征】区域的【孔】按钮，出现【孔】对话框。

（1）从【类型】列表中选择【常规孔】选项。

（2）激活【位置】组（提示行提示：选择要草绘的平面或指定点），单击【绘制草图】按钮，在图形区域选择基准面 2 绘制圆心点草图，如图 10-62 所示，退出草图。

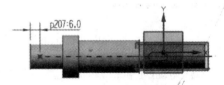

图 10-62　绘制圆心点草图

（3）在【方向】组的【孔方向】列表中选择【沿矢量】选项，在图形区选择方向。

（4）在【形状和尺寸】组的【成形】列表中选择【简单】选项。

（5）在【尺寸】组，输入【直径】值为 4，从【深度限制】列表中选择【贯通体】选项。

如图 10-63 所示，单击【确定】按钮。

步骤四：建立退刀槽

（1）单击【主页】选项卡中【特征】区域的【沟槽】按钮，出现【槽】对话框。

① 单击【矩形】按钮，如图 10-64 所示。

(a)

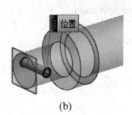

(b)

图 10-63　打孔

图 10-64　选择槽类型

② 出现【矩形槽】对话框（提示行提示：选择放置面），在图形区选择放置面，如图 10-65 所示。

③ 出现【矩形槽】对话框，在【槽直径】文本框输入 19，在【宽度】文本框输入 2，如图 10-66 所示，单击【确定】按钮。

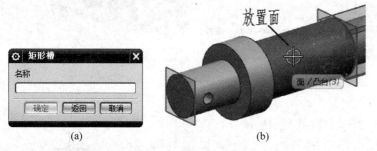

(a)   (b)

图 10-65　选择放置面

图 10-66　建立沟槽

④ 出现【定位槽】对话框。

a. 提示行提示：选择目标边或"确定"接受初始位置。在图形区选择端面边缘。

b. 提示行提示：选择刀具边。在图形区选择槽边缘，如图 10-67 所示。

(a)

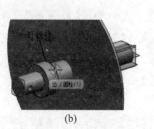

(b)

(c)

图 10-67　定位沟槽

⑤ 出现【创建表达式】对话框,输入距离 0,如图 10-68 所示,单击【确定】按钮。

(2) 按同样方法完成另一个退刀槽,如图 10-69 所示。

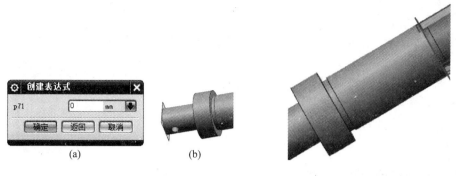

图 10-68　定位沟槽　　　　　　　　　　图 10-69　退刀槽

步骤五:切端面

(1) 单击【主页】选项卡中【特征】区域的【腔体】按钮，出现【腔体】对话框。

① 单击【矩形】按钮,如图 10-70 所示。

② 出现【矩形腔体】对话框(提示行提示:选择平的放置面),在图形区域选择放置面,如图 10-71 所示,单击【接受默认边】按钮。

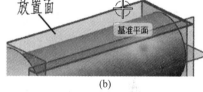

图 10-70　选择腔体类型　　　　　　　　图 10-71　选择放置面

③ 出现【水平参考】对话框(提示行提示:选择水平参考),在图形区域选择水平方向,如图 10-72 所示。

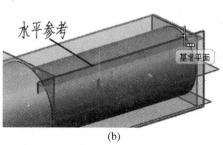

图 10-72　选择水平方向

④ 出现【矩形腔体】对话框,在【长度】文本框输入 12,在【宽度】文本框输入 12,在【深度】文本框输入 2.5,如图 10-73 所示,单击【确定】按钮。

⑤ 出现【定位】对话框。

a. 提示行提示:选择定位方法。单击【线到线】按钮工。

b. 提示行提示:选择目标边/基准。在图形区域选择目标边。

c. 提示行提示:选择工具边。在图形区域选择工具边,如图 10-74 所示。

图 10-73　【矩形腔体】对话框

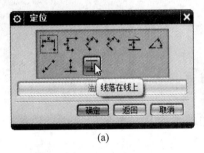

(a)

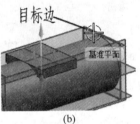

(b)

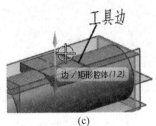

(c)

图 10-74　线到线定位

⑥ 出现【定位】对话框。

a. 提示行提示:选择定位方法,单击【线到线】按钮工。

b. 提示行提示:选择目标边/基准。在图形区域选择目标边。

c. 提示行提示:选择工具边,在图形区域选择工具边,如图 10-75 所示。

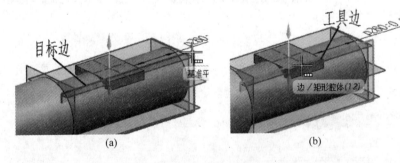

(a)　　　　　　　　　　　　　　　　　(b)

图 10-75　线到线定位

(2) 选择【插入】|【关联复制】|【镜像特征】命令,出现【镜像特征】对话框。

① 在【要镜像的特征】组,激活【选择特征】,在图形区选择腔体。

② 在【镜像平面】组的【平面】列表中选择【现有平面】选项,在图形区选取镜像面。

如图 10-76 所示,单击【确定】按钮,建立镜像特征。

步骤六:倒角

单击【主页】选项卡中【特征】区域的【倒斜角】按钮，出现【倒斜角】对话框。

(1) 在【边】组,激活【选择边】,在图形区选择边。

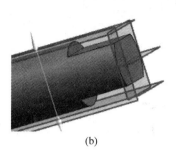

(a)　　　　　　　　　　　(b)

图 10-76　镜像特征

（2）在【偏置】组的【横截面】列表中选择【偏置和角度】选项，在【距离】文本框输入 1，在【角度】文本框输入 45，如图 10-77 所示，单击【确定】按钮。

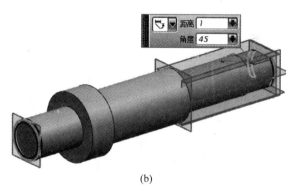

(a)　　　　　　　　　　　(b)

图 10-77　倒角

步骤七：移动层

（1）将基准面移到 61 层。

（2）将 61 层设为【不可见】。

如图 10-78 所示。

图 10-78　轴

步骤八：存盘

选择【文件】|【保存】命令，保存文件。

10.6　实训六　细节特征建模

10.6.1　实训目的

创建模型,如图 10-79 所示。

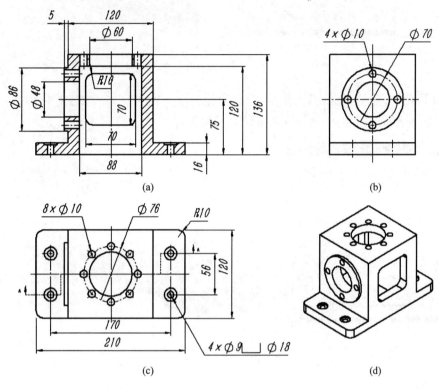

图 10-79　支座

10.6.2　实训步骤

1. 建模理念

(1) 利用基准面,确定三个方向的设计基准。

(2) 采用阵列完成系列孔创建。

建模步骤如图 10-80 所示。

2. 操作步骤

步骤一:新建文件,创建毛坯

(1) 新建文件"Base. prt"。

(2) 选择【插入】|【设计特征】|【长方体】命令,出现【块】对话框。

① 默认指定点。

② 在【尺寸】组的【长度】文本框输入 120,在【宽度】文本框输入 210,在【高度】文本框输入 16。

如图 10-81 所示,单击【确定】按钮,创建长方体。

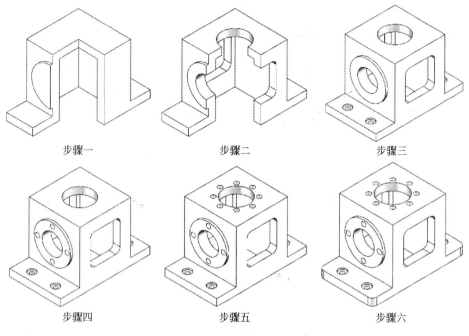

步骤一 步骤二 步骤三

步骤四 步骤五 步骤六

图 10-80 建模步骤

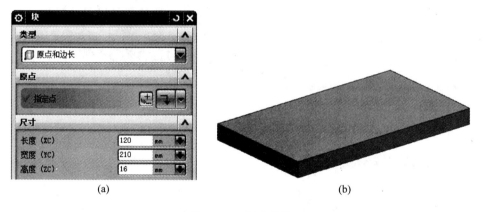

(a) (b)

图 10-81 创建基体

（3）单击【主页】选项卡中【特征】区域的【基准平面】按钮 ，出现【基准平面】对话框，选择两个面，如图 10-82 所示，单击【应用】按钮，创建两个面的二等分基准面。

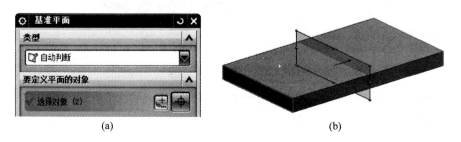

(a) (b)

图 10-82 二等分基准面

（4）选择两个面，如图 10-83 所示，单击【确定】按钮，创建两个面的二等分基准面。

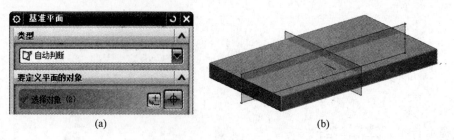

（a）　　　　　　　　　　　　　　　（b）

图 10-83　二等分基准面

（5）单击【主页】选项卡中【特征】区域的【垫块】按钮 ，出现
【垫块】对话框。

① 单击【矩形】按钮，如图 10-84 所示。

② 出现【矩形垫块】对话框（提示行提示：选择平的放置面），
在图形区域选择放置面，如图 10-85 所示。

③ 出现【水平参考】对话框（提示行提示：选择水平参考），在
图形区域选择水平方向，如图 10-86 所示。

图 10-84　选择垫块类型

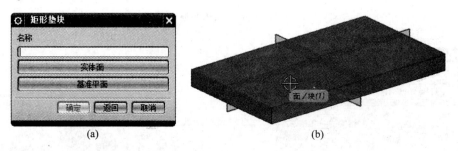

（a）　　　　　　　　　　　　　　　（b）

图 10-85　选择放置面

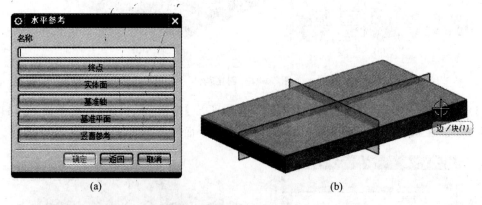

（a）　　　　　　　　　　　　　　　（b）

图 10-86　选择水平方向

④ 出现【矩形垫块】对话框，在【长度】文本框输入 120，在【宽度】文本框输入 120，在【高
度】文本框输入 120，如图 10-87 所示。

⑤ 出现【定位】对话框。

a. 将模型切换成静态线框形式。

b. 提示行提示：选择定位方法。单击【线到线】按钮工。

c. 提示行提示：选择目标边/基准。在图形区域选择目标边。

d. 提示行提示：选择工具边。在图形区域选择工具边，如图 10-88 所示。

⑥ 出现【定位】对话框。

a. 提示行提示：选择定位方法。单击【线到线】按钮工。

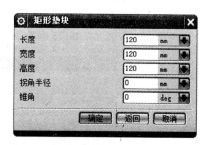

图 10-87　【矩形垫块】对话框

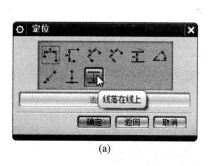

(a)

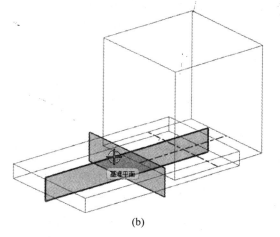

(b)

图 10-88　线到线定位

b. 提示行提示：选择目标边/基准。在图形区域选择目标边。

c. 提示行提示：选择工具边。在图形区域选择工具边，如图 10-89 所示。

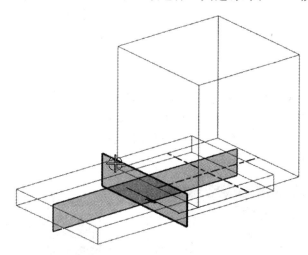

图 10-89　线到线定位

（6）单击【主页】选项卡中【特征】区域的【抽壳】按钮，出现【抽壳】对话框。

① 从【类型】列表选择【移除面，然后抽壳】选项。

② 激活【要穿透的面】，选择要移除面底面。

③ 在【厚度】组的【厚度】文本框输入 16。

如图 10-90 所示,单击【确定】按钮,创建等厚度抽壳特征。

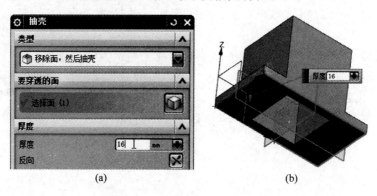

(a)　　　　　　　　　　(b)

图 10-90　创建等厚度抽空特征

(7) 单击【主页】选项卡中【特征】区域的【基准平面】按钮，出现【基准平面】对话框。

① 激活【要定义平面的对象】组的【选择对象】,在图形区选择底面。

② 在【偏置】组的【距离】文本框输入 75。

如图 10-91 所示,单击【应用】按钮,建立基准面。

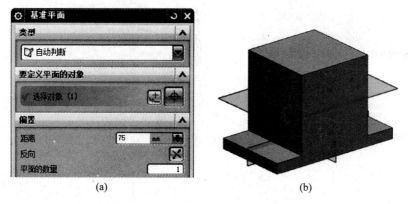

(a)　　　　　　　　　　(b)

图 10-91　建立基准面

(8) 单击【主页】选项卡中【特征】区域的【凸台】按钮，出现【凸台】对话框。

① 在【直径】文本框输入 86,在【高度】文本框输入 5。

② 提示行提示:选择平的放置面。在图形区域选择上表面为放置面。

如图 10-92 所示,单击【应用】按钮。

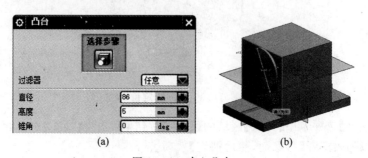

(a)　　　　　　　　　　(b)

图 10-92　建立凸台

③ 出现【定位】对话框。

a. 提示行提示：选择定位方法或为垂线选择目标边/基准，平的放置面。单击【点到线】按钮 。

b. 提示行提示：选择目标对象。在图形区选择水平基准面，如图 10-93 所示。

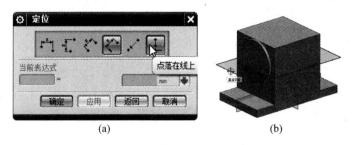

(a) (b)

图 10-93　定位

④ 出现【定位】对话框。

a. 提示行提示：选择定位方法或为垂线选择目标边/基准，平的放置面。单击【点到线】按钮 。

b. 提示行提示：选择目标对象。在图形区选择竖直基准面，如图 10-94 所示。

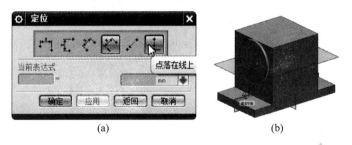

(a) (b)

图 10-94　定位

步骤二：打孔

（1）单击【主页】选项卡中【特征】区域的【孔】按钮 ，出现【孔】对话框。

① 从【类型】列表中选择【常规孔】选项。

② 激活【位置】组（提示行提示：选择要草绘的平面或指定点），单击【点】按钮 ，在图形区域选择面圆心点为孔的中心。

③ 在【方向】组中的【孔方向】列表中选择【垂直于面】选项。

④ 在【形状和尺寸】组的【成形】列表选择【简单】选项。

⑤ 在【尺寸】组的【直径】文本框输入 48，从【深度限制】列表选择【直至下一个】选项。

如图 10-95 所示，单击【应用】按钮。

⑥ 激活【位置】组（提示行提示：选择要草绘的平面或指定点），单击【绘制草图】按钮 ，在图形区域选择底面绘制圆心点草图，如图 10-96 所示。

⑦ 退出草图。在【方向】组中的【孔方向】列表中选择【沿矢量】选项，选择 OX 方向。

⑧ 在【形状和尺寸】组，从【成形】列表中选择【简单】选项。

⑨ 在【尺寸】组中的【直径】文本框输入 60，从【深度限制】列表选择【直至下一个】选项。

如图 10-97 所示，单击【确定】按钮。

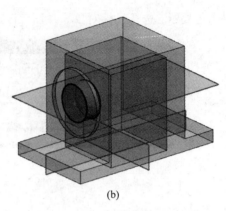

(a)　　　　　　　　　　　　(b)

图 10-95　左孔

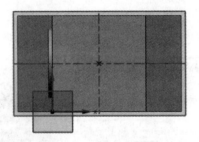

图 10-96　绘制圆心点草图

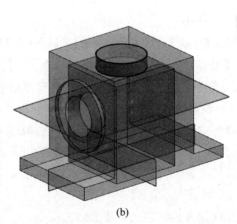

(a)　　　　　　　　　　　　(b)

图 10-97　打顶孔

（2）单击【主页】选项卡中【特征】区域的【腔体】按钮 ，出现【腔体】对话框。

① 单击【矩形】按钮，如图 10-98 所示。

② 出现【矩形腔体】对话框（提示行提示：选择平的放置面），在图形区域选择放置面，如图 10-99 所示。

图 10-98 选择腔体类型

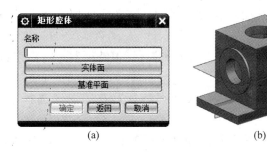

图 10-99 选择放置面

③ 出现【水平参考】对话框（提示行提示：选择水平参考），在图形区域选择水平方向，如图 10-100 所示。

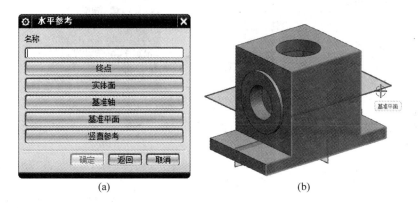

图 10-100 选择水平方向

④ 出现【矩形腔体】对话框，在【长度】文本框输入 70，在【宽度】文本框输入 70，在【深度】文本框输入 16，如图 10-101 所示，单击【确定】按钮。

⑤ 出现【定位】对话框。

- 提示行提示：选择定位方法。单击【线到线】按钮 工。
- 提示行提示：选择目标边/基准。在图形区域选择目标边。
- 提示行提示：选择工具边。在图形区域选择工具边，如图 10-102 所示。

图 10-101 【矩形腔体】对话框

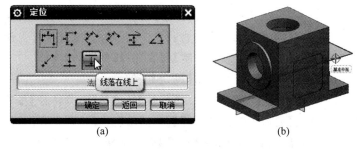

图 10-102 线到线定位

⑥ 出现【定位】对话框。

a. 提示行提示：选择定位方法。单击【线到线】按钮 工。

b. 提示行提示：选择目标边/基准。在图形区域选择目标边。

c. 提示行提示：选择工具边。在图形区域选择工具边，如图 10-103 所示。

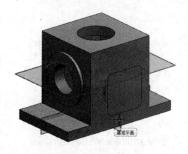

图 10-103　线到线定位

（3）选择【插入】|【关联复制】|【镜像特征】命令，出现【镜像特征】对话框。

① 在【特征】组，激活【选择特征】，在图形区选择矩形腔体。

② 在【镜像平面】组中的【平面】列表选择【现有平面】选项，在图形区选取镜像面。

如图 10-104 所示，单击【确定】按钮，建立镜像特征。

(a)

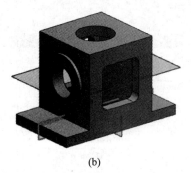

(b)

图 10-104　镜像

步骤三：底脚孔

（1）单击【主页】选项卡中【特征】区域的【孔】按钮，出现【孔】对话框。

① 从【类型】列表选择【常规孔】选项。

② 激活【位置】组（提示行提示：选择要草绘的平面或指定点），单击【绘制草图】按钮，在图形区域选择底面绘制圆心点草图，如图 10-105 所示，退出草图。

③ 在【方向】组的【孔方向】列表选择【垂直于面】选项。

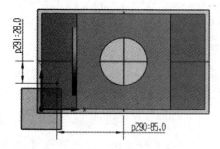

图 10-105　绘制圆心点草图

④ 在【形状和尺寸】组的【成形】列表选择【沉头】选项。

⑤ 在【尺寸】组的【沉头直径】文本框输入 18，在【沉头深度】文本框输入 2.5，在【直径】文本框输入值为 9，从【深度限制】列表选择【贯通体】选项。

如图 10-106 所示，单击【确定】按钮。

（2）单击【主页】选项卡中【特征】区域的【阵列特征】按钮，出现【阵列特征】对话框。

① 在【要形成阵列的特征】组，激活【选择特征】，在图形区选择沉头孔。

② 在【阵列定义】组的【布局】列表选择【线性】选项。

③ 在【方向 1】组，从图形区域指定方向 1，从【间距】列表选择【数量和节距】选项，在【数量】文本框输入 2，在【节距】文本框输入 170。

④ 在【方向 2】组，选中【使用方向 2】复选框，从图形区域指定方向 2，从【间距】列表选择【数量和节距】选项，在【数量】文本框输入 2，在【节距】文本框输入 56。

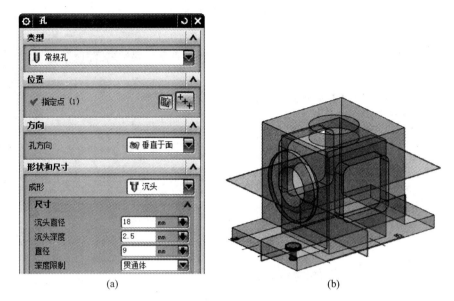

图 10-106 打顶孔

如图 10-107 所示,单击【确定】按钮。

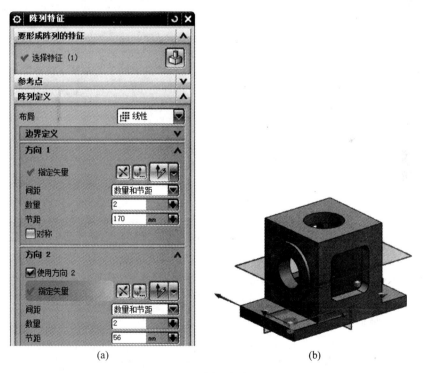

图 10-107 线性阵列沉头孔

步骤五:左连接孔

(1) 单击【主页】选项卡中【特征】区域的【孔】按钮 ,出现【孔】对话框。

① 从【类型】列表中选择【常规孔】选项。

② 激活【位置】组(提示行提示:选择要草绘的平面或指定点),单击【绘制草图】按钮 ,

在图形区域选择底面绘制圆心点草图,如图 10-108 所示,退出草图。

③ 在【方向】组的【孔方向】列表中选择【垂直于面】选项。

④ 在【形状和尺寸】组的【成形】列表选择【简单】选项。

⑤ 在【尺寸】组的【直径】文本框输入 10,从【深度限制】列表选择【直至下一个】选项。

如图 10-109 所示,单击【确定】按钮。

(2) 单击【主页】选项卡中【特征】区域的【阵列特征】按钮 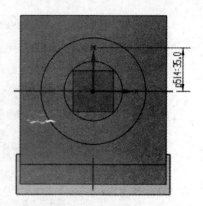 ,出现【阵列特征】对话框。

① 在【要形成阵列的特征】组,激活【选择特征】,在图形区选择孔。

图 10-108　绘制圆心点草图

(a)

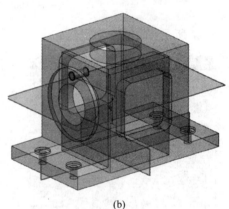

(b)

图 10-109　左连接孔

② 在【阵列定义】组的【布局】列表选择【圆形】选项。

③ 在【边界定义】组,激活【指定矢量】,在图形区域设置方向,激活【指定点】,在图形区域选择圆心。

④ 在【角度方向】组的【间距】列表选择【数量和节距】选项,在【数量】文本框输入 4,在【节距角】文本框输入 360/4。

如图 10-110 所示,单击【确定】按钮。

步骤六:上连接孔

(1) 单击【主页】选项卡中【特征】区域的【孔】按钮 ,出现【孔】对话框。

① 从【类型】列表选择【常规孔】选项。

② 激活【位置】组(提示行提示:选择要草绘的平面或指定点),单击【绘制草图】按钮 ,在图形区域选择底面绘制圆心点草图,如图 10-111 所示,退出草图。

③ 在【方向】组中的【孔方向】列表选择【垂直于面】选项。

④ 在【形状和尺寸】组的【成形】列表选择【简单】选项。

(a)

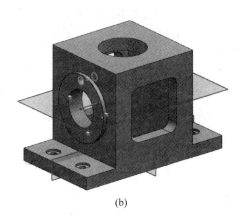

(b)

图 10-110　圆形阵列

⑤ 在【尺寸】组的【直径】文本框输入 10，从【深度限制】列表选择【直至下一个】选项。

如图 10-112 所示，单击【确定】按钮。

(2) 单击【主页】选项卡中【特征】区域的【阵列特征】按钮 ，出现【阵列特征】对话框。

① 在【要形成图样的特征】组，激活【选择特征】，在图形区选择孔。

② 在【阵列定义】组的【布局】列表中选择【圆形】选项。

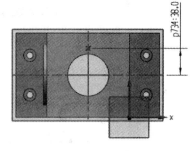

图 10-111　绘制圆心点草图

③ 在【边界定义】组，激活【指定矢量】，在图形区域设置方向，激活【指定点】，在图形区域选择圆心。

(a)

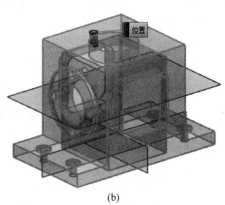

(b)

图 10-112　上连接孔

(a)

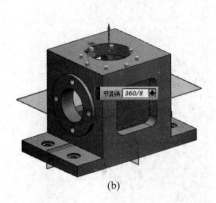
(b)

图 10-1113　圆形阵列

④ 在【角度方向】组的【间距】列表选择【数量和节距】选项,在【数量】文本框输入 8,在【节距角】文本框输入 360/8。

如图 10-113 所示,单击【确定】按钮。

步骤七:移动层

(1) 将基准面移到 61 层。

(2) 将 61 层设为【不可见】。

建模完成后如图 10-114 所示。

步骤八:存盘

选择【文件】|【保存】命令,保存文件。

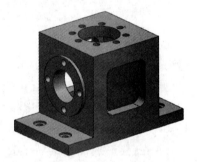

图 10-114　完成建模

10.7　实训七　创建表达式

10.7.1　实训目的

通过建立条件表达式来体现设计意图,如图 10-115 所示。

(1) 长是高的两倍。

(2) 宽等于高的三倍。

(3) 厚度为 5mm。

(4) 孔的直径是高的函数,如表 10-1 所示。

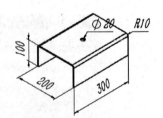

图 10-115　应用表达式

表 10-1　孔的直径与高的函数

部件高(Height)	孔直径(Hole_Dia)
Height>80	20
60<Height≤80	16
40<Height≤60	12
20<Height≤40	8
Height≤20	0

10.7.2 实训步骤

1. 操作分析

孔将由下列表达式约束：

Hole_Dia = if (Height > 80) (20) else (Hole_c)

即如果高大于 80，则孔直径将等于 20；否则转到表达式 Hole_c。

Hole_c = if (Height > 60) (16) else (Hole_b)

即如果高大于 60，则孔直径将等于 16；否则转到表达式 Hole_b。

Hole_b = if (Height > 40) (12) else (Hole_a)

即如果高大于 40，则孔直径将等于 12；否则转到表达式 Hole_d。

Hole_a = if (Height > 20) (8) else (Hole_sup)

即如果高大于 20，则孔直径将等于 8；否则转到表达式 Hole_sup。

Hole_sup = if (Height < 20) (0) else (1)

即如果高小于 20，则抑制孔特征，否则不抑制孔特征。

2. 操作步骤

步骤一：新建文件，创建模型

（1）新建文件"Expression. prt"。

（2）单击【工具】选项卡中【实用程序】区域的【表达式】按钮 ，出现【表达式】对话框，建立表达式，如图 10-116 所示。

图 10-116 【表达式】对话框

（3）选择【插入】|【设计特征】|【长方体】命令，出现【块】对话框。

① 单击【长度】文本框选项下拉按钮 ，选择【公式】选项，出现【表达式】对话框，选择 Length。

② 单击【宽度】文本框选项下拉按钮 ，选择【公式】选项，出现【表达式】对话框，选择 Width。

③ 单击【高度】文本框选项下拉按钮 ，选择【公式】选项，出现【表达式】对话框，选择 Heigth。

如图 10-117 所示，单击【确定】按钮，在坐标系原点(0,0,0)创建长方体。

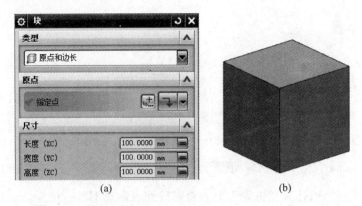

图 10-117 创建长方体

（4）单击【主页】选项卡中【特征】区域的【边倒圆】按钮，出现【边倒圆】对话框。

① 在【要倒圆的边】组，激活【选择边】，在图形区选择两边。

② 在【半径 1】文本框输入 10。

如图 10-118 所示，单击【确定】按钮。

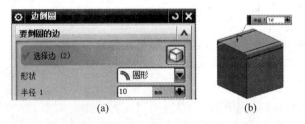

图 10-118 等半径边倒圆

（5）单击【主页】选项卡中【特征】区域的【抽壳】按钮，出现【抽壳】对话框。

① 从【类型】列表选择【移除面，然后抽壳】选项。

② 激活【要穿透的面】组【选择面】，选择要移除面。

③ 在【厚度】组的【厚度】文本框输入 5。

如图 10-119 所示，单击【确定】按钮，创建等厚度抽壳特征。

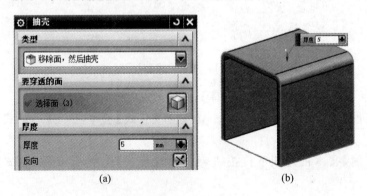

图 10-119 抽壳

（6）单击【主页】选项卡中【特征】区域的【基准平面】按钮，出现【基准平面】对话框。

① 激活【要定义平面的对象】组【选择对象】，在图形区域选择两端面，单击【应用】按钮，建

立基准面 1。

② 再次选择另一两端面,如图 10-120 所示,单击【确定】按钮,建立基准面 2。

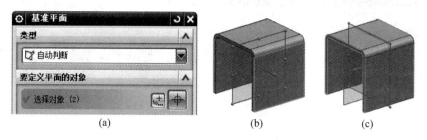

图 10-120　建立基准面

(7) 单击【主页】选项卡中【特征】区域的【孔】按钮 📖,出现【孔】对话框。

① 从【类型】列表中选择【常规孔】选项。

② 激活【位置】组(提示行提示:选择要草绘的平面或指定点),单击【绘制草图】按钮 📇,在图形区域选择底面绘制圆心点草图,如图 10-121 所示,退出草图。

③ 在【方向】组中的【孔方向】列表中选择【垂直于面】选项。

④ 在【形状和尺寸】组的【成形】列表选择【简单】选项。

⑤ 在【尺寸】组中的【直径】文本框输入 20,从【深度限制】列表选择【贯通体】选项。

如图 10-122 所示,单击【确定】按钮。

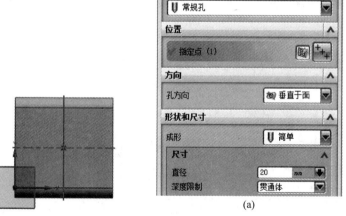

图 10-121　绘制圆心点草图

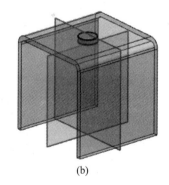

图 10-122　打孔

步骤二:改变高和宽表达式

单击【工具】选项卡中【实用程序】区域的【表达式】按钮 =,出现【表达式】对话框。

(1) 选择 Length,在【公式】输入 2 * Height,单击【接受编辑】按钮 ✅。

(2) 选择 Width,在【公式】输入 3 * Height,单击【接受编辑】按钮 ✅,如图 10-123 所示。

(3) 单击【确定】按钮,模型更新如图 10-124 所示。

步骤三:建立孔的抑制表达式

设计意图规定如果高小于 1 则孔直径将是零。如果将孔直径设为零,将收到一个错误信息。设计意图将通过建立一抑制特征的抑制表达式来完成。

图 10-123　【表达式】对话框

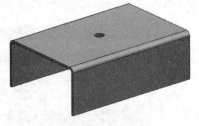

图 10-124　更新后模型

（1）选择【编辑】|【特征】|【由表达式抑制】命令，出现【由表达式抑制】对话框。

① 在【表达式】组的【表达式选项】选择【为每个创建】选项。

② 在【选择特征】组的【相关特征】列表中选择【简单孔(6)】。

如图 10-125 所示，单击【确定】按钮。

（2）单击【工具】选项卡中【实用程序】区域的【表达式】按钮 ，出现【表达式】对话框。

① 选择【p76（简单孔(6) Suppression Status)】，在【名称】文本框中输入 Hole_sup。

② 在【公式】文本框输入 if (Height<20) (0) else (1)。

③ 单击【接受编辑】按钮 。

如图 10-126 所示，单击【确定】按钮。

图 10-125　【由表达式抑制】对话框

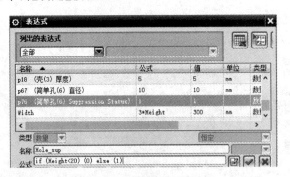

图 10-126　【表达式】对话框

（3）建立其他的条件表达式

Hole_a = if (Height > 20) (8) else (Hole_sup);
Hole_b = if (Height > 40) (12) else (Hole_a);
Hole_c = if (Height > 60) (16) else (Hole_b);

如图 10-127 所示。

（4）编辑 Hole_Dia

选择 Hole_Dia，编辑【公式】"if (Height>80) (10) else (Hole_c)"，如图 10-128 所示，单击【应用】按钮。

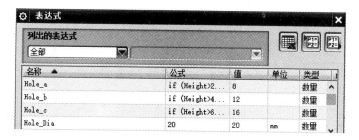

图 10-127　【表达式】对话框

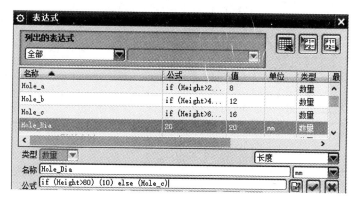

图 10-128　【表达式】对话框

步骤四：测试设计意图

（1）选择 Height，编辑【公式】为 60，单击【应用】按钮，观察模型。

（2）选择 Height，编辑【公式】为 18，单击【应用】按钮，观察模型。

设计意图模型如图 10-129 所示。

(a)　　　　　　　　　　　　(b)

图 10-129　观察模型

步骤五：存储和关闭部件文件

选择【文件】|【保存】命令，保存文件。

10.8　实训八　轴套类零件设计

10.8.1　实训目的

铣刀头轴如图 10-130 所示。

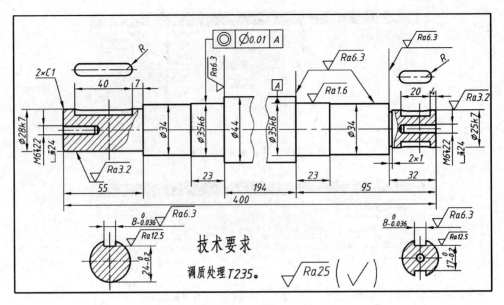

图 10-130　铣刀头轴

10.8.2　实训步骤

1. 设计理念

(1) 铣刀头轴径向尺寸和基准,如图 10-131 所示。

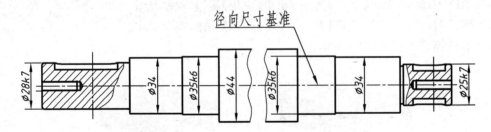

图 10-131　铣刀头轴径向尺寸和基准

(2) 铣刀头轴轴向主要尺寸和基准,如图 10-132 所示。

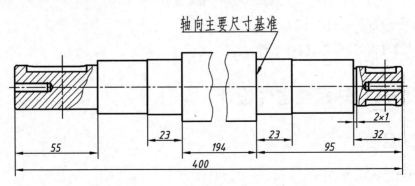

图 10-132　铣刀头轴轴向主要尺寸和基准

（3）倒角 $1 \times 45°$。建模步骤如图 10-133 所示。

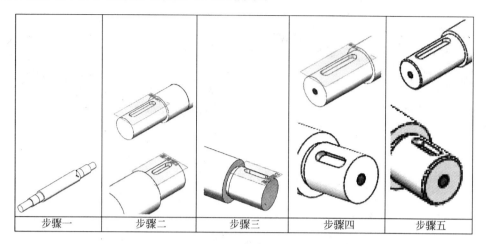

| 步骤一 | 步骤二 | 步骤三 | 步骤四 | 步骤五 |

图 10-133　建模步骤

2. 操作步骤

步骤一：新建文件，创建轴毛坯

（1）新建文件"Axis_sld.prt"。

（2）选择【插入】|【设计特征】|【圆柱】命令，出现【圆柱】对话框。

① 在【轴】组，激活【指定矢量】，在图形区选择 OY 轴。

② 激活【指定点】，单击【点对话框】按钮 ，确定 $XC=0, YC=0, ZC=0$。

③ 在【尺寸】组的【直径】文本框输入 44，在【高度】文本框输入 194。

如图 10-134 所示，单击【确定】按钮。

（3）单击【主页】选项卡中【特征】区域的【凸台】按钮 ，出现【凸台】对话框。

① 在【直径】文本框输入 35，在【高度】文本框输入 23。

② 提示行提示：选择平的放置面。在图形区域选择端面为放置面，如图 10-135 所示，单击【应用】按钮。

图 10-134　创建圆柱体

图 10-135　建立凸台

③ 出现【定位】对话框。

a. 提示行提示：选择定位方法或为垂线选择目标边/基准，平的放置面。单击【点到点】按钮 。

b. 提示行提示：选择目标对象。在图形区选择端面边缘，如图 10-136 所示。

④ 出现【设置圆弧位置】对话框（提示行提示：选择圆弧上点），单击【圆弧中心】按钮，如图 10-137 所示。

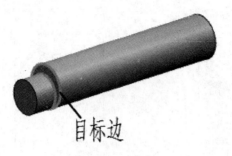

图 10-136　定位

图 10-137　创建凸台

（4）分别选择端面添加凸台，如图 10-138 所示。

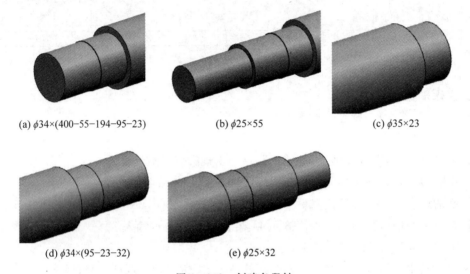

(a) φ34×(400−55−194−95−23)　　　(b) φ25×55　　　(c) φ35×23

(d) φ34×(95−23−32)　　　(e) φ25×32

图 10-138　创建各段轴

步骤二：创建键槽

（1）单击【主页】选项卡中【特征】区域的【基准平面】按钮
📋，出现【基准平面】对话框，选择圆柱表面，如图 10-139 所
示，单击【应用】按钮，建立相切基准面 1。

（2）建立与圆柱相切基准面

① 激活【要定义平面的对象】，在图形区选择相切基准面
1，选择圆柱表面。

② 在【角度】组的【角度选项】列表选择【垂直】选项。

如图 10-140 所示，单击【应用】按钮，建立相切基准面 2。
同样办法建立相切基准面 3 和相切基准面 4。

图 10-139　与圆柱相切基准面 1

（3）建立二等分基准面

激活【要定义平面的对象】，在图形区选择两个面，如图 10-141 所示，单击【应用】按钮，创
建两个面的二等分基准面。

（4）建立定位基准面

① 激活【要定义平面的对象】，在图形区选择圆柱端面。

② 在【偏置】组的【距离】文本框输入 0。

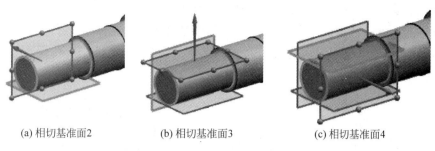

(a) 相切基准面2   (b) 相切基准面3   (c) 相切基准面4

图 10-140 建立相切基准面

如图 10-142 所示，单击【确定】按钮，建立定位基准面。

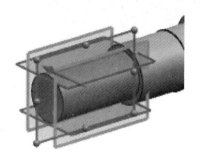
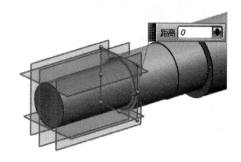

图 10-141 建立二等分基准面   图 10-142 建立定位基准面

（5）单击【主页】选项卡中【特征】区域的【键槽】按钮 ，出现【键槽】对话框。

① 选中【矩形键槽】单选按钮，取消【通过槽】复选框，单击【确定】按钮。

② 出现【矩形键槽】对话框（提示行提示：选择平的放置面），在图形区域选择放置面，如图 10-143 所示，单击【接受默认】按钮。

③ 出现【水平参考】对话框（提示行提示：选择水平参考），在图形区域选择水平方向，如图 10-144 所示。

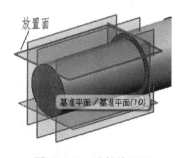
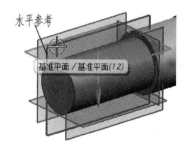

图 10-143 选择放置面   图 10-144 选择水平方向

④ 出现【矩形键槽】对话框，在【长度】文本框输入 40，在【宽度】文本框输入 8，在【深度】文本框输入 4，单击【确定】按钮。

⑤ 出现【定位】对话框（提示行提示：选择定位方法），单击【线到线】按钮 （提示行提示：选择目标边/基准），在图形区域选择目标边（提示行提示：选择工具边），在图形区域选择工具边，如图 10-145 所示。

⑥ 出现【定位】对话框。

a. 提示行提示：选择定位方法。单击【垂直】按钮 。

b. 提示行提示：选择目标边/基准。在图形区域选择目标边。

c. 提示行提示：选择工具边。在图形区域选择工具边，如图 10-146 所示。

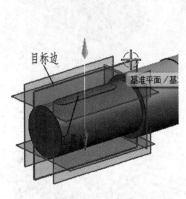

图 10-145　定位

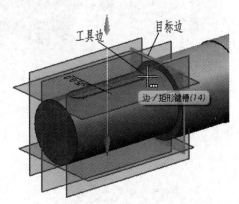

图 10-146　定位

d. 出现【设置圆弧的位置】对话框，单击【相切点】按钮，单击【确定】按钮。

e. 出现【创建表达式】对话框，在文本框输入 7，如图 10-147 所示，单击【确定】按钮。

（6）按同样方法创建其他键槽，如图 10-148 所示。

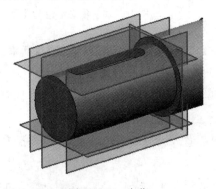

图 10-147　定位

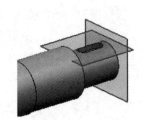

图 10-148　创建另一键槽

步骤三：创建退刀槽

单击【主页】选项卡中【特征】区域的【沟槽】按钮 ，出现【槽】对话框。

（1）单击【矩形】按钮，出现【矩形槽】对话框。

（2）提示行提示：选择放置面。在图形区选择放置面，如图 10-149 所示。

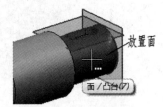

图 10-149　选择放置面

（3）出现【矩形槽】对话框，在【槽直径】文本框输入 23，在【宽度】文本框输入 2，单击【确定】按钮。

（4）出现【定位槽】对话框。

① 提示行提示：选择目标边或"确定"接受初始位置。在图形区选择端面边缘。

② 提示行提示：选择工具边。在图形区选择槽边缘，如图 10-150 所示。

③ 出现【创建表达式】对话框，输入距离 0，如图 10-151 所示，单击【确定】按钮。

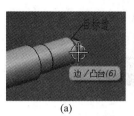 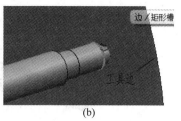

(a)　　　　　　　　　　(b)

图 10-150　定位沟槽

图 10-151　定位沟槽

步骤四：创建螺纹孔

（1）单击【主页】选项卡中【特征】区域的【孔】按钮，出现【孔】对话框。

① 从【类型】列表选择【螺纹孔】选项。

② 在【位置】组，激活【指定点】（提示行提示：选择要草绘的平面或指定点），单击【点】按钮，在图形区域选择面圆心点为孔的中心。

③ 在【方向】组的【孔方向】列表选择【垂直于面】选项。

④ 在【形状和尺寸】组的【大小】列表选择【M6×1.0】选项。

⑤ 在【尺寸】组的【深度限制】列表选择【值】选项，在【深度】文本框输入 22。

如图 10-152 所示，单击【确定】按钮。

（2）按同样方法创建另一端螺纹孔，如图 10-153 所示。

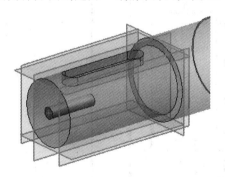 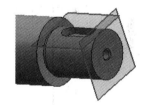

图 10-152　创建螺纹孔

图 10-153　创建螺纹孔

步骤五：创建倒角

单击【主页】选项卡中【特征】区域的【倒斜角】按钮，打开【倒斜角】对话框。

（1）在【边】组，激活【选择边】，选择轴两端。

（2）在【偏置】组的【横截面】列表选择【偏置和角度】选项，在【距离】文本框输入 1，在【角度】文本框输入 45。

如图 10-154 所示，单击【确定】按钮。

步骤六：移动层

（1）将基准面移到 61 层。

（2）将 61 层设为【不可见】。

建模完成后如图 10-155 所示。

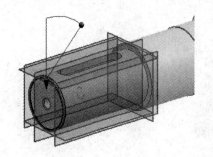

图 10-154　倒斜角

图 10-155　建模完成

步骤七：保存

选择【文件】|【保存】命令，保存文件。

10.9　实训九　盘类零件设计

10.9.1　实训目的

铣刀头上的端盖如图 10-156 所示。

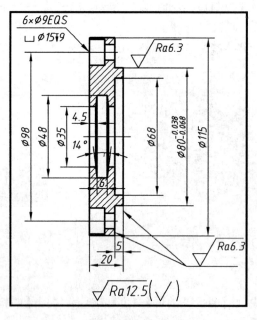

图 10-156　端盖

10.9.2　实训步骤

1. 设计理念

端盖轴向尺寸及基准和径向尺寸及基准，如图 10-157 所示。

建模步骤如图 10-158 所示。

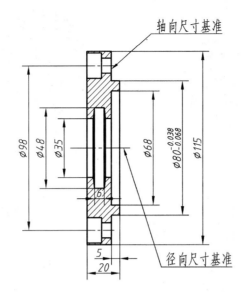

图 10-157 端盖轴向尺寸及基准和径向尺寸及基准

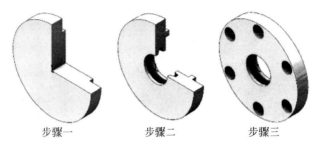

步骤一　　　　步骤二　　　　步骤三

图 10-158 建模步骤

2. 操作步骤

步骤一：新建文件，创建毛坯

(1) 新建文件"Cover.prt"。

(2) 选择【插入】|【设计特征】|【圆柱】命令，出现【圆柱】对话框。

① 在【轴】组，激活【指定矢量】，在图形区选择 OZ 轴。

② 在【直径】文本框输入 128，在【高度】文本框输入 25。

如图 10-159 所示，单击【确定】按钮。

(3) 单击【主页】选项卡中【特征】区域的【凸台】按钮🔲，出现【凸台】对话框。

① 在【直径】文本框输入 70，在【高度】文本框输入 76-25，在【锥角】文本框输入 9。

② 提示行提示：选择平的放置面。在图形区域选择端面为放置面，如图 10-160 所示，单击【应用】按钮。

③ 出现【定位】对话框。

a. 提示行提示：选择定位方法或为垂线选择目标边/基准。单击【点到点】按钮🖊。

b. 提示行提示：选择目标对象。在图形区选择端面边缘，如图 10-161 所示。

c. 出现【设置圆弧的位置】对话框（提示行提示：选择圆弧上点），单击【圆弧中心】按钮，如图 10-162 所示。

图 10-159　创建圆柱体

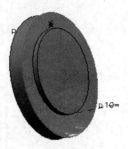

图 10-160　建立凸台

图 10-161　定位

图 10-162　创建凸台

步骤二：打密封孔

（1）单击【主页】选项卡中【特征】区域的【孔】按钮 ▇，出现【孔】对话框。

① 从【类型】列表中选择【常规孔】选项。

② 在【位置】组，激活【指定点】（提示行提示：选择要草绘的平面或指定点），单击【点】按钮 ▇ ，在图形区域选择面圆心点为孔的中心。

③ 在【方向】组的【孔方向】列表选择【垂直于面】选项。

④ 在【形状和尺寸】组的【成形】列表选择【沉头孔】选项。

⑤ 在【尺寸】组的【沉头孔直径】文本框输入 68，在【沉头孔深度】文本框输入 5，在【直径】文本框输入 35，从【深度限制】列表选择【贯通体】选项。

如图 10-163 所示，单击【确定】按钮。

（2）选择 *YOZ* 基准面，绘制草图，如图 10-164 所示。

图 10-163　打孔

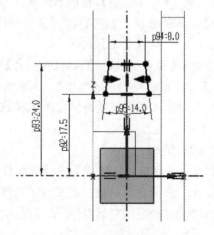

图 10-164　绘制草图

（3）单击【主页】选项卡中【特征】区域的【旋转】按钮，出现【旋转】对话框。

① 设置选择意图规则：相连曲线。

② 在【截面】组，激活【选择曲线】，选择曲线。

③ 在【轴】组，激活【指定矢量】，在图形区指定矢量。

④ 在【限制】组的【结束】列表选择【值】选项，在【角度】文本框输入 360。

⑤ 在【布尔】组的【布尔】列表选择【求差】选项。

如图 10-165 所示，单击【确定】按钮。

步骤三：创建螺栓孔

（1）单击【主页】选项卡中【特征】区域的【孔】按钮 ，出现【孔】对话框。

① 从【类型】列表选择【常规孔】选项。

② 在【位置】组，激活【指定点】（提示行提示：选择要草绘的平面或指定点），单击【绘制草图】按钮 ，在图形区域选择底面绘制圆心点草图，如图 10-166 所示。

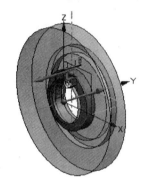

图 10-165　创建密封槽

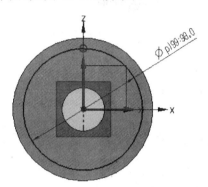

图 10-166　绘制圆心点草图

③ 退出草图。在【方向】组的【孔方向】列表选择【垂直于面】选项。

④ 在【形状和尺寸】组的【成形】列表选择【沉头孔】选项。

⑤ 在【尺寸】组的【沉头孔直径】文本框输入 15，在【沉头孔深度】文本框输入 9，在【直径】文本框输入 9，从【深度限制】列表选择【贯通体】选项。

如图 10-167 所示，单击【确定】按钮。

（2）单击【主页】选项卡中【特征】区域的【阵列特征】按钮 ，出现【阵列特征】对话框。

① 在【要形成阵列的特征】组，激活【选择特征】，在图形区选择孔。

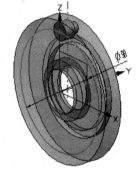

图 10-167　打孔

② 在【阵列定义】组的【布局】列表选择【圆形】选项。

③ 在【边界定义】组，激活【指定矢量】，在图形区域设置方向，激活【指定点】，在图形区域选择圆心。

④ 在【角度方向】组的【间距】列表选择【数量和节距】选项，在【间距】文本框输入 6，在【节距角】文本框输入 360/6。

如图 10-168 所示，单击【确定】按钮。

步骤四：移动层

（1）将草图移到 21 层。

（2）将 21 层设为【不可见】。

建模完成后如图 10-169 所示。

图 10-168　圆周阵列螺栓孔　　　　　图 10-169　完成建模

步骤五：保存。

选择【文件】|【保存】命令，保存文件。

10.10　实训十　叉架类零件设计

10.10.1　实训目的

支架如图 10-170 所示，它由空心半圆柱带凸耳的安装部分、"T"形连接板和支承轴的空心圆柱等构成。

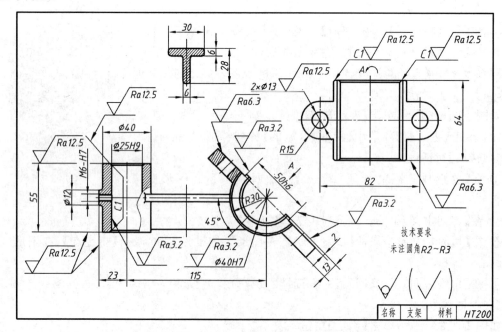

图 10-170　叉架

10.10.2 实训步骤

1. 设计理念

支架长度尺寸及基准、宽度尺寸及基准和高度尺寸及基准,如图 10-171 所示。

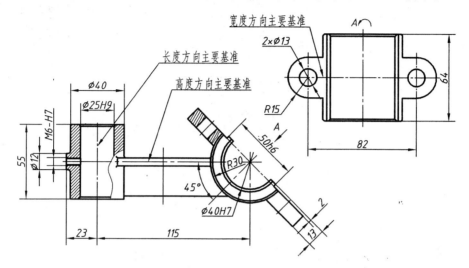

图 10-171 支架长度尺寸及基准、宽度尺寸及基准和高度尺寸及基准

建模步骤如图 10-172 所示。

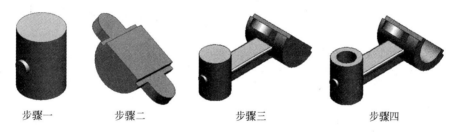

步骤一 步骤二 步骤三 步骤四

图 10-172 建模步骤

2. 操作步骤

步骤一:新建文件,创建毛坯 1

(1) 新建文件"Support. prt"。

(2) 选择【插入】|【设计特征】|【圆柱】命令,出现【圆柱】对话框。

① 在【轴】组,激活【指定矢量】,在图形区选择 OZ 轴。

② 在【直径】文本框输入 128,在【高度】文本框输入 25。

如图 10-173 所示,单击【确定】按钮。

(3) 单击【主页】选项卡中【特征】区域的【基准平面】按钮 □ ,出现【基准平面】对话框,在图形区选择圆柱表面,如图 10-174 所示,单击【应用】按钮,建立相切基准面 1。

(4) 与圆柱相切基准面

① 激活【要定义平面的对象】,在图形区选择相切基准面 1,选择圆柱表面。

② 在【角度】组的【角度选项】列表选择【垂直】选项。

如图 10-175 所示,单击【应用】按钮,建立相切基准面 2。

图 10-173 创建圆柱体

图 10-174 与圆柱相切基准面 1

图 10-175 建立相切基准面

（5）按同样方法建立建立相切基准面 3 和相切基准面 4，如图 10-176 所示。

(a) 相切基准面3

(b) 相切基准面4

图 10-176 建立相切基准面

（6）建立二等分基准面

激活【要定义平面的对象】，在图形区选择两个面，单击【确定】按钮，如图 10-177 所示，创建两个面的二等分基准面。

(a) 二等分基准面1

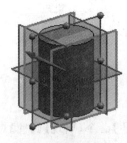
(b) 二等分基准面2

(c) 二等分基准面3

图 10-177 建立二等分基准面

（7）单击【主页】选项卡中【特征】区域的【凸台】按钮 ，出现【凸台】对话框。

① 在【直径】文本框输入 12，在【高度】文本框输入 23。

② 提示行提示：选择平的放置面。在图形区域选择二等分基准面为放置面，如图 10-178 所示，单击【确定】按钮。

③ 出现【定位】对话框。

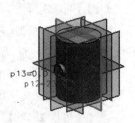
图 10-178 建立凸台

a. 提示行提示：选择定位方法或为垂线选择目标边/基准。单击【点到线】按钮 ⬆。

b. 提示行提示：选择目标对象。在图形区选择端面边缘，如图 10-179 所示。

c. 提示行提示：选择定位方法或为垂线选择目标边/基准。单击【点到线】按钮 ⬆。

d. 提示行提示：选择目标对象。在图形区选择端面边缘，如图 10-180 所示。

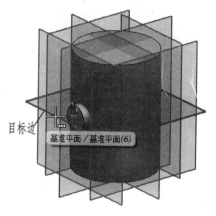

图 10-179 定位

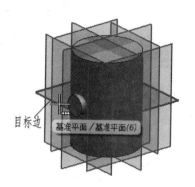

图 10-180 创建凸台

步骤二：创建毛坯 2

（1）建立定位基准面

单击【主页】选项卡中【特征】区域的【基准平面】按钮 ▢，出现【基准平面】对话框。

① 激活【要定义平面的对象】，在图形区选择列表中选择二等分基准面。

② 在【偏置】组的【距离】文本框输入 115，如图 10-181 所示，单击【确定】按钮，建立定位基准面。

（2）在中间基准面上绘制草图，如图 10-182 所示。

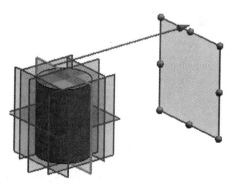

图 10-181 建立定位基准面

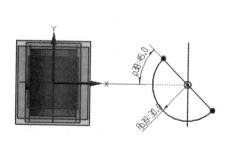

图 10-182 绘制草图

（3）单击【主页】选项卡中【特征】区域的【拉伸】按钮 ▥，出现【拉伸】对话框。

① 设置选择意图规则：相连曲线。

② 在【截面】组，激活【选择曲线】，选择曲线。

③ 在【极限】组的【结束】列表选择【对称值】选项，在【距离】文本框输入 32。

④ 在【布尔】组的【布尔】列表选择【无】选项。

如图 10-183 所示，单击【确定】按钮。

（4）在上表面绘制草图，如图 10-184 所示。

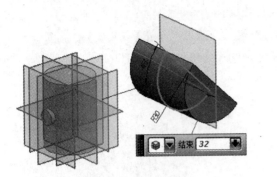 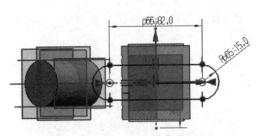

图 10-183   建立拉伸体   图 10-184   在上表面绘制草图

（5）单击【主页】选项卡中【特征】区域的【拉伸】按钮 ，出现【拉伸】对话框。

① 设置选择意图规则：相连曲线。

② 在【截面】组，激活【选择曲线】，选择曲线。

③ 在【极限】组的【结束】列表选择【值】选项，在【距离】文本框输入 11。

④ 在【布尔】组的【布尔】列表选择【求和】选项。

如图 10-185 所示，单击【确定】按钮。

（6）单击【主页】选项卡中【特征】区域的【垫块】按钮 ，出现【垫块】对话框。

① 单击【矩形】按钮。

② 出现【矩形垫块】对话框（提示行提示：选择平的放置面），在图形区域选择放置面，如图 10-186 所示。

 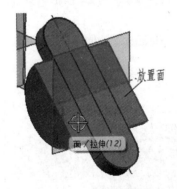

图 10-185   建立拉伸体   图 10-186   选择放置面

③ 出现【水平参考】对话框（提示行提示：选择水平参考），在图形区域选择水平方向，如图 10-187 所示。

④ 出现【矩形垫块】对话框，在【长度】文本框输入 50，在【宽度】文本框输入 64，在【深度】文本框输入 2。

⑤ 出现【定位】对话框。

a. 将模型切换成静态线框形式。

b. 提示行提示：选择定位方法。单击【线到线】按钮 。

c. 提示行提示：选择目标边/基准。在图形区域选择目标边。

d. 提示行提示：选择工具边。在图形区域选择工具边，如图 10-188 所示。

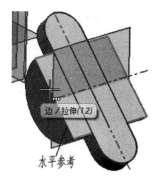

图 10-187　选择水平方向

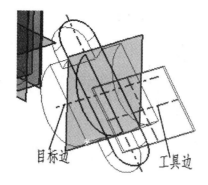

图 10-188　线到线定位

⑥ 出现【定位】对话框。

a. 提示行提示：选择定位方法。单击【线到线】按钮 ▣ 。

b. 提示行提示：选择目标边/基准。在图形区域选择目标边。

c. 提示行提示：选择工具边。在图形区域选择工具边，如图 10-189 所示。

步骤三：连接

（1）在中间基准面上绘制草图，如图 10-190 所示。

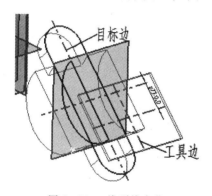

图 10-189　线到线定位

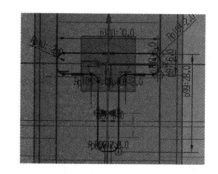

图 10-190　绘制草图

（2）单击【主页】选项卡中【特征】区域的【拉伸】按钮 ▥ ，出现【拉伸】对话框。

① 设置选择意图规则：相连曲线。

② 在【截面】组，激活【选择曲线】，选择曲线。

③ 在【极限】组的【结束】列表选择【直至选定】选项。

④ 在【布尔】组的【布尔】列表选择【无】选项。

如图 10-191 所示，单击【确定】按钮。

（3）选择【插入】|【组合】|【求和】命令，出现【求和】对话框。

① 在【目标】组，激活【选择体】，在图形区选取连接体。

② 在【刀具】组，激活【选择体】，在图形区选取选择毛坯 1 和毛坯 2。

如图 10-192 所示，单击【确定】按钮，完成求和。

步骤四：打孔

（1）单击【主页】选项卡中【特征】区域的【孔】按钮 ▨ ，出现【孔】对话框。

① 从【类型】列表中选择【常规孔】选项。

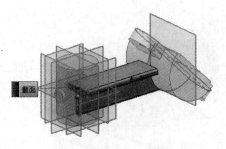

图 10-191　建立连接体

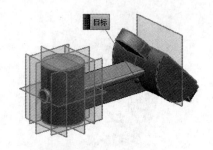

图 10-192　建立毛坯

② 在【位置】组,激活【指定点】(提示行提示:选择要草绘的平面或指定点),单击【点】按钮 ⊡,在图形区域选择面圆心点为孔的中心。

③ 在【方向】组的【孔方向】列表选择【垂直于面】选项。

④ 在【形状和尺寸】组的【成形】列表选择【简单】选项。

⑤ 在【尺寸】组的【直径】文本框输入 25,从【深度限制】列表中选择【贯通体】选项。

如图 10-193 所示,单击【应用】按钮。

(2) 按同样方法完成其余孔,如图 10-194 所示。

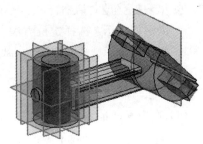

图 10-193　打孔 1

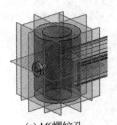

(a) M6螺纹孔

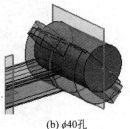

(b) φ40孔

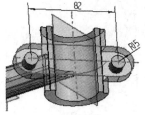

(c) 2×φ13孔

图 10-194　打孔 2

步骤五:移动层

(1) 将草图移到 21 层。

(2) 将基准面移到 61 层。

(3) 将 21 层和 61 层设为【不可见】。

建模完成后如图 10-195 所示。

步骤六:保存

选择【文件】|【保存】命令,保存文件。

图 10-195　完成建模

10.11　实训十一　盖类零件设计

10.11.1　实训目的

蜗杆减速器的箱盖如图 10-196 所示。

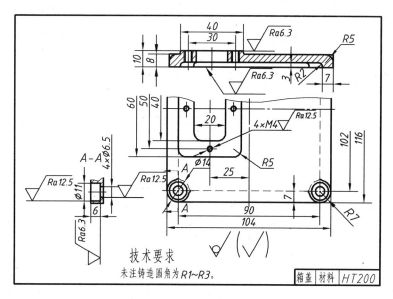

图 10-196　箱盖

10.11.2　实训步骤

1. 设计理念

盖轴向尺寸及基准和径向尺寸及基准，如图 10-197 所示。

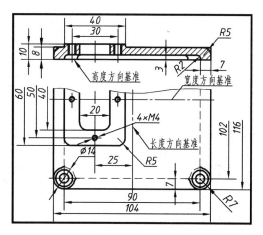

图 10-197　盖轴向尺寸及基准和径向尺寸及基准

建模步骤如图 10-198 所示。

步骤一　　　　步骤二　　　　步骤三　　　　步骤四

图 10-198　建模步骤

2. 操作步骤

步骤一：新建文件，创建毛坯

（1）新建文件"Cap.prt"。

（2）选择【插入】|【设计特征】|【长方体】命令，出现【块】对话框。

① 默认指定点。

② 在【尺寸】组的【长度】文本框输入 80，在【宽度】文本框输入 60，在【高度】文本框输入 20。

如图 10-199 所示，单击【确定】按钮，创建长方体。

（3）单击【主页】选项卡中【特征】区域的【基准平面】按钮 □，出现【基准平面】对话框。

① 激活【要定义平面的对象】，在图形区选择两个面，如图 10-200 所示，单击【应用】按钮，创建二等分基准面 1。

图 10-199　创建基体

图 10-200　二等分基准面 1

② 激活【要定义平面的对象】，在图形区选择两个面，如图 10-201 所示，单击【应用】按钮，创建二等分基准面 2。

③ 激活【要定义平面的对象】，在图形区选择二等分基准面，在【距离】文本框输入偏移距离 25，如图 10-202 所示，单击【确定】按钮，建立定位基准面 1。

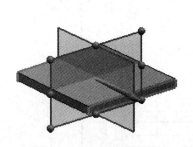

图 10-201　二等分基准面 2

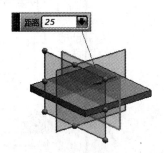

图 10-202　定位基准面 1

（4）单击【主页】选项卡中【特征】区域的【垫块】按钮 🔲，出现【垫块】对话框。

① 单击【矩形】按钮。

② 出现【矩形垫块】对话框（提示行提示：选择平的放置面），在图形区域选择放置面，如图 10-203 所示。

③ 出现【水平参考】对话框（提示行提示：选择水平参考），在图形区域选择水平方向，如图 10-204 所示。

④ 出现【矩形垫块】对话框，在【长度】文本框输入 60，在【宽度】文本框输入 40，在【深度】文本框输入 2。

⑤ 出现【定位】对话框。

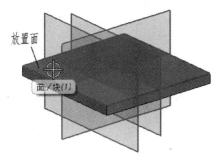

图 10-203 选择放置面

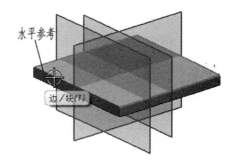

图 10-204 选择水平方向

a. 将模型切换成静态线框形式。

b. 提示行提示：选择定位方法。单击【线到线】按钮 **工**。

c. 提示行提示：选择目标边/基准。在图形区域选择目标边。

d. 提示行提示：选择工具边。在图形区域选择工具边，如图 10-205 所示。

⑥ 出现【定位】对话框。

a. 提示行提示：选择定位方法。单击【线到线】按钮 **工**。

b. 提示行提示：选择目标边/基准。在图形区域选择目标边。

c. 提示行提示：选择工具边。在图形区域选择工具边，如图 10-206 所示。

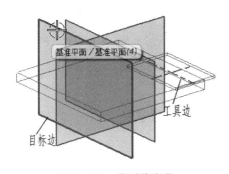

图 10-205 线到线定位

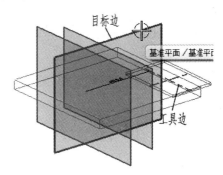

图 10-206 线到线定位

步骤二：创建腔体

(1) 单击【主页】选项卡中【特征】区域的【腔体】按钮 ，出现【腔体】对话框。

① 单击【矩形】按钮。

② 出现【矩形腔体】对话框(提示行提示：选择平的放置面)，在图形区域选择放置面，如图 10-207 所示。

③ 出现【水平参考】对话框(提示行提示：选择水平参考)，在图形区域选择水平方向，如图 10-208 所示。

④ 出现【矩形腔体】对话框，在【长度】文本框输入 40，在【宽度】文本框输入 20，在【深度】文本框输入 10，单击【确定】按钮。

⑤ 出现【定位】对话框。

a. 提示行提示：选择定位方法。单击【线到线】按钮 **工**。

b. 提示行提示：选择目标边/基准。在图形区域选择目标边。

c. 提示行提示：选择工具边。在图形区域选择工具边，如图 10-209 所示。

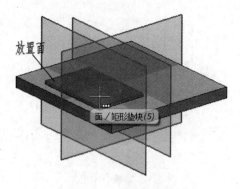

图 10-207 选择放置面

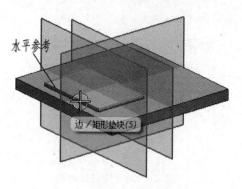

图 10-208 选择水平方向

⑥ 出现【定位】对话框。

a. 提示行提示：选择定位方法。单击【线到线】按钮 工。

b. 提示行提示：选择目标边/基准。在图形区域选择目标边。

c. 提示行提示：选择工具边。在图形区域选择工具边，如图 10-210 所示。

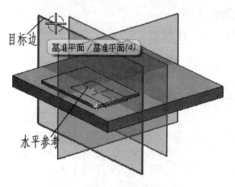

图 10-209 线到线定位

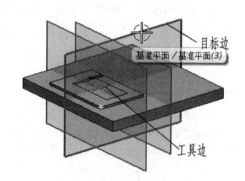

图 10-210 线到线定位

（2）按同样方法完成 92×90×3 腔体，如图 10-211 所示。

步骤三：倒圆角

（1）单击【主页】选项卡中【特征】区域的【边倒圆】按钮 ，打开【边倒圆】对话框。

① 在【要倒圆的边】组，激活【选择边】，为第一个边集选择四条边，在【半径 1】文本框输入 7，如图 10-212 所示，单击【添加新集】按钮 ，完成【半径 1】边集。

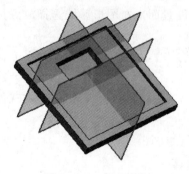

图 10-211 完成腔体

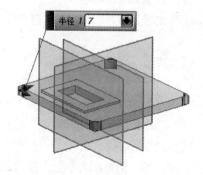

图 10-212 为第一个边集选择的四条边线串

②　选择其他边,在【半径 2】文本框输入 5,如图 10-213 所示,单击【添加新集】按钮，完成半径 2 边集。

(2)　单击【主页】选项卡中【特征】区域的【基准平面】按钮，出现【基准平面】对话框。

①　激活【要定义平面的对象】,在图形区选择底面。

②　在【距离】文本框中输入偏移距离 0。

如图 10-214 所示,单击【确定】按钮,建立定位基准面 2。

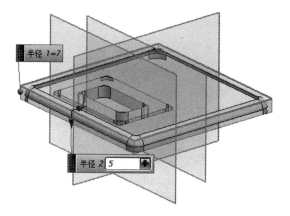
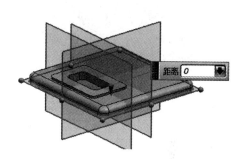

图 10-213　半径 2 边集已完成　　　　　图 10-214　建立定位基准 2

(3)　单击【主页】选项卡中【特征】区域的【凸台】按钮，出现【凸台】对话框。

①　在【直径】文本框输入 14,在【高度】文本框输入 8。

②　提示行提示:选择平的放置面。在图形区域选择端面为放置面,单击【反侧】按钮,如图 10-215 所示,单击【应用】按钮。

③　出现【定位】对话框。

a.　提示行提示:选择定位方法或为垂线选择目标边/基准。单击【点到点】按钮。

b.　提示行提示:选择目标对象。在图形区选择端面边缘,如图 10-216 所示。

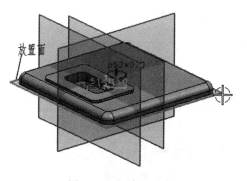
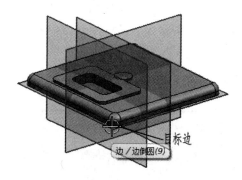

图 10-215　建立凸台　　　　　　　图 10-216　定位

c.　出现【设置圆弧的位置】对话框(提示行提示:选择圆弧上点),单击【圆弧中心】按钮,如图 10-217 所示。

(4)　单击【特征】工具条上的【对特征形成图样】按钮，出现【对特征形成图样】对话框。

①　在【要形成图样的特征】组,激活【选择特征】,在图形区选择凸台。

　② 在【阵列定义】组的【布局】列表选择【线性】选项。

　③ 在【方向 1】组,从图形区域指定方向 1,从【间距】列表选择【数量和节距】选项,在【数量】文本框输入 2,在【节距】文本框输入 92。

　④ 在【方向 2】组,选中【方向 2】复选框,从图形区域指定方向 2,从【间距】列表选择【数量和节距】选项,在【数量】文本框输入 2,在【节距】文本框输入 90。

如图 10-218 所示,单击【确定】按钮。

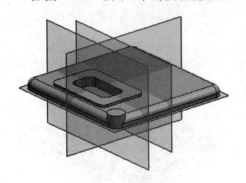

图 10-217　创建凸台

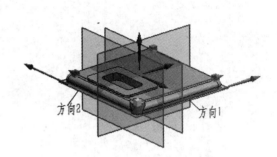

图 10-218　线性阵列

步骤四:打孔

(1) 单击【主页】选项卡中【特征】区域的【孔】按钮 ,出现【孔】对话框。

　① 从【类型】列表选择【常规孔】选项。

　② 在【位置】组,激活【指定点】(提示行提示:选择要草绘的平面或指定点),单击【点】按钮 ,在图形区域选择四个面圆心点分别作为四个孔的中心。

　③ 在【方向】组的【孔方向】列表选择【垂直于面】选项。

　④ 在【形状和尺寸】组的【成形】列表选择【沉头】选项。

　⑤ 在【尺寸】组的【沉头直径】文本框输入 10,在【沉头深度】文本框输入 6,在【直径】文本框输入 6.5,从【深度限制】列表选择【贯通体】选项。

如图 10-219 所示,单击【应用】按钮。

(2) 按同样方法,创建 4×M4 螺纹孔,如图 10-220 所示。

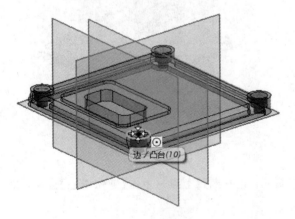

图 10-219　打孔 1

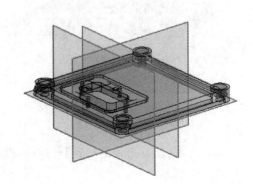

图 10-220　创建 4×M4 螺纹孔

步骤五：移动层

（1）将基准面移到 61 层。

（2）61 层设为【不可见】。

建模完成后如图 10-221 所示。

步骤六：保存

选择【文件】|【保存】命令，保存文件。

图 10-221　完成建模

10.12　实训十二　箱壳类零件设计

10.12.1　实训目的

铣刀头座体如图 10-222 所示，座体大致由安装底板、连接板和支承轴孔组成。

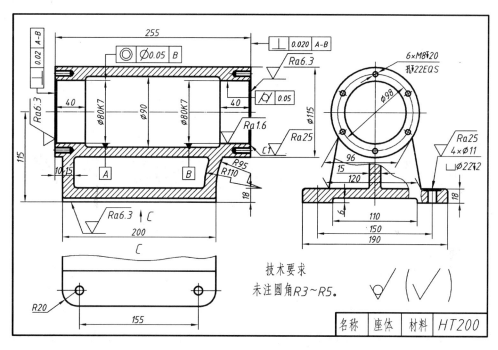

图 10-222　铣刀头座体

10.12.2　实训步骤

1. 设计理念

铣刀头座体长度尺寸及基准、宽度尺寸及基准和高度尺寸及基准，如图 10-223 所示。

建模步骤如图 10-224 所示。

2. 操作步骤

步骤一：新建文件，创建毛坯

（1）新建文件"Base.prt"。

（2）选择【插入】|【设计特征】|【长方体】命令，出现【块】对话框。

① 默认指定点。

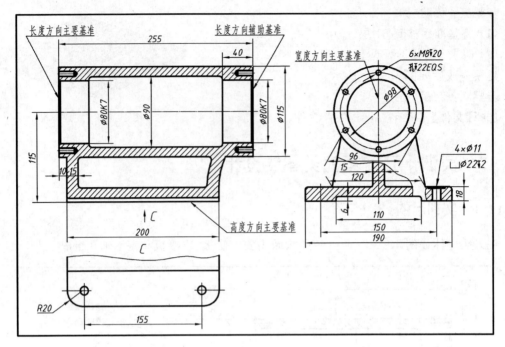

图 10-223　铣刀头座体长度尺寸及基准、宽度尺寸及基准和高度尺寸及基准

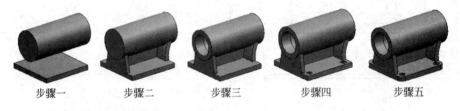

步骤一　　　　步骤二　　　　步骤三　　　　步骤四　　　　步骤五

图 10-224　建模步骤

② 在【尺寸】组的【长度】文本框输入 190,在【宽度】文本框输入 200,在【高度】文本框输入 18。

如图 10-225 所示,单击【确定】按钮,创建长方体。

(3) 单击【主页】选项卡中【特征】区域的【基准平面】按钮 ,出现【基准平面】对话框。

① 激活【要定义平面的对象】,在图形区选择两个面,如图 10-226 所示,单击【应用】按钮,创建二等分基准面。

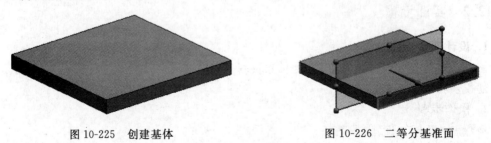

图 10-225　创建基体　　　　　　　　　　　图 10-226　二等分基准面

② 激活【要定义平面的对象】,在图形区选择端面,在【距离】文本框输入偏移距离 10,如图 10-227 所示,单击【应用】按钮,建立定位基准面 1。

③ 激活【要定义平面的对象】,在图形区选择底面,在【距离】文本框输入偏移距离 155,如图 10-228 所示,单击【应用】按钮,建立定位基准面 2。

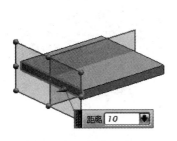

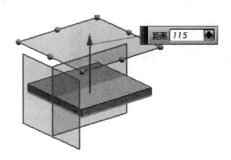

图 10-227　定位基准面 1　　　　　　　　图 10-228　定位基准面 2

(4) 在基准面 1 上绘制草图,如图 10-229 所示。

(5) 单击【主页】选项卡中【特征】区域的【拉伸】按钮 ▥,出现【拉伸】对话框。

① 设置选择意图规则:相连曲线。

② 在【截面】组,激活【选择曲线】,在图形区选择曲线。

③ 在【极限】组的【结束】列表选择【值】选项,在【距离】文本框输入 255。

④ 在【布尔】组的【布尔】列表选择【无】选项。

如图 10-230 所示,单击【确定】按钮。

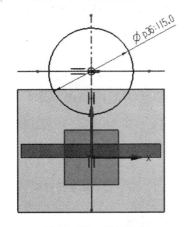

图 10-229　绘制草图　　　　　　　　图 10-230　建立拉伸体

步骤二:创建连接筋板

(1) 在基准面上绘制草图,如图 10-231 所示。

(2) 单击【主页】选项卡中【特征】区域的【拉伸】按钮 ▥,出现【拉伸】对话框。

① 设置选择意图规则:相连曲线。

② 在【截面】组,激活【选择曲线】,在图形区选择曲线。

③ 在【极限】组的【结束】列表选择【对称值】选项,在【距离】文本框输入 100。

④ 在【布尔】组的【布尔】列表选择【无】选项。

如图 10-232 所示,单击【确定】按钮。

(3) 在前端面上绘制草图,如图 10-233 所示。

(4) 单击【主页】选项卡中【特征】区域的【拉伸】按钮 ▥,出现【拉伸】对话框。

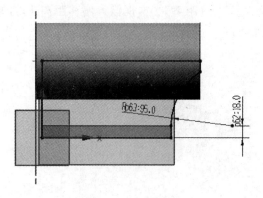

图 10-231　绘制草图

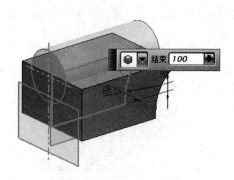

图 10-232　建立筋板拉伸体 1

① 设置选择意图规则：相连曲线。

② 在【截面】组，激活【选择曲线】，在图形区选择曲线。

③ 在【极限】组的【结束】列表选择【对称值】选项，在【距离】文本框输入 250。

④ 在【布尔】组的【布尔】列表中选择【无】选项，如图 10-234 所示，单击【确定】按钮。

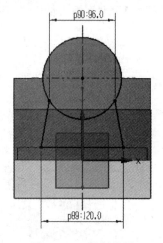

图 10-233　绘制草图

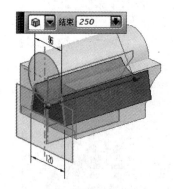

图 10-234　建立筋板拉伸体 2

（5）选择【插入】|【组合】|【求交】命令，出现【求和】对话框。

① 在【目标】组，激活【选择体】，在图形区选取连接体。

② 在【刀具】组，激活【选择体】，在图形区选取选择筋板拉伸体 1 和筋板拉伸体 2。
如图 10-235 所示，单击【确定】按钮，完成求交。

（6）在基准面上绘制草图，如图 10-236 所示。

（7）单击【主页】选项卡中【特征】区域的【拉伸】按钮 ⬛，出现【拉伸】对话框。

① 设置选择意图规则：相连曲线。

② 在【截面】组，激活【选择曲线】，在图形区选择曲线。

③ 在【极限】组的【开始】列表选择【值】选项。

④ 在【限制】组的【开始】列表选择【值】选项，在【距离】文本框输入 7.5，从【结束】列表选择
【贯通体】体选项。

⑤ 在【布尔】组的【布尔】列表选择【求差】选项。

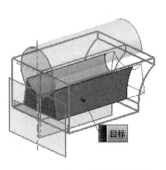

图 10-235　建立连接筋板毛坯

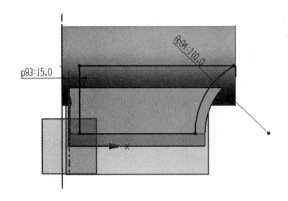

图 10-236　绘制草图

如图 10-237 所示,单击【确定】按钮,按同样方法完成另一端。

(8) 选择【插入】|【组合】|【求和】命令,出现【求和】对话框。

① 在【目标】组,激活【选择体】,在图形区选取连接体。

② 在【刀具】组,激活【选择体】,在图形区选取链接筋板和两毛坯。

如图 10-238 所示,单击【确定】按钮,完成求和。

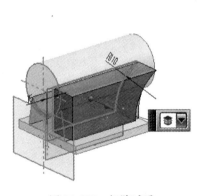

图 10-237　切除减重

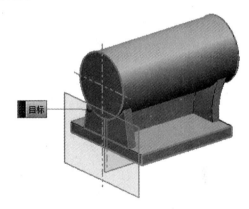

图 10-238　完成毛坯

步骤三:打轴承孔

(1) 单击【主页】选项卡中【特征】区域的【孔】按钮 ,出现【孔】对话框。

① 从【类型】列表选择【常规孔】选项。

② 在【位置】组,激活【指定点】(提示行提示:选择要草绘的平面或指定点),单击【点】按钮 ,在图形区域选择面圆心点为孔的中心。

③ 在【方向】组的【孔方向】列表选择【垂直于面】选项。

④ 在【形状和尺寸】组的【成形】列表选择【简单】选项。

⑤ 在【尺寸】组的【直径】文本框输入 80,从【深度限制】列表选择【贯通体】选项。

如图 10-239 所示,单击【确定】按钮。

(2) 将模型切换成静态线框形式,单击【主页】选项卡中【特征】区域的【沟槽】按钮 ,出现【槽】对话框。

① 单击【矩形】按钮,出现【矩形槽】对话框(提示行提示:选择放置面),在图形区选择放置面,如图 10-240 所示。

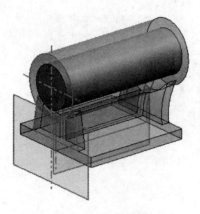

图 10-239　打轴承孔

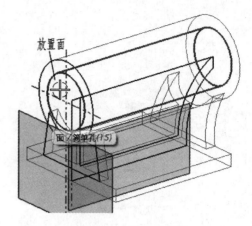

图 10-240　选择放置面

② 出现【矩形槽】对话框,在【槽直径】文本框输入 90,在【宽度】文本框输入 255-80,单击【确定】按钮。

③ 出现【定位槽】对话框。

a. 提示行提示:选择目标边或"确定"接受初始位置。在图形区选择端面边缘。

b. 提示行提示:选择工具边。在图形区选择槽边缘,如图 10-241 所示。

c. 出现【创建表达式】对话框,输入距离 40。

如图 10-242 所示,单击【确定】按钮。

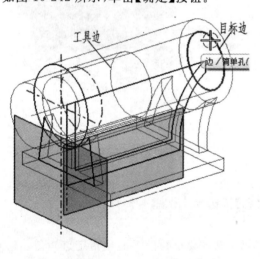

图 10-241　定位沟槽

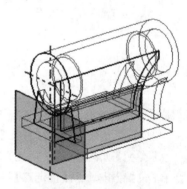

图 10-242　定位沟槽

步骤四:打安装孔

(1) 单击【主页】选项卡中【特征】区域的【孔】按钮,出现【孔】对话框。

① 从【类型】列表选择【常规孔】选项。

② 在【位置】组,激活【指定点】(提示行提示:选择要草绘的平面或指定点),单击【绘制草图】按钮,在图形区域选择底面绘制圆心点草图,如图 10-243 所示,退出草图。

③ 在【方向】组中的【孔方向】列表选择【垂直于面】选项。

④ 在【形状和尺寸】组的【成形】列表选择【沉头孔】选项。

⑤ 在【尺寸】组的【沉头孔直径】文本框输入 22,在【沉头孔深度】文本框输入 2,在【直径】文本框输入 11,从【深度限制】列表选择【贯通体】选项。

如图 10-244 所示,单击【确定】按钮。

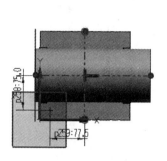

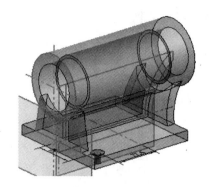

图 10-243　绘制圆心点草图　　　　　　　　图 10-244　打地脚孔

(2) 单击【特征】工具条上的【对特征形成图样】按钮 ,出现【对特征形成图样】对话框。

① 在【要形成图样的特征】组,激活【选择特征】,在图形区选择凸台。

② 在【阵列定义】组的【布局】列表选择【线性】选项。

③ 在【方向 1】组,从图形区域指定方向 1,从【间距】列表选择【数量和节距】选项,在【数量】文本框输入 2,在【节距】文本框输入 155。

④ 在【方向 2】组,选中【方向 2】复选框,从图形区域指定方向 2,从【间距】列表选择【数量和节距】选项,在【数量】文本框输入 2,在【节距】文本框输入 150。

如图 10-245 所示,单击【确定】按钮。

(3) 单击【主页】选项卡中【特征】区域的【孔】按钮 ,出现【孔】对话框。

① 从【类型】列表选择【螺纹孔】选项。

② 在【位置】组,激活【指定点】(提示行提示:选择要草绘的平面或指定点),单击【绘制草图】按钮 ,在图形区域选择底面绘制圆心点草图,如图 10-246 所示,退出草图。

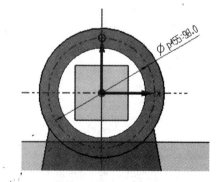

图 10-245　阵列地脚孔　　　　　　　图 10-246　在图形区域选择底面绘制圆心点草图

③ 在【方向】组中的【孔方向】列表选择【垂直于面】选项。

④ 在【形状和尺寸】组的【大小】列表选择【M8×1.25】选项。

⑤ 在【尺寸】组的【深度限制】列表选择【值】选项,在【深度】文本框输入 20。

如图 10-247 所示,单击【确定】按钮。

（4）单击【主页】选项卡中【特征】区域的【阵列特征】按钮 ，出现【阵列特征】对话框。

① 在【要形成阵列的特征】组，激活【选择特征】，在图形区选择螺纹孔。

② 在【阵列定义】组的【布局】列表选择【圆形】选项。

③ 在【边界定义】组，激活【指定矢量】，在图形区域设置方向，激活【指定点】，在图形区域选择圆心。

④ 在【角度方向】组的【间距】列表选择【数量和节距】选项，在【数量】文本框输入 6，在【节距角】文本框输入 360/6。

如图 10-248 所示，单击【确定】按钮。

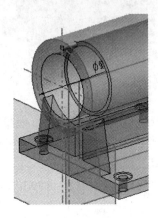

图 10-247　打端盖孔

图 10-248　阵列端盖孔

（5）选择【插入】|【关联复制】|【镜像特征】命令，出现【镜像特征】对话框。

① 激活【要镜像的特征】，在图形区选择端盖孔。

② 在【镜像平面】组的【平面】列表选择【新平面】选项，在图形区选取两端面建立镜像面。

如图 10-249 所示，单击【确定】按钮，建立镜像特征。

步骤五：倒圆角

单击【主页】选项卡中【特征】区域的【边倒圆】按钮 ，打开【边倒圆】对话框。

（1）在【要倒圆的边】组，激活【选择边】，选择要倒角边。

（2）在【半径 1】文本框输入 20。

如图 10-250 所示，单击【确定】按钮。

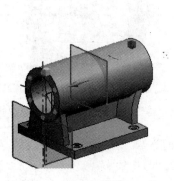

图 10-249　镜像

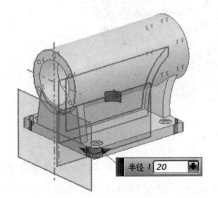

图 10-250　倒圆角

步骤六：移动层

（1）将基准面移到 61 层。

（2）将草图移到 21 层。

（3）将 61 层和 21 层设为【不可见】。

建模完成后如图 10-251 所示。

步骤七：保存

选择【文件】|【保存】命令，保存文件。

图 10-251　完成箱体

10.13　实训十三　装配建模

10.13.1　实训目的

利用装配模板建立一新装配，添加组件，建立约束，如图 10-252 所示。

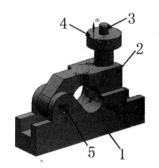

5	pin_clamp	1
4	nut_clamp	1
3	lug_clamp	1
2	cap_clamp	1
1	clamp_base	1
编号	零件名称	数量

图 10-252　自底向上设计装配组件

10.13.2　实训步骤

步骤一：装配前准备——建立引用集

（1）打开文件

打开文件"Clamp_Base.prt"。

（2）创建新的引用集

选择【格式】|【引用集】命令，出现【引用集】对话框。

① 单击【创建引用集】按钮，在【引用集名称】文本框输入 ASM。

② 激活【选择对象】，在图形区选择基体和基准面，如图 10-253 所示。

（3）分别按上述方法建立其他零件引用集。

步骤二：新建文件

新建装配文件"Clamp_Assembly.prt"。

步骤三：添加第一个组件 Clamp_Base

（1）单击【装配】选项卡中【组件】区域的【添加】按钮，出现【添加组件】对话框中。

① 在【部件】组，单击【打开】按钮，选择 Clamp_Base，单击【确定】按钮。

② 在【放置】组的【定位】列表中选择【绝对原点】选项。

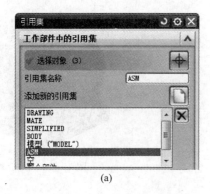
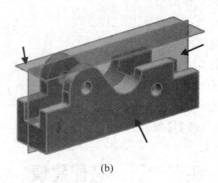

(a)   (b)

图 10-253　【引用集】对话框

③ 在【设置】组的【引用集】列表中选择 ASM 选项。

④ 从【图层选项】列表中选择【工作的】选项。

如图 10-254 所示，单击【确定】按钮。

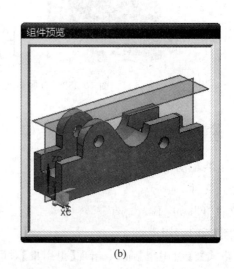

(a)   (b)

图 10-254　添加第一个组件

（2）单击【装配】选项卡中【组件位置】区域的【装配约束】按钮，出现【装配约束】对话框。

① 从【类型】列表中选择【固定】选项。

② 在图形区选择 Clamp_Base。

如图 10-255 所示，单击【确定】按钮。

步骤四：添加第二个组件 cap_Clamp

（1）单击【装配】选项卡中【组件】区域的【添加】按钮，出现【添加组件】对话框中。

① 单击【打开】按钮，选择 cap_Clamp，单击【确定】按钮。

(a)

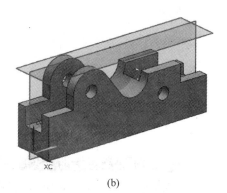
(b)

图 10-255 【固定】约束 Clamp_Base

② 在【放置】组的【定位】列表中选择【通过约束】选项。

③ 在【设置】组的【引用集】列表中选择 ASM 选项。

④ 从【图层选项】列表中选择【工作的】选项。

如图 10-256 所示,单击【应用】按钮。

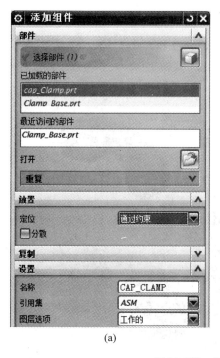
(a)

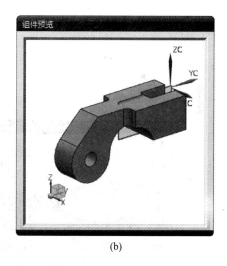
(b)

图 10-256 添加第二个组件

(2) 出现【装配约束】对话框。

① 从【类型】列表中选择【接触对齐】选项。

② 在【要约束的几何体】组的【方位】列表中选择【自动判断中心/轴】选项。

③ 激活【选择两个对象】,在图形区选择 cap_Clamp 和 Clamp_Base 的安装孔。

如图 10-257 所示,单击【应用】按钮。

④ 从【类型】列表中选择【接触对齐】选项。

⑤ 在【要约束的几何体】组的【方位】列表中选择【接触】选项。

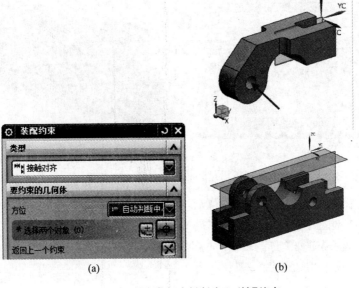

(a)　　　　　　　　　　(b)

图 10-257　添加【自动判断中心/轴】约束

⑥ 激活【选择两个对象】,在图形区选择 cap_Clamp 和 clamp_Base 的对齐面。

如图 10-258 所示,单击【应用】按钮。

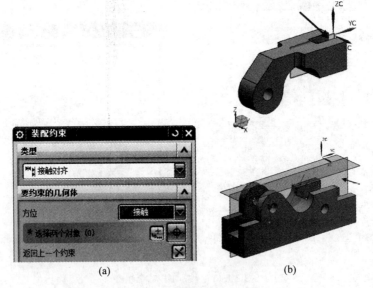

(a)　　　　　　　　　　(b)

图 10-258　添加【对齐】约束

⑦ 从【类型】列表中选择【角度】选项。

⑧ 在【要约束的几何体】组的【子类型】列表中选择【3D 角】选项。

⑨ 激活【选择两个对象】,在图形区选择 cap_Clamp 和 Clamp_Base 的成角度面。

⑩ 在【角度】组的【角度】文本框输入 180。

如图 10-259 所示,单击【确定】按钮。

步骤五:添加其他组件

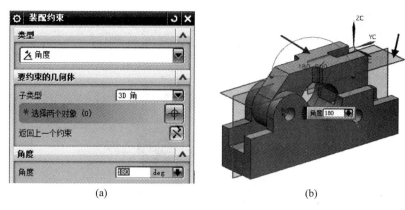

(a)   (b)

图 10-259 添加【角度】约束

按上述方法添加 lug_Clamp、nut_clamp 和 pin_clamp,完成约束。

步骤六:替换引用集

(1) 在【装配导航器】中,选择 Clamp_Base,右击在快捷菜单中选择【替换引用集】|
MODEL 命令,将 Clamp_Base 的引用集替换为 MODEL,如图 10-260 所示。

图 10-260 Clamp_Base 的引用集替换为 MODEL

(2) 将其他零件都替换为 MODEL。

步骤七:爆炸图

(1) 创建爆炸图

单击【装配】选项卡中【爆炸图】区域的【新建爆炸图】按钮 ,出现【创建爆炸图】对话框,
在【名称】文本框中取默认的爆炸图名称"Explosion 1",用户亦可自定义其爆炸图名称,单击
【确定】按钮,爆炸图"Explosion 1"即被创建。

(2) 编辑爆炸图

单击【装配】选项卡中【爆炸图】区域的【编辑爆炸图】按钮 ,出现【编辑爆炸图】对话框。

① 左键选择组件 nut_clamp。

② 单击鼠标中键,出现 WCS 动态坐标系。

③ 拖动原点图标 ■到合适位置。

如图 10-261 所示,单击【确定】按钮。

拖动坐标原点——

图 10-261　编辑爆炸视图步骤 1

重复编辑爆炸图步骤,完成爆炸图创建,如图 10-262 所示。

图 10-262　编辑爆炸视图步骤 2

（3）隐藏爆炸图

选择【装配】|【爆炸图】|【隐藏爆炸图】命令，则爆炸效果不显示，模型恢复到装配模式。选择【装配】|【爆炸图】|【显示爆炸图】命令，则显示组件的爆炸状态。

步骤八：移动组件

单击【装配】选项卡中【组件】区域的【移动组件】按钮 ，出现【移动组件】对话框。

（1）在【变换】组的【运动】列表中选择【动态】选项 。

（2）在【要移动的组件】组，激活【选择组件】，在图形区选择要移动的组件。

（3）在【复制】组的【模式】列表中选择【不复制】选项。

（4）在【碰撞检测】组的【碰撞动作】列表中选择【在碰撞前停住】选项，拖动手柄，将组件移到新位置，进行碰撞检测，如图 10-263 所示。

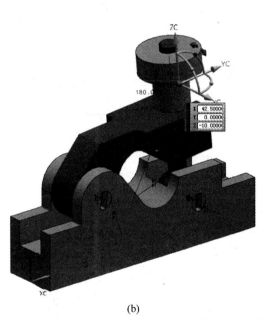

(a)　　　　　　　　　　　　　　　(b)

图 10-263　移动组件进行碰撞检测

步骤九：存盘

选择【文件】|【保存】命令，保存文件。

10.14　实训十四　绘制工程图

10.14.1　实训目的

（1）绘制计数器装配工程图，如图 10-264 所示。

（2）绘制支架零件工程图，如图 10-265 所示。

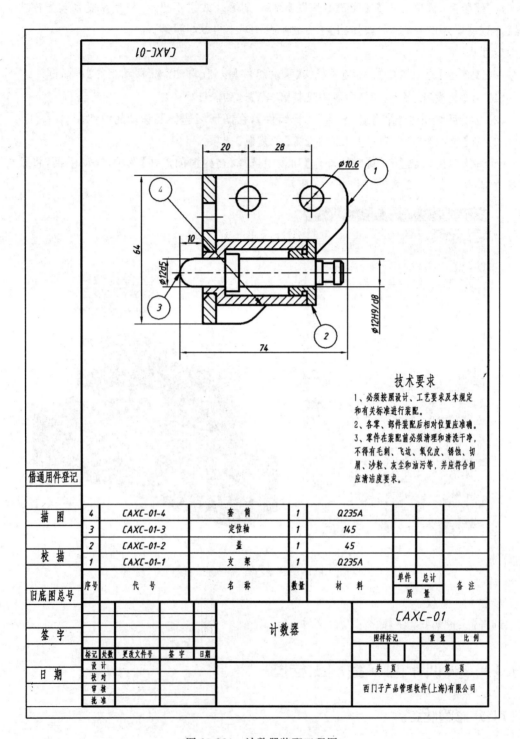

技术要求

1、必须按照设计、工艺要求及本规定和有关标准进行装配。

2、各零、部件装配后相对位置应准确。

3、零件在装配前必须清理和清洗干净，不得有毛刺、飞边、氧化皮、锈蚀、切屑、沙粒、灰尘和油污等，并应符合相应清洁度要求。

序号	代 号	名 称	数量	材 料	单件 质量	总计 质量	备 注
4	CAXC-01-4	套 筒	1	Q235A			
3	CAXC-01-3	定位轴	1	145			
2	CAXC-01-2	盖	1	45			
1	CAXC-01-1	支 架	1	Q235A			

借通用件登记

描 图

校 描

旧底图总号

签 字

日 期

标记	处数	更改文件号	签 字	日期
设 计				
校 对				
审 核				
批 准				

计数器

CAXC-01

图样标记		重量	比例

共 页   第 页

西门子产品管理软件(上海)有限公司

图 10-264 计数器装配工程图

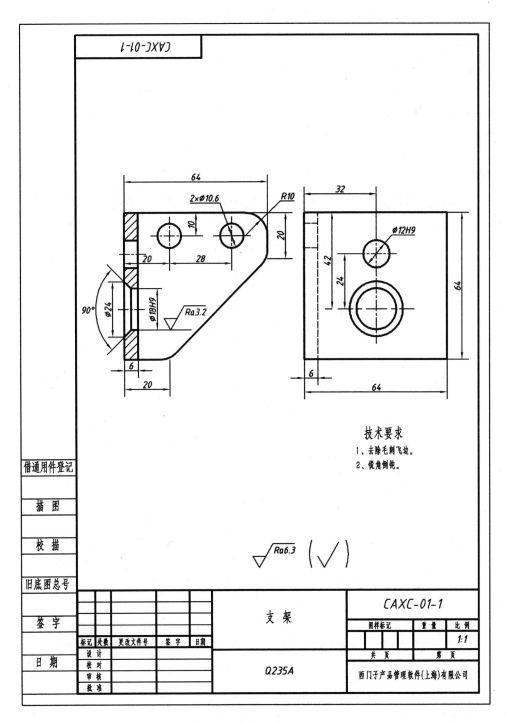

图 10-265 支架工程图

10.14.2 实训步骤

步骤一：建立装配工程图

（1）新建工程图

选择【文件】|【新建】命令，出现【文件新建】对话框。

① 选择【图纸】选项卡，在【模板】列表框中选定【A4-装配无视图】模板。

② 在【新文件名】组，在【名称】文本框内输入 Counter_dwg.prt，在【文件夹】文本框内输入 E:\NX\10\Study\。

③ 在【要创建图纸的部件】组【名称】的文本框内输入 Counter_asm。

如图 10-266 所示，单击【确定】按钮。

图 10-266　新建装配工程图

④ 出现【视图创建向导】对话框，设置完毕生成主视图，如图 10-267 所示。

（2）确定视图表达方案——剖切主视图，如图 10-268 所示。

（3）标注尺寸

标注性能尺寸、装配尺寸、安装尺寸、外形尺寸和其他重要尺寸，如图 10-269 所示。

（4）填写技术要求

技术要求如下：

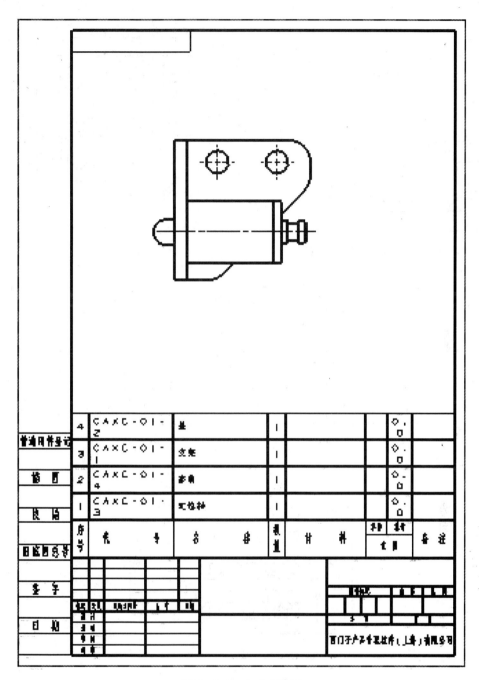

图 10-267　生成主视图

① 必须按照设计、工艺要求及本规定和有关标准进行装配。

② 各零、部件装配后相对位置应准确。

③ 零件在装配前必须清理和清洗干净,不得有毛刺、飞边、氧化皮、锈蚀、切屑、沙粒、灰尘和油污等,并应符合相应清洁度要求。

(5) 填写明细栏和零件序号

① 填写明细栏,如图 10-270 所示。

② 设置零件序号,如图 10-271 所示。

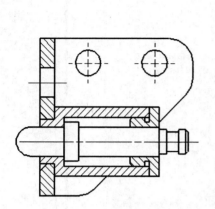

图 10-268 确定视图表达方案——剖切主视图

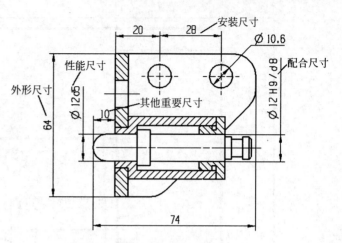

图 10-269 标注尺寸

4	CAXC-01-4	套筒	1	Q235A		0.0	
3	CAXC-01-3	定位轴	1	45		0.0	
2	CAXC-01-2	盖	1	45		0.0	
1	CAXC-01-1	支架	1	Q235A		0.0	
序号	代 号	名 称	数量	材料	单件 总计 重量		备注

图 10-270 明细栏

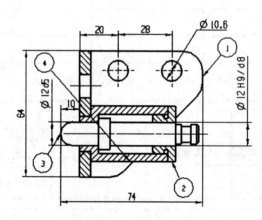

图 10-271 设置零件序号

（6）填写标题栏

填写标题栏，如图 10-272 所示。

步骤二：建立零件工程图

（1）单击【主页】选项卡中的【新建图纸页】按钮，出现【图纸页】对话框。

① 选中【使用模板】单选按钮。

② 选择【A4-无视图】模板。

如图 10-273 所示，单击【确定】按钮。

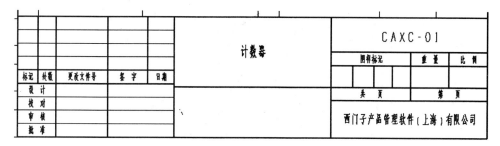

图 10-272 填写标题栏

（2）单击【主页】选项卡中【视图】区域的【基本视图】按钮 ，出现【基本视图】对话框。

① 在【已加载的部件】列表中选择"1.prt"。

② 在【模型视图】组的【要使用的模型视图】列表中选择【右视图】选项。

③ 在【比例】组的【比例】列表中选择 1:1 选项。

如图 10-274 所示，单击【确定】按钮。

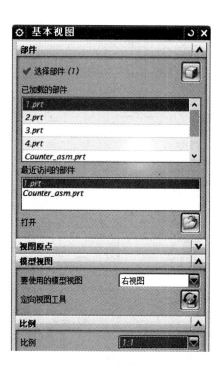

图 10-273　新建图纸页　　　　　　　图 10-274　新建基本视图

（3）确定视图表达方案

确定视图表达方案，如图 10-275 所示。

（4）标注尺寸

标注尺寸，如图 10-276 所示。

（5）填写技术要求

填写技术要求，如图 10-277 所示。

（6）填写标题栏

填写标题栏，如图 10-278 所示。

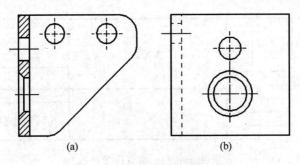

图 10-275 确定视图表达方案

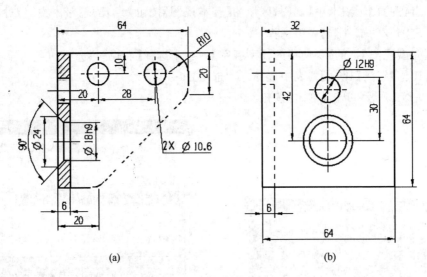

图 10-276 标注尺寸

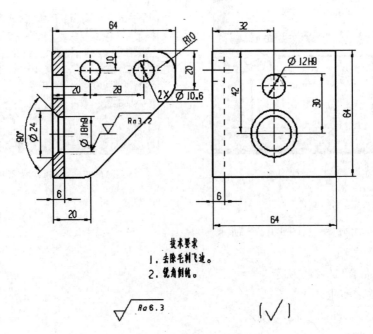

图 10-277 填写技术要求

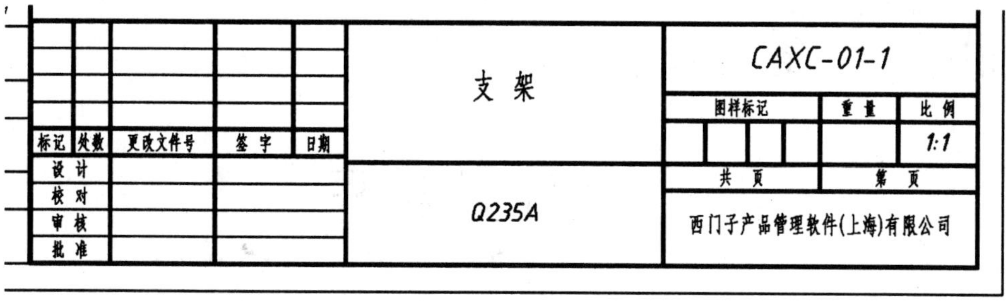

标记	处数	更改文件号	签 字	日期			支 架			CAXC-01-1			
设 计										图样标记		重 量	比 例
校 对													1:1
审 核							Q235A			共　页		第　页	
批 准										西门子产品管理软件(上海)有限公司			

图 10-278　填写标题栏

步骤三：存盘

选择【文件】|【保存】命令，保存文件。

第11章

实训练习题库

11.1　实训要求

（1）根据每一题库给定的装配示意图、零件简图以及工作原理，建立装配模型，选择合适表达方法，生成装配图工程图。

（2）根据每一题库给定的零件立体图，建立零件模型，选择合适表达方法，绘制标准零件工程图。

11.2　题库一　整体式油环润滑滑动轴承设计

1. 整体式油环润滑滑动轴承工作原理

整体式油环润滑滑动轴承是用来支撑轴运转工作的，它适用于安装在垂直的基面上，轴承座中间铸有环形凹槽，以便储油，当轴做旋转运动时，油环随之转动，即将润滑油带到轴上，使轴润滑。

为了减少轴与轴承座间的摩擦和节约原材料，在轴承座内装有上、下轴衬，用紧固螺钉固定。用过一段时间后，拧下螺塞，将污油泄掉。

2. 整体式油环润滑滑动轴承简图（图 11-1）

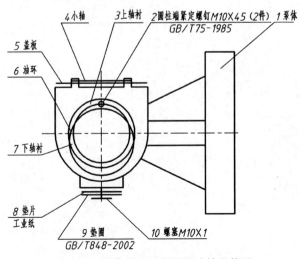

图 11-1　整体式油环润滑滑动轴承简图

3. 主要零件的零件简图(图 11-2～图 11-7)

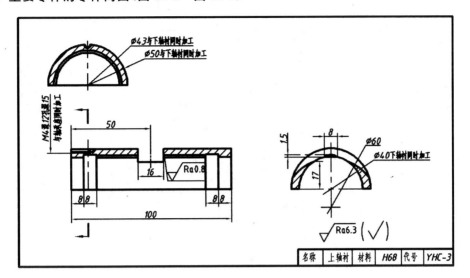

图 11-2 上轴衬简图

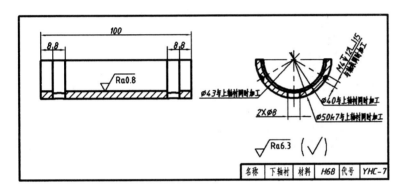

图 11-3 下轴衬简图

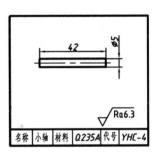

图 11-4 小轴简图

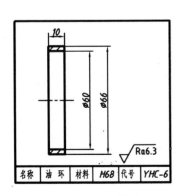

图 11-5 油环简图

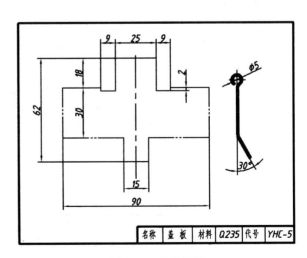

图 11-6 盖极简图

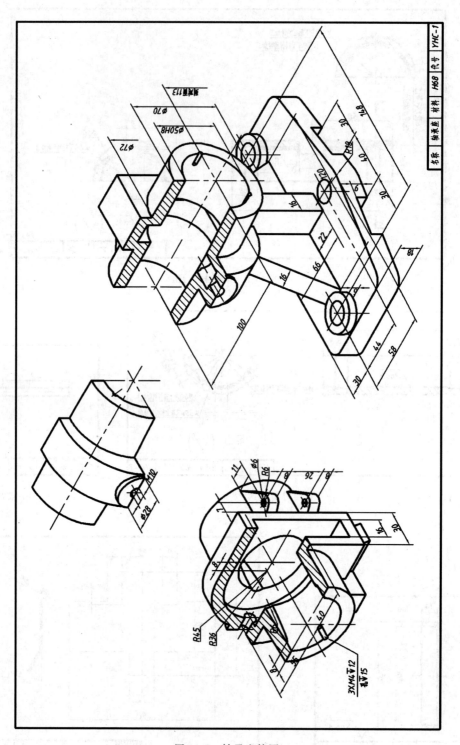

图 11-7 轴承座简图

11.3　题库二　剖分式油环润滑滑动轴承设计

1. 剖分式油环润滑滑动轴承工作原理

剖分式油环润滑滑动轴承用来支承轴在上下轴瓦中旋转,轴瓦中油环随轴旋转,逐渐将底座油池带至轴上部,流入轴瓦的油槽进行润滑,轴承盖上方有注油口,润滑油经此孔流入油池。轴承盖与底座用螺栓连接,为了防止螺母松脱而采用双螺母锁紧。

2. 剖分式油环润滑滑动轴承简图(图 11-8)

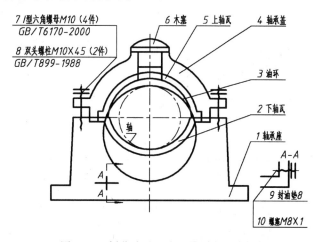

图 11-8　剖分式油环润滑滑动轴承简图

3. 主要零件的零件简图(图 11-9~图 11-14)

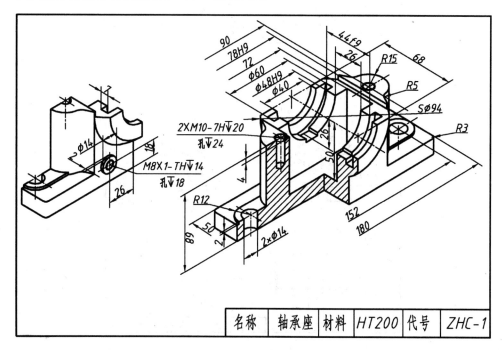

图 11-9　轴承座简图

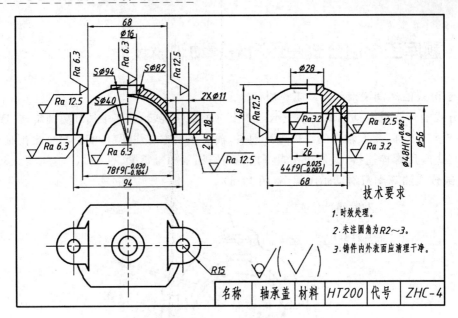

图 11-10　轴承盖简图

技术要求
1. 时效处理。
2. 未注圆角为 R2～3。
3. 铸件内外表面应清理干净。

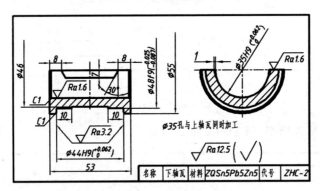

图 11-11　下轴瓦简图

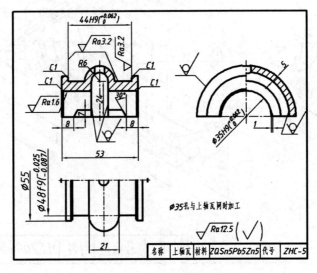

图 11-12　上轴瓦简图

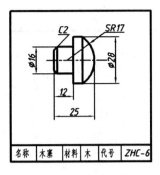

图 11-13　木塞简图

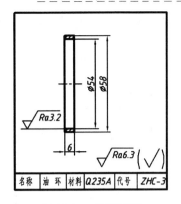

图 11-14　油环简图

11.4　题库三　回油阀设计

1. 回油阀工作原理

回油阀是装在柴油发动机供油管路中的一个部件,用以使剩余的柴油回到油箱中。

简图上用箭头表示了油的流动方向,在正常工作时,柴油从阀体 1 右端孔流入,从下端孔流出;当主油路获得过量的油,并且超过允许的压力时,阀门 2 即被压抬起,过量的油就从阀体 1 和阀门 2 开启后的缝隙中流出,从左端管道流回油箱。

阀门 2 的启闭由弹簧 5 控制,弹簧压力的大小由螺杆 8 调节。阀帽 7 用以保护螺杆免受损伤或触动。

阀门 2 中的螺孔是在研磨阀门接触面时,连接带动阀门转动的支承杆和装卸阀门用的。阀门 2 下部有两个横向小孔,其作用一是快速溢油,以减少阀门运动时的背压力,二是当拆卸阀门时,先用一小棒插入横向小孔中不让阀门转动,然后就能在阀门中旋入支承杆,起卸出阀门。

阀门 1 中装配阀门的孔 $\phi30H7$,采用了四个凹槽的结构,可减少加工面及阀门运动时的摩擦力,它和阀门 2 的配合为 $\phi34\dfrac{H7}{g6}$。

2. 回油阀简图(图 11-15)

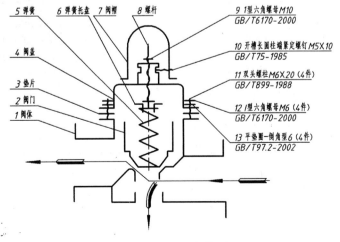

图 11-15　回油阀简图

3. 主要零件的零件简图(图 11-16～图 11-23)

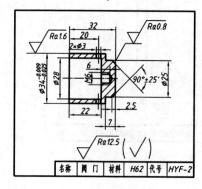

图 11-16　阀门简图

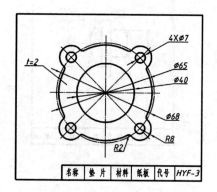

图 11-17　垫片简图

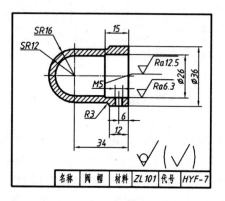

图 11-18　阀帽简图

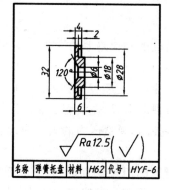

图 11-19　弹簧托盘简图

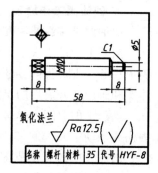

图 11-20　螺杆简图

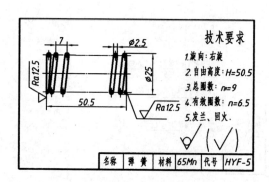

图 11-21　弹簧简图

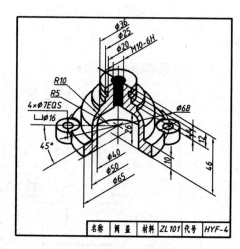

图 11-22　阀盖简图

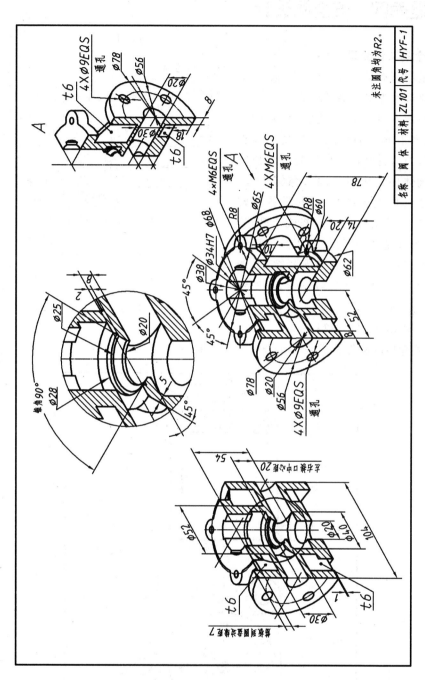

图 11-23 阀体简图

11.5 题库四 安全阀设计

1. 安全阀工作原理

本阀是由下阀体 7、阀瓣 8、隔板 5、上阀体 3 和弹簧 4 等主要零件组成。

通常阀瓣 8 受弹簧 4 的压力,将阀体下口封闭,当下部进油口压力升高足以克服弹簧的压力时,阀瓣 8 升高,打开封口使液体进入阀体向左出口。调节螺钉 14 下部带小圆柱头伸入座垫 13 的小孔内。转动调节螺钉 14 则钉头即可下降或上升,移动座垫 13 为弹簧增压或减压,以达到调节安全压力的目的。螺母 1 是锁紧螺母,调节螺钉 14 与上阀体 3 有螺纹连接,在调到适当位置后用螺母锁紧。

2. 安全阀简图(图 11-24)

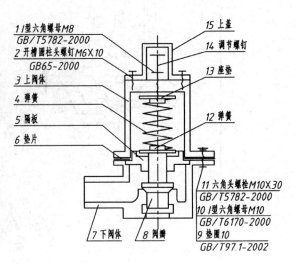

图 11-24 安全阀简图

3. 主要零件的零件简图(图 11-25~图 11-34)

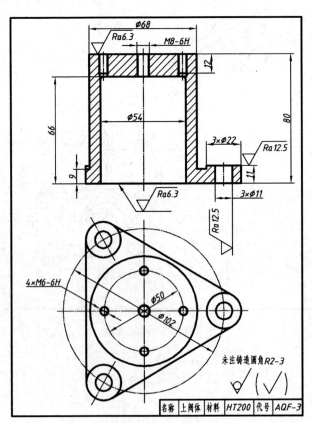

图 11-25 上阀体简图

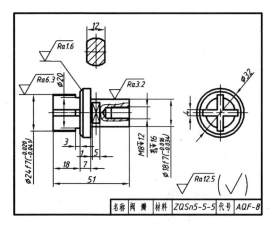

图 11-26　阀瓣简图

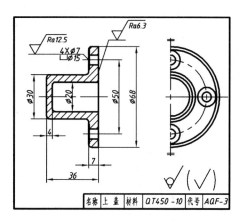

图 11-27　上盖简图

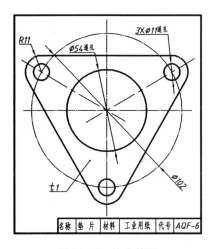

图 11-28　垫片简图

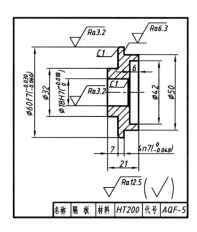

图 11-29　隔板简图

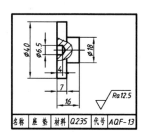

图 11-30　座垫简图

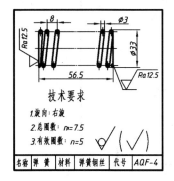

图 11-31　弹簧简图

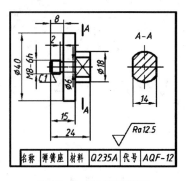

图 11-32　弹簧座简图

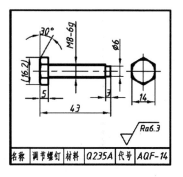

图 11-33　调节螺钉简图

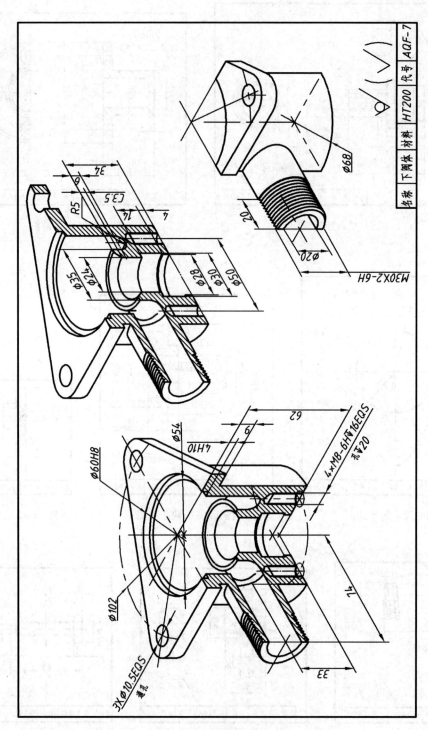

图 11-34　下阀体简图

11.6 题库五 安全旁路阀设计

1. 安全旁路阀工作原理

安全旁路阀在正常工作中,阀门 12 在弹簧 2 的压力下关闭。工作介质(气体或液体)从壳体 1 右部管道进入,由下孔流到工作部件,当管路中由于某种原因压力增高超过弹簧的压力时,顶开阀门 12,工作介质从左部管逆流其他容器中,保证了管路的安全。当压力下降后,弹簧 2 又将阀门关闭。

弹簧 2 压力的大小由扳手 9 调节,螺母 10 防止螺杆 11 松动。阀门上两个小圆孔的作用是使进入阀门内腔的工作介质流出或流入。

2. 安全旁路阀简图(图 11-35)

3. 主要零件的零件简图(图 11-36～图 11-43)

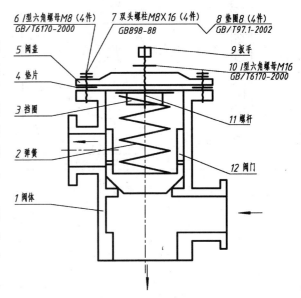

图 11-35 安全旁路阀简图

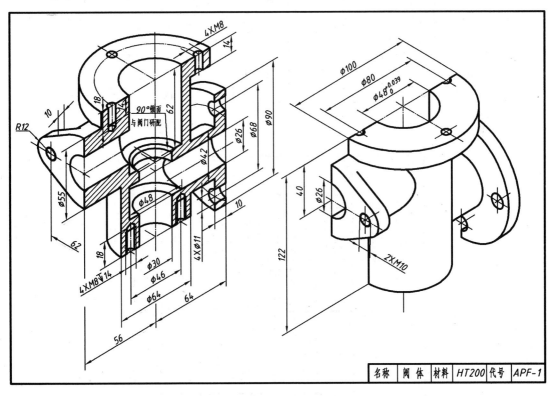

图 11-36 阀体简图

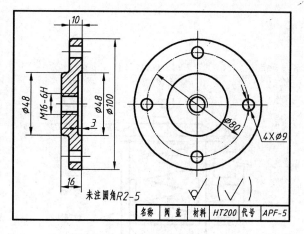

图 11-37 阀盖简图

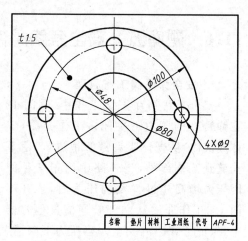

图 11-38 垫片简图

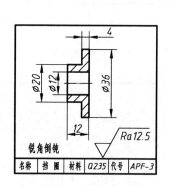

图 11-39 挡圈简图

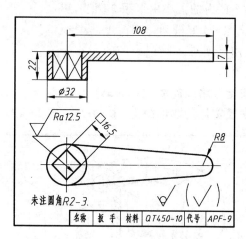

图 11-40 扳手简图

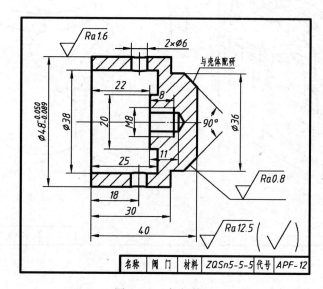

图 11-41 阀门简图

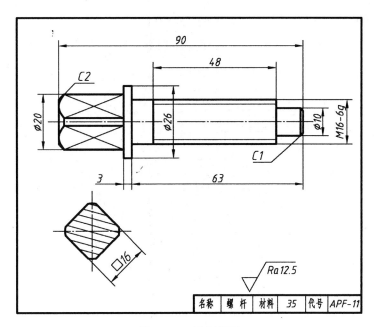

图 11-42　螺杆简图

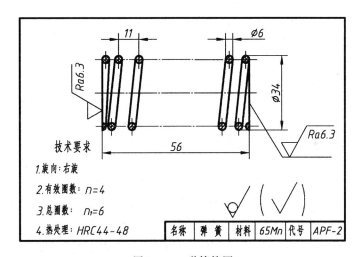

图 11-43　弹簧简图

11.7　题库六　机床尾架设计

1. 机床尾架工作原理

转动手轮 11,带动螺杆 7 旋转,因螺杆不能轴向移动,又由于导键 4 的作用,芯轴 6 只能沿轴向移动,并同时带动顶尖 5 移动到不同位置来顶紧工作,反转手轮 13,可以将顶尖 5 推出拆下。

机床尾架体 3 可以沿机床导轨纵向移动,当需要固定在某个位置时,搬动手柄 15,通过偏芯轴 16,拉杆即将尾架体固紧在导轨上。尾架体 3 可以在托板 2 上沿坑 28H8 里做横向移动,是同时移动两个螺栓 18,带动两个特殊螺母 17 实现的。

2. 机床尾架简图（图 11-44）

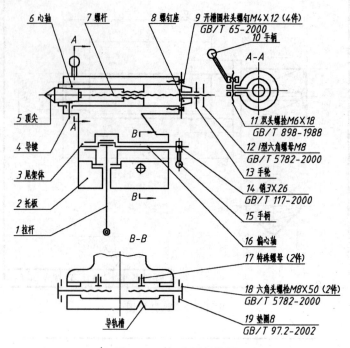

图 11-44　机床尾架简图

3. 主要零件的零件简图（图 11-45～图 11-57）

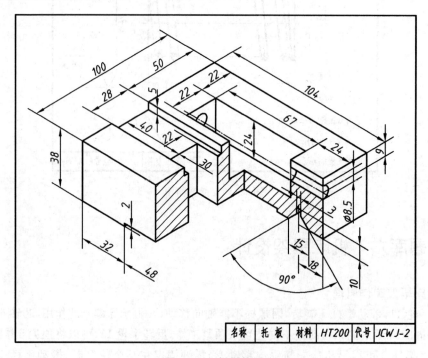

图 11-45　托板简图

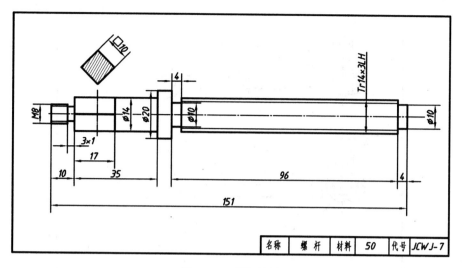

图 11-46 螺杆简图

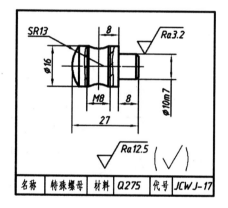

图 11-47 特殊螺母简图

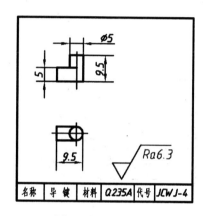

图 11-48 导键简图

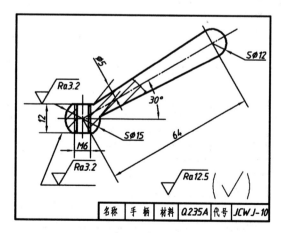

图 11-49 手柄简图

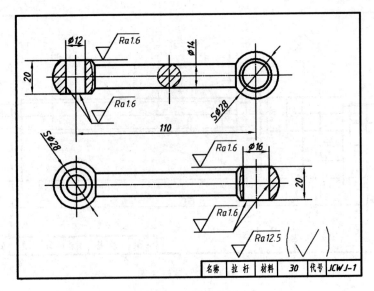

图 11-50 拉杆简图

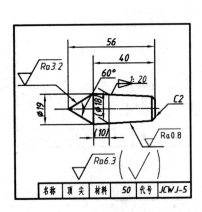

图 11-51 顶尖简图

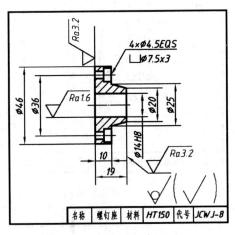

图 11-52 螺钉座简图

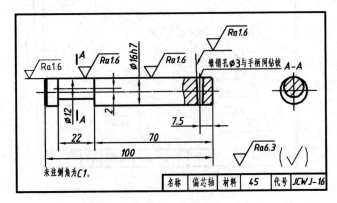

图 11-53 偏芯轴简图

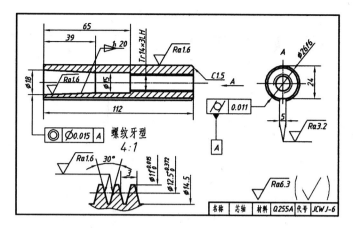

图 11-54　芯轴简图

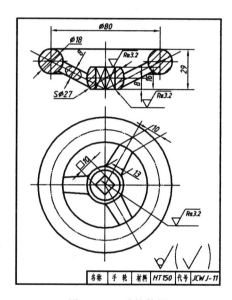

图 11-55　手轮简图

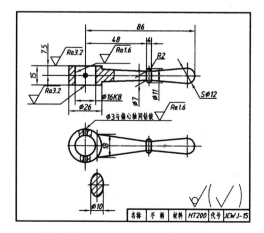

图 11-56　手柄简图

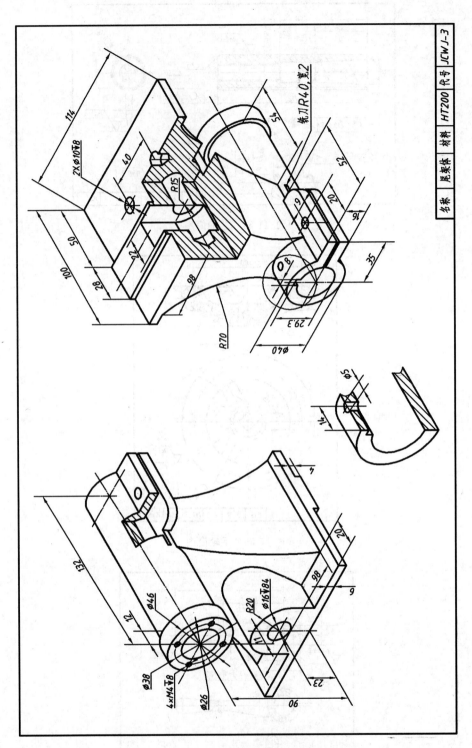

图 11-57　尾架体简图

11.8 题库七 风扇驱动装置设计

1. 风扇驱动装置工作原理

风扇驱动装置是柴油机上后置的驱动装置。机壳底面的四个螺孔为安装发动机用的。

动力从发动机前端的齿轮箱通过输出长轴与后端该总成的联轴器连接传动。该总成左端的三角皮带轮通过三角胶带带动风扇皮带轮使风扇转动。

2. 风扇驱动装置简图（图 11-58）

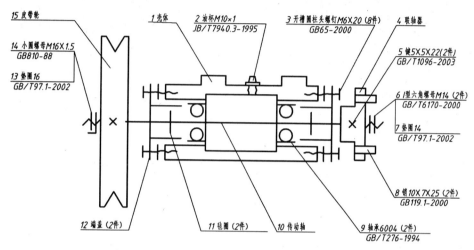

图 11-58 风扇驱动装置简图

3. 主要零件的零件简图（图 11-59～图 11-63）

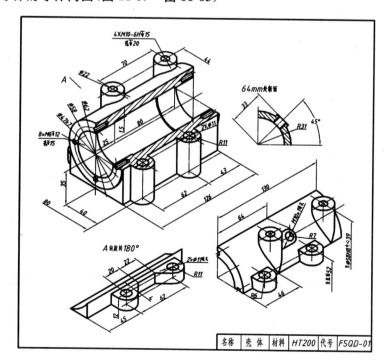

图 11-59 壳体简图

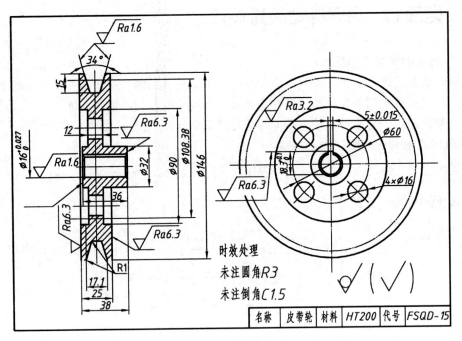

图 11-60　皮带轮简图

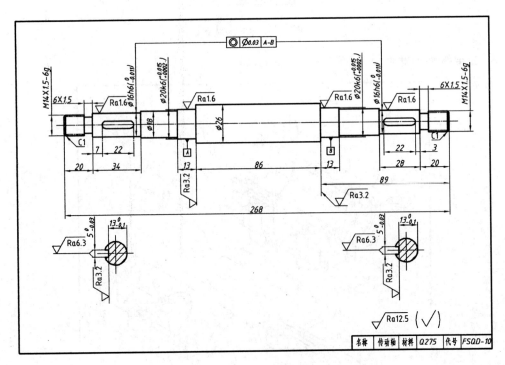

图 11-61　传动轴简图

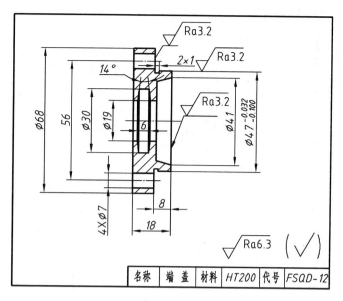

图 11-62　端盖简图

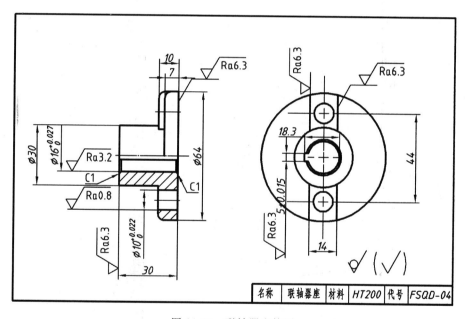

图 11-63　联轴器座简图

11.9　题库八　锥齿轮启闭器设计

1. 锥齿轮启闭器工作原理

锥齿轮启闭器用于开闭水渠闸门。机架 1 下面有 6 个螺栓孔，用螺栓可将启闭器安装在阀墩上面的梁上。水渠阀门（图 11-64 中未画出）与丝杠 8 下端相接，摇动手柄 15，使齿轮转动，通过平键 7 使螺母 13 旋转，螺母 13 的台肩卡在托架 11 和止推轴承 2 之间，因而不能上下移动，只能使丝杠带动阀门上下移动，达到开闭阀门之目的。

2. 锥齿轮启闭器简图（图11-64）

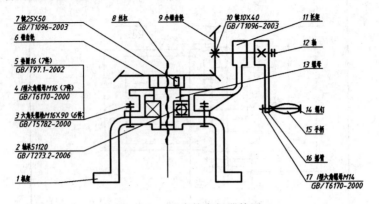

图 11-64　锥齿轮启闭器简图

3. 主要零件的零件简图（图11-65～图11-74）

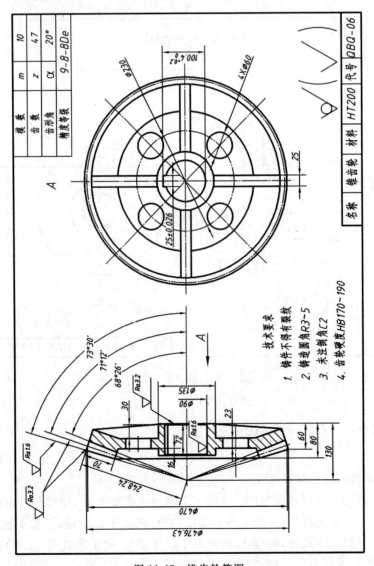

图 11-65　锥齿轮简图

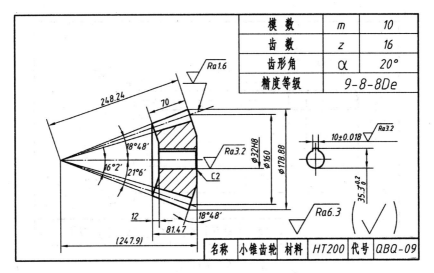

模 数	m	10
齿 数	z	16
齿形角	α	20°
精度等级		9-8-8De

图 11-66　小锥齿轮简图

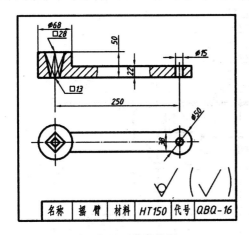

图 11-67　摇臂简图

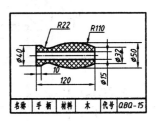

图 11-68　手柄简图

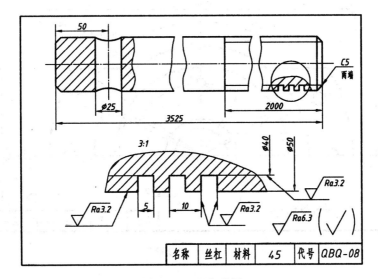

图 11-69　丝杆简图

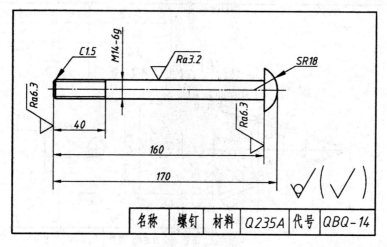

图 11-70　螺钉简图

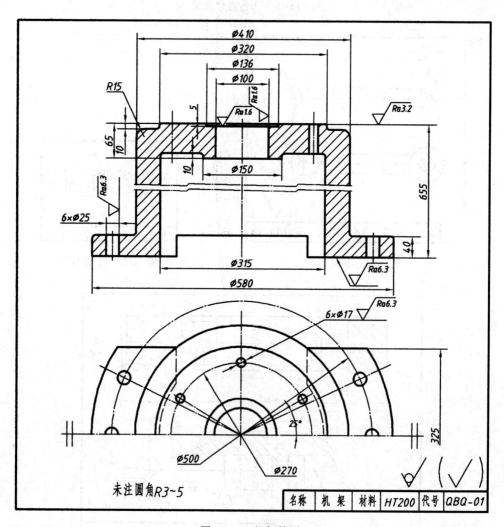

图 11-71　机架简图

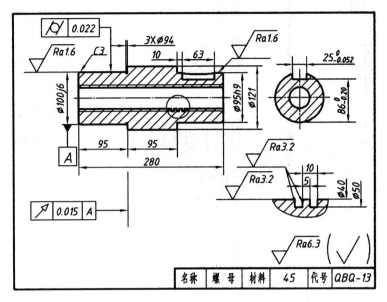

图 11-72　螺母简图

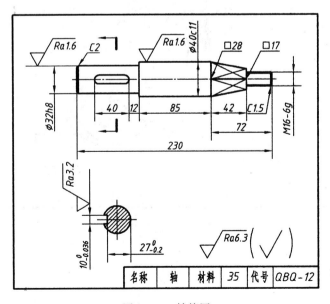

图 11-73　轴简图

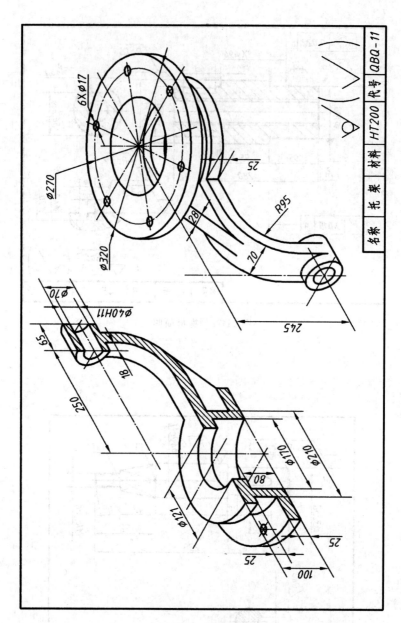

图 11-74 托架简图

参 考 文 献

[1] 洪如瑾.UG NX 7 CAD快速入门指导[M].北京：清华大学出版社,20011.
[2] 洪如瑾.UG NX 6 CAD进阶培训教程[M].北京：清华大学出版社,2009.
[3] 洪如瑾.UG NX 6 CAD应用最佳指导[M].北京：清华大学出版社,2010.
[4] 冒小萍.NX 7设计装配进阶培训教程[M].北京：清华大学出版社,2011.
[5] 王兰美.画法几何及工程制图(机械类)[M].北京：机械工业出版社,2010.